Thomas Hager

Dez drogas

As plantas, os pós e os comprimidos
que mudaram a história da medicina

tradução
Antônio Xerxenesky

todavia

Para Jackson, Zane e Elizabeth

Introdução
50 mil comprimidos 9

1. A planta da alegria 19
2. O monstro de Lady Mary 60
3. Mickey Finn 89
4. Como tratar a tosse com heroína 99
5. Balas mágicas 115
6. O território menos explorado do planeta 142

Interlúdio
A era de ouro 181

7. Sexo, drogas e mais drogas 185
8. O anel encantado 211
9. Estatinas: Uma história pessoal 238
10. A perfeição do sangue 270

Epílogo
O futuro das drogas 289

Fontes 303
Referências bibliográficas 308
Índice remissivo 318
Créditos das imagens 334

INTRODUÇÃO

50 mil comprimidos

Numa viagem de trabalho realizada anos atrás, passei um dia a mais em Londres. Assim como vários turistas, fui ao British Museum. E lá me deparei com algo extraordinário. No térreo, numa galeria ampla e bem iluminada, havia uma mesa com milhares de comprimidos. Era uma exposição concebida por um artista e um médico que tinham elaborado uma maneira de mostrar todas as 14 mil doses de remédios prescritos que um inglês médio consumia ao longo da vida. Esses comprimidos, entrelaçados em um longo pedaço de tecido, e acompanhados por textos explicativos, cobriam uma mesa de catorze metros. Não pude crer no que estava vendo. As pessoas tomavam mesmo essa quantidade toda de comprimidos? A resposta é: Não. Elas tomam mais. Essa exposição dizia respeito à Inglaterra. E quando se trata de consumo de remédios, a Inglaterra não chega nem perto dos Estados Unidos. Mais da metade de todos os norte-americanos toma pelo menos um remédio sob prescrição médica regularmente, e a maioria ingere mais de um (algo entre quatro e doze receitas por pessoa ao ano, dependendo do estudo). Um especialista calcula que os americanos tomam, em geral, dez comprimidos por pessoa por dia. Acrescente remédios que não precisam de receita — vitaminas, medicamentos para febre e resfriado, aspirina e outros suplementos — e faça a conta: digamos, jogando para baixo, que um americano tome dois comprimidos por dia e que viva aproximadamente até os 78 anos de idade. O total

9

chega, em média, a mais de 50 mil comprimidos na vida de um americano médio. E há chance de ser muito mais. Os Estados Unidos consomem mais produtos farmacêuticos que qualquer outro país do mundo, e também gastam muito mais com eles: acima de 34 bilhões de dólares a cada ano com medicamentos de venda livre e 270 bilhões de dólares com os vendidos com receita. É muito mais do que qualquer outra nação gasta, porque os preços dos remédios nos Estados Unidos são mais elevados do que em qualquer outro país. Os americanos constituem menos de 5% da população mundial, mas são responsáveis por 50% do dinheiro que as indústrias farmacêuticas arrecadam.

E isso sem contar as drogas ilegais.

Nenhum país na história da humanidade tomou tantos remédios ou gastou tanto dinheiro para obtê-los quanto os Estados Unidos atualmente. E os remédios causaram efeitos profundos. Aumentaram nossa expectativa de vida em décadas e tiveram um papel central no nosso envelhecimento. Mudaram as opções sociais e profissionais das mulheres. Alteraram a maneira como vemos nossa mente, modificaram nossas atitudes em relação à lei, transformaram as relações internacionais e provocaram guerras.

Levando tudo isso em conta, talvez devêssemos renomear nossa espécie como *Homo pharmacum*, a espécie que fabrica e toma drogas. Somos o Povo do Comprimido.

Este livro mostrará como chegamos a esse ponto, abordando as drogas médicas (isto é, legais, não recreativas e, em sua maioria, vendidas com receita). Escrito como uma série de esquetes breves e vívidos, apresentará uma espécie de minibiografias de dez remédios que mudaram a história da medicina, ligadas por temas em comum, com cada história levando à próxima.

Um desses temas é a evolução dos remédios. A palavra "drug" [droga, em inglês] vem de termos arcaicos do francês e do holandês para os barris usados para manter as ervas secas. Os farmacêuticos de 150 anos atrás eram, em muitos sentidos, como os herboristas de hoje, extraindo e criando seus medicamentos a partir de plantas secas. Isso forneceu aos médicos no século XIX dezenas de remédios naturais mais ou menos eficazes para ajudar os pacientes (além de centenas de preparados inúteis, em geral elixires com muito álcool, cataplasmas e pílulas elaborados e vendidos de forma sensacionalista pelos farmacêuticos locais). Hoje temos mais de 10 mil remédios de alta tecnologia, cada vez mais poderosos e específicos, que podem tratar e muitas vezes curar enfermidades que desnortearam curandeiros ao longo de milhares de anos.

Ligada a essa evolução e guiando a sua trajetória, está a busca da humanidade por balas mágicas, remédios que possam localizar com precisão as doenças no nosso corpo e destruí-las, sem causar nenhum dano à nossa saúde no processo. O objetivo sempre foi encontrar medicamentos poderosos, mas sem nenhum risco. Isso é, muito provavelmente, um desafio impossível. Não encontramos a bala perfeita. Mas continuamos, pouco a pouco, nos aproximando dela.

Outro fio que une esses capítulos diz respeito ao crescimento da indústria que produz esses medicamentos — o gigante de trilhões de dólares que os críticos apelidaram de "Big Pharma" — e às mudanças no modo de regulamentar essa indústria. Por exemplo, na década de 1880, você podia conseguir o remédio que quisesse sem receita, incluindo misturas que continham ópio, cocaína e cannabis. Agora você precisa de receita para quase qualquer remédio poderoso, e mesmo com prescrição não se pode comprar narcóticos como heroína (bom, pelo menos não nos Estados Unidos). Os produtores de drogas eram capazes de pôr o que quisessem no mercado antes de 1938, desde que não matasse, e não tentavam iludi-lo com propagandas enganosas. Hoje, os remédios sob prescrição médica precisam provar que são seguros e eficazes antes de poderem ser comercializados. As leis que controlam as drogas evoluíram, de maneiras às vezes surpreendentes, junto com os remédios em si.

Nossas atitudes também mudaram. Na década de 1880, a maioria das pessoas considerava o direito à automedicação algo quase inalienável. Pouco importava se a droga fazia bem ou mal, a decisão era sua, não do seu médico. Se você quisesse comprar um dos vários horrores da medicina disponíveis nas farmácias locais, que iam de água radioativa para câncer a xaropes cheios de ópio para insônia, bom, o corpo era seu. Ninguém tinha direito de afirmar o contrário.

Hoje isso mudou por completo. Os médicos têm as chaves (na forma do receituário) para obter a maioria dos medicamentos. Hoje, quando se trata de tomar os nossos remédios, basicamente fazemos o que nos mandam.

Os remédios também mudaram a prática da medicina. Nos anos 1880, os médicos eram conselheiros de família, bons em diagnosticar enfermidades e reconfortar e aconselhar parentes, mas quase não tinham poder para enfrentar as doenças fatais. Os médicos de hoje salvam vidas de maneiras miraculosas, com as quais seus colegas de cem anos atrás só poderiam sonhar. Com frequência, são também tecnocratas cheios de dados e sem horários para consultas, que se sentem mais confortáveis lendo resultados laboratoriais do que segurando a mão de um paciente.

Ao longo dos últimos sessenta anos, a expectativa média de vida dos americanos aumentou cerca de dois meses a cada ano — em grande parte por causa dos remédios. Vacinas nos permitiram dominar inimigos antigos como a varíola (e estamos quase erradicando a poliomielite). A prescrição de drogas e os avanços na saúde pública nos fizeram viver mais e, de modo geral, com uma saúde melhor.

Não que não existam grandes riscos. Overdoses de remédios, tanto de fontes legais quanto ilegais, matam cerca de 64 mil pessoas por ano, um número que ultrapassa as baixas do Exército americano na Guerra do Vietnã durante todo o conflito.

Eis o que as drogas fizeram por nós: nos maus e velhos tempos, digamos, duzentos anos atrás, os homens viviam praticamente duas vezes mais que as mulheres (em grande parte por causa do perigo que era ter filhos). E todos, em geral, viviam cerca da metade do tempo que hoje. Muitos morriam jovens. Os bebês eram considerados sortudos se aguentassem os riscos e traumas do nascimento, sobrevivessem a epidemias da infância — varíola, catapora, coqueluche, difteria, entre outras — e chegassem à vida adulta. A partir de então podiam morrer de tuberculose, abscesso peritonsilar, cólera, erisipela, gangrena, hidropisia, sífilis, escarlatina ou qualquer uma das dezenas de doenças sobre as quais já não ouvimos falar tanto. Hoje morremos em consequência de problemas cardíacos ou câncer, doenças que atingem pessoas de meia-idade ou idosos. Antigamente as pessoas não se preocupavam muito com essas enfermidades, porque poucos viviam o bastante para contraí-las. Um grupo de cientistas escreveu recentemente que graças aos remédios "as pessoas têm doenças diferentes, os médicos têm ideias diferentes em relação a essas doenças, e as doenças contêm significados diferentes na sociedade".

Como você verá neste livro, as vacinas e os antibióticos fizeram com que deixássemos de ser vítimas desamparadas de epidemias, tornando-nos capazes de enfrentá-las. Combinados com medidas de saúde pública mais eficazes — água potável, sistemas de esgoto e hospitais melhores —, os remédios fizeram com que parássemos de temer as doenças da infância e de sofrer com as enfermidades da velhice. Isso é um tributo à medicina em geral, e aos remédios em particular.

Ambos são ferramentas tecnológicas capazes de mudar a nossa cultura. Mas quando você começa a pensar nisso, nota que as drogas são ainda mais estranhas. Os fármacos de hoje são produtos de alta tecnologia, desenvolvidos em laboratórios de ponta, com investimentos de dezenas de milhões de dólares, mas são substâncias tão íntimas e pessoais que precisam se tornar parte de você para fazerem efeito. Você precisa cheirá-las, bebê-las, ingeri-las, injetá-las, esfregá-las na pele, torná-las parte de seu corpo. Elas se dissolvem dentro de você e correm por sua corrente sanguínea, do músculo ao coração, do fígado ao cérebro. Só quando são absorvidas, quando se mesclam e se fundem dentro de você, seu poder é liberado. Então, elas podem se agrupar e se ativar, trazer alívio e acalmar, destruir e proteger, alterar a sua consciência, restaurar a sua saúde. Podem deixá-lo perturbado ou relaxado. Podem viciá-lo, e podem salvar a sua vida.

E o que dá esse poder às drogas? Elas são animais, vegetais ou minerais? Todas as respostas acima. Fazem bem? Frequentemente. São perigosas? Sempre. Podem realizar milagres? Sim. Podem nos escravizar? Algumas, sim.

Então, quanto mais poderosos os medicamentos, mais poderosos se tornam os médicos, e mais doenças são controladas. Vista dessa maneira, a história dos remédios parece uma marcha triunfante rumo ao progresso. Mas não se engane: boa parte da história das drogas, como você verá, está calcada em erros, acidentes e avanços alcançados por golpes de sorte.

Escrever este livro, no entanto, me convenceu de que o bom e velho progresso também teve um papel central, caso você defina progresso como a aplicação lógica e racional de um número crescente de fatos testados. Cada nova droga nos conta coisas novas sobre o corpo humano, e cada nova compreensão do corpo nos permite elaborar medicamentos melhores. Quando o sistema está funcionando direito, toda descoberta científica é avaliada, testada diversas vezes, corrigida se necessário, e passa a integrar uma biblioteca global de fatos, disponível para outros cientistas. É uma construção contínua. Essa sinergia entre a elaboração de remédios e a ciência básica, essa dança entre laboratório, comprimido e corpo, descrita em dezenas de milhares de publicações ao longo dos últimos três séculos, estão agora entrando num ritmo mais acelerado e crescendo em intensidade. São de fato progressivas. Se conseguirmos evitar que nosso mundo se despedace, estamos à beira de descobertas ainda maiores.

Vou dizer o que este livro não é.

Não é uma história acadêmica da indústria farmacêutica. Não traz notas de rodapé e ignora — por necessidade e brevidade — muitos desenvolvimentos de drogas que sacudiram o mundo. Mas você encontrará vários dos remédios que moldaram tanto a história da medicina quanto o mundo de hoje. E espero que, depois da leitura, você compreenda melhor essa parte fascinante da sociedade.

Não é um livro que ensinará algo de novo aos cientistas que trabalham com medicamentos, porque não foi escrito para cientistas. Pelo contrário, é um livro para pessoas que sabem só um pouco do assunto e querem aprender mais. Tem como alvo o público em geral, não o especialista — embora eu espere que os especialistas também possam encontrar aqui novas e interessantes histórias para contar.

Não é um livro que vai deixar os fabricantes de medicamentos felizes. Ou os lobistas pró-indústria farmacêutica. Ou os ativistas contrários a ela. Não se trata nem de uma denúncia dos horrores da indústria, nem de um elogio às maravilhas da ciência. Não tenho nenhum interesse nem uma agenda para promover.

A minha esperança é apenas entreter o leitor e apresentá-lo a um novo mundo — o da descoberta das drogas —, de maneira que não apenas explique uma boa parte da história da medicina, mas também algo de nossas vidas nos dias de hoje, desde nossa relação com os médicos, as propagandas que vemos na TV, a epidemia de abuso de opioides, até as possibilidades de remédios personalizados. As indústrias farmacêuticas têm lucros incríveis, e, no entanto, muitos de nós não podemos comprar os medicamentos de que precisamos. Este livro vai te fazer pensar sobre o porquê disso.

Se há uma lição importante que espero deixar para você, é esta: nenhuma droga é boa, nenhuma droga é má. Todas são ambas as coisas.

Outro modo de dizer isso é que todo remédio eficaz, sem exceção, também traz efeitos colaterais potencialmente perigosos. Pode ser fácil se esquecer disso no primeiro surto de entusiasmo quando um novo medicamento chega ao mercado. Impulsionados por campanhas publicitárias enormes, e muitas vezes apoiados por matérias eufóricas na mídia, novos medicamentos entram no que é chamado de ciclo Seige (uma homenagem a Max Seige, um pesquisador alemão que descreveu o ciclo no começo do século passado). É uma situação que se repete: um remédio novo e incrível chega ao mercado, desperta grande entusiasmo, é amplamente adotado (esse é o estágio 1 do ciclo Seige). Poucos anos após esse período de lua de mel, surge um número crescente de artigos negativos sobre os perigos do medicamento, cujas vendas continuam altas (estágio 2). De repente, todos temem que o remédio milagroso de ontem seja a grande ameaça de hoje. Essa fase também passa, e chegamos ao estágio 3: uma atitude mais equilibrada, com uma compreensão mais sóbria sobre o que o remédio de fato pode realizar, as vendas se estabilizam num patamar moderado, e o medicamento finalmente ocupa seu devido lugar no panteão das drogas.

E então, *tcharam!*: uma empresa lança o próximo remédio milagroso, e o ciclo recomeça. Quando você escutar a próxima notícia sobre um novo medicamento revolucionário, lembre-se do ciclo Seige.

Quanto às dez drogas que escolhi para destacar, você provavelmente reconhecerá algumas, enquanto outras serão novidades. A ideia geral para este livro partiu do meu talentoso editor, Jamison Stoltz, mas a lista final é minha.

Não quis apenas repetir a lista dos "grandes sucessos" de remédios ao longo da história. Então deixei de fora alguns dos mais citados — aspirina e penicilina, por exemplo —, porque já se escreveu muito sobre eles. Em vez disso, você encontrará capítulos surpreendentes tratando de drogas menos conhecidas (mas muito importantes), como o hidrato de cloral (as gotas de nocaute, usadas em muitos lugares e situações, desde consultórios médicos ao bar de Mickey Finn) e a CPZ (o primeiro antipsicótico, o remédio que esvaziou os antigos hospícios), junto com uma pitada de drogas mais conhecidas, da pílula anticoncepcional à oxicodona. O livro fala muito de opioides em todas as suas formas, desde a colheita pré-histórica da seiva da papoula até os atuais produtos sintéticos, mortiferamente poderosos. Os filhos do ópio merecem atenção graças à sua importância histórica (milhares de anos de refinamento e desenvolvimento iluminam boa parte da história da elaboração de remédios), à sua importância atual (como agentes da epidemia de vício e overdose), e também porque a história do ópio está repleta de personagens e relatos interessantes, de um genial alquimista da Idade Média, passando por uma imperatriz chinesa desesperada, até um laboratório com um monte de químicos desacordados.

Leitores atentos talvez notem que o número de drogas em destaque não é exatamente dez. Alguns capítulos são focados em uma única substância química (como a sulfa), e outros tratam de uma família de produtos químicos (como as estatinas). Então não se preocupe com a contagem. Isso não importa.

O que importa é que ninguém pode escolher a lista definitiva das drogas mais importantes da história — seria inútil tentar fazê-lo —, então baseei as escolhas em minha opinião sobre a importância histórica de cada droga, além do seu valor de entretenimento. Escrevi num estilo que evita ao máximo o jargão científico a fim de privilegiar a legibilidade; prefiro histórias vívidas e personagens memoráveis. Isso pode desagradar os cientistas. Mas espero que você ache legal. Seja bem-vindo ao mundo das drogas.

I.
A planta da alegria

Imagine um caçador-coletor no Oriente Médio vagando por regiões recém-descobertas à procura da próxima refeição, experimentando este ou aquele inseto, animal ou planta. As sementes, de alto valor nutritivo, em geral valem a pena provar. E, com frequência, ao redor delas, há frutas e vagens. Nesse dia em particular, ele ou ela encontra uma área aberta com um trecho de plantas que chegam até a cintura, com uma cápsula verde-clara, cerosa, pesada, do tamanho de um punho, cheia de sementes.

Vale a pena experimentar. Uma cheirada. Uma mordidinha. Uma cara feia e uma cuspida. A polpa da cápsula é amarga de travar a boca, e isso é um mau sinal. Estamos programados para achar que coisas venenosas são amargas; é a maneira que a natureza criou de nos dizer o que devemos evitar. O amargor, em geral, significa dor de barriga ou algo pior.

Então o nosso explorador dá às costas às plantas com grandes cápsulas. E aí, uma hora ou duas depois, algo estranho acontece. Uma suave sonolência. A diminuição de alguma dor. Uma sensação de bem-estar. Uma conexão com os deuses. Era uma planta sagrada.

Pode ter começado assim. Ou pode ter sido quando um arguto humano pré-histórico percebeu algum animal alimentando-se das mesmas cápsulas e agindo de um jeito esquisito depois, também um sinal dos deuses de que aquela planta era poderosa.

Não sabemos exatamente como aconteceu, mas temos uma ideia de quando. O grande caso de amor entre os humanos e essa planta milagrosa começou há mais de 10 mil anos — antes de existirem cidades, agricultura, ciência, história. Quando as primeiras cidades na Terra estavam se erguendo nos vales dos rios Eufrates e Tigre, as sementes dessas plantas sagradas eram ingeridas como se fossem comida, sua seiva amarga era utilizada como remédio, e suas virtudes eram celebradas em cânticos. Durante a escavação de um palácio de 4 mil anos, no que hoje é o noroeste da Síria, arqueólogos encontraram recentemente um cômodo estranho perto das cozinhas. Havia oito lareiras e várias panelas grandes, mas nenhum resíduo de comida. Em vez disso, acharam rastros de papoula, junto com heliotrópio, camomila e outras ervas medicinais. Seria essa uma das primeiras fábricas de remédio da História?

No centro dessas antigas atenções, a planta era uma variedade específica da papoula. As cápsulas contendo as sementes, em especial a seiva na parte externa, tinham efeitos tão poderosos, tão regeneradores, que pareciam quase sobrenaturais. Uma estatueta de terracota encontrada em Creta, datada em mais de 3 mil anos, mostra uma deusa com um adorno de cabeça no formato de cápsulas de sementes de papoula, com incisões semelhantes às que são feitas até hoje para extrair a seiva. "A deusa parece estar num estado de torpor induzido pelo ópio", escreveu um historiador grego. "Está em êxtase, o prazer estampado no rosto, sem dúvida fruto das belas visões despertadas em sua imaginação pela ação da droga." Alguns arqueólogos acreditam que o local onde a deusa foi encontrada era usado pelos minoicos para inalar os vapores da seiva da papoula seca.

Os gregos associavam a planta aos deuses do sono (Hipnos), da noite (Nix) e da morte (Tânatos), e gravavam a imagem dela em moedas, vasos, joias e túmulos. Nos mitos, consta que a deusa Deméter usou papoula para acalmar a própria dor após o rapto de sua filha, Perséfone. Oito séculos antes de Cristo, o poeta Hesíodo escreveu sobre uma cidade perto de Coríntio, na Grécia, chamada Mekonê, nome cuja tradução aproximada seria "Cidade da Papoula" e que, segundo alguns historiadores, deve-se aos vastos campos de papoula que a cercavam. Homero alude à planta na *Ilíada*; já na *Odisseia*, há um episódio em que Helena prepara um sonífero, que muitos acreditam incluir seiva de papoula. Hipócrates mencionou várias vezes a papoula como um ingrediente para remédios. Fazia parte de rituais, era esculpida em estátuas e pintada em paredes de tumbas. Seca, era ingerida ou fumada, e era o mais poderoso remédio e o mais eficaz tranquilizante nos primórdios da humanidade. Hoje, é um dos medicamentos mais controversos que se conhece. É a droga mais importante já descoberta por humanos.

De certa maneira, é incrível que os primeiros humanos tenham descoberto drogas naturais. Pense que 95% das cerca de 300 mil espécies de plantas na Terra não são comestíveis por humanos. Saia de casa e comece a provar de forma aleatória as ervas no bosque mais próximo, e a chance é de vinte para um que você tenha uma convulsão, vomite ou morra. Entre as poucas plantas digeríveis, a chance de encontrar um remédio útil é quase zero.

E, no entanto, nossos ancestrais conseguiram. Por tentativa e erro, inspiração e observação, povos pré-históricos ao redor do mundo aos poucos encontraram e construíram um depósito de remédios naturais. Os primeiros curandeiros alimentavam-se e dependiam das ervas que cresciam perto de sua casa; no norte da Europa, entre as plantas eficazes, havia a raiz de mandrágora (útil para tudo, de problemas de estômago a tosse e insônia), heléboro-negro (um poderoso laxante), meimendro (para aliviar a dor e facilitar o sono) e beladona (para problemas de sono e visão). Outras drogas antigas, como a cannabis, viajavam por rotas de comércio partindo do Sul e do Leste.

Muitos temperos intensamente procurados por comerciantes do Oriente Médio e da Ásia, como canela e pimenta, eram usados não apenas para dar sabor à comida, mas como remédio. Os primeiros curandeiros não só conheciam as ervas locais como sabiam a forma de utilizá-las. No século I d.C., Pedânio Dioscórides, um médico grego do exército de Nero, resumiu o que se sabia na sua época em *De materia medica*, obra em vários volumes, que foi um dos primeiros e mais importantes guias de medicamentos. Além de listar centenas de ervas e seus efeitos, Dioscórides descreveu o modo de prepará-las e recomendou doses. Folhas podiam ser ressecadas, maceradas e adicionadas a poções que cozinhavam em fogo baixo; raízes podiam ser colhidas, limpas e amassadas para formar uma pasta, ou consumidas cruas. Algumas podiam ser misturadas com vinho, outras com água. Os remédios podiam ser ingeridos, bebidos, inalados, esfregados na pele ou inseridos como supositórios. O trabalho de Dioscórides orientou o uso de remédios por mais de mil anos.

Ele descreveu a papoula, resumiu seus efeitos e seus riscos: "Um pouquinho dela", escreveu em *De materia medica*, "alivia a dor, dá sono, serve de digestivo, auxilia na tosse e nas aflições da cavidade abdominal. Se bebida com frequência, acaba prejudicando os homens (deixando-os letárgicos), e mata. É útil para dores, polvilhada com rosácea; para dor de ouvido, deve ser pingada junto com óleo de amêndoas, açafrão e mirra. Para a inflamação nos olhos, deve ser usada com gema de ovo assada e açafrão, e para erisipela e feridas, deve ser misturada com vinagre; mas, para a gota, com leite materno e açafrão. Inserida com o dedo, como supositório, provoca sono".

A planta e o seu suco mágico ganharam muitos nomes ao viajarem de uma cultura para a outra, do antigo sumério *hul gil*, "a planta da alegria", ao chinês *ya pian* (de onde se deriva a expressão em inglês "to have a yen", ou seja, "estar com desejo" de usar uma droga). A palavra grega para suco é "opion", e daí deriva a palavra que hoje usamos para designar a droga bruta elaborada a partir da papoula: "ópio".

Não dá para extrair ópio de qualquer papoula. Há 28 espécies de papoulas, que fazem parte do gênero botânico *Papaver*. A maioria são lindas flores silvestres que não produzem nada de ópio. Só duas das 28 produzem quantidades consideráveis da droga, e só uma delas cresce facilmente, é afetada por poucas pestes e não exige muita irrigação. O seu nome científico é *Papaver somniferum* ("somniferum" vem de Somnus, deus romano do sono). Essa planta, a papoula do ópio, ainda fornece quase todo o ópio natural usado no mundo.

Papoula do ópio (*Papaver somniferum*): flores brancas, cápsula de sementes, por M. A. Burnett.

Atualmente, pesquisadores debatem se esse tipo específico de papoula sempre teve tanto ópio ou se os primeiros humanos cultivaram e reproduziram a planta para lhe aumentar a quantidade da droga. Seja como for, cerca de 10 mil anos atrás, ela era cultivada quase da mesma maneira como hoje, e seu remédio era processado praticamente do mesmo modo. Dois mil anos atrás, Dioscórides descreveu como extrair o suco. É algo incrivelmente simples: após um breve florescimento, caem as pétalas da papoula. Em poucos dias, a planta produz uma cápsula verde e cerosa que cresce até atingir o tamanho de um ovo de galinha. Os responsáveis pela extração observam atentamente enquanto a cápsula vai adquirindo uma tonalidade marrom opaca e, no momento certo, fazem uma série de cortes superficiais na sua pele. Dessas incisões sai o suco mágico. A seiva produzida na parte externa da cápsula é a que tem a maior concentração da droga (sementes de papoula, muito usadas para cozinhar e temperar, contêm pouquíssimo ópio).

O suco fresco de papoula é aguado, esbranquiçado, turvo e quase completamente ineficaz. Mas após ficar exposto ao ar livre por algumas horas, vira um resíduo marrom grudento, que parece uma mistura de graxa de sapato com mel. É então que seus poderes medicinais são liberados. Esse resíduo é raspado da cápsula e moldado na forma de pequenos bolos pegajosos, que são em seguida fervidos para remover as impurezas, e o líquido resultante é evaporado. O sólido remanescente, ópio bruto, é enrolado em bolas. E essas bolotas escuras e pastosas mudaram a história. Antes do século XIX, as drogas eram mais do que apenas ervas secas nos armários de bruxas, curandeiros e padres. Elas eram processadas e combinadas de uma maneira meio terapêutica, meio mágica — fervidas em bebidas fermentadas e elixires, moldadas no formato de comprimidos, mescladas com tudo, desde pó de múmia e chifre de unicórnio a pó de pérolas e fezes ressecadas de tigres, e constituíam elaboradas poções para pacientes ricos.

O ópio era uma das substâncias mais estimadas. Podia ser dissolvido no vinho ou acrescentado a misturas com outros ingredientes. Não importava como você o tomasse, funcionava — pela boca, pelo nariz, pelo reto, fumado, bebido ou comido. Um método podia ser um pouco mais rápido do que o outro, mas independente do modo, tinha a mesma gama de efeitos: desde uma sensação de sonolência sonhadora até o alívio da dor. O mais importante — uma espécie de bônus divino — é que deixava os pacientes felizes. Animava o espírito. Era mais do que apenas um remédio; era uma porta para o prazer. Como um historiador disse: "O ópio era atraente porque sempre acalmava o corpo enquanto romanceava a imaginação [...]. O desconforto físico e psíquico era substituído por esperança e uma calma profunda". Era um pacote de efeitos realmente sedutor: alívio da dor, sensação de bem-estar, entusiasmo, um convite ao sonho. Os antigos usuários e curandeiros muitas vezes usavam a mesma palavra para descrever seus efeitos: *euforia*. O ópio tornou possível suportar a dor da doença e dos ferimentos, possibilitando, ao mesmo tempo, o descanso. Era a ferramenta perfeita para os primeiros médicos (desde que usada com cautela; os primeiros curandeiros também sabiam que o excesso podia facilmente levar os pacientes do sono à morte).

Não é de estranhar que, com o tempo, o uso da droga tenha se espalhado pelo Oriente Médio e pelo mundo ocidental, dos sumérios aos assírios, depois aos babilônios e aos egípcios, e do Egito a Grécia, Roma e Europa Ocidental. Dizem que o melhor ópio da Antiguidade vinha da área em torno de Tebas; um texto médico egípcio registra o seu uso em setecentos remédios diferentes. Os exércitos de Alexandre, o Grande, levaram-no consigo à medida que iam conquistando territórios da Grécia ao Egito e à Índia, apresentando-o à população local

25

conforme avançavam. As flores de papoula viraram símbolo tanto de sono temporário quanto permanente, e foram associadas aos deuses da sonolência, dos sonhos e da transformação, marcando a passagem da vida à morte.

A associação da papoula com a morte era mais do que poética. Desde o século III a.c., médicos gregos já estavam muito cientes de que o ópio era tão perigoso quanto eufórico, e debatiam se as vantagens do remédio compensavam os riscos aos pacientes. Os gregos se preocupavam com overdoses; também perceberam que, quando os pacientes começavam a usar o ópio, era difícil fazer com que parassem. Escreveram, assim, as primeiras descrições do vício.

Mas os benefícios do ópio pareciam superar em muito seus perigos. Nos séculos I e II d.C., quando Roma dominava o mundo, consta que o ópio era consumido tão amplamente quanto o vinho, e que era vendido nas ruas na forma de bolos de papoula — doces de massa crua e maleável, feita de ópio, açúcar, ovos, mel, farinha e suco de fruta —, usados para animar e aliviar as dores mais leves da população. Diz-se ainda que o imperador Marco Aurélio tomava ópio para dormir, e que o poeta Ovídio também era usuário.

Após a queda do Império Romano, o ópio encontrou novos mercados graças aos comerciantes árabes, que tornaram a substância — que era leve, fácil de transportar e valia seu peso em ouro para os compradores certos — uma parte comum das cargas das caravanas. Seu uso se espalhou então pela Índia, pela China e pelo norte da África. Um dos maiores médicos de sua época, Ibn Sīnā (chamado de Avicena no Ocidente), escreveu, por volta de 1000 d.C., que o ópio é uma das dádivas de Alá, pelas quais deveríamos agradecer todos os dias. Descreveu cuidadosamente os seus vários benefícios e perigos, como a possibilidade de causar problemas cognitivos e de memória, os efeitos de constipação e os riscos de overdose. O próprio

Avicena vira um paciente morrer ao administrar muito ópio pelo reto. A conclusão a que ele chegou em relação ao ópio, há mais de mil anos, é bastante similar à atitude que temos hoje: "Os médicos devem ser capazes de prever a duração e a severidade da dor, além da tolerância do paciente, e então pesar os riscos e benefícios de administrar o ópio", escreveu, aconselhando utilizá-lo apenas como último recurso e, mesmo assim, recomendando que os médicos fizessem uso dele o mínimo possível. É provável que o próprio Avicena fosse um dos primeiros viciados em ópio.

Ele e outros médicos do mundo islâmico adicionaram o ópio em bolos, infusões, cataplasmas, emplastos, supositórios, cremes e líquidos. Na Idade Média, os médicos árabes eram os melhores fabricantes de remédios do mundo, expandindo bastante a arte de produzir drogas ao desenvolver o uso de filtração, destilação, sublimação e cristalização, tudo parte de uma prática chamada "al-chemie" (acredita-se que a palavra derive de *khem*, que significa "Egito", podendo portanto significar, numa tradução livre, "a ciência egípcia"). A ideia básica da alquimia, como se tornou conhecida no Ocidente, era trabalhar com os materiais brutos da natureza e aperfeiçoá-los, a fim de ajudar as coisas naturais a evoluírem a partir do seu estado bruto, tornando-se formas mais puras e refinadas — para que pudessem liberar seus espíritos interiores puros (essa ideia está entranhada na língua inglesa: a destilação alquímica dos vinhos e cervejas liberou as poderosas bebidas que chamamos de *spirits*, as destiladas). A alquimia foi, ao mesmo tempo, um método de elaborar itens úteis como remédios e perfumes, uma exploração do mundo natural e uma busca quase religiosa pela alma de todas as coisas.

Antigos escritos islâmicos deixaram claro que, embora o ópio fosse capaz de grandes coisas, também podia escravizar seus usuários. Esses manuscritos incluem ainda descrições de

Avicena mostrando a farmácia aos seus alunos.

viciados em ópio com perigosas ilusões, lentidão, preguiça e diminuição das faculdades mentais. "Transforma um leão num besouro", avisou um escritor, "torna um homem orgulhoso um covarde, e um homem saudável, doente."

O uso europeu do ópio diminuiu após a queda de Roma e voltou a crescer quando os soldados que retornavam das Cruzadas trouxeram a droga da Terra Sagrada. Por volta do século XVI, era usado da Itália à Inglaterra para tratar tudo, de malária, cólera e histeria a gota, coceiras e dor nos dentes.

Entre os grandes impulsionadores do ópio encontra-se uma das figuras mais estranhas e fascinantes da história da medicina, um alquimista suíço e curandeiro revolucionário com o impressionante nome de Philippus Aureolus Theophrastus Bombastus von Hohenheim. Hoje é mais conhecido como Paracelso. Era uma criatura única, um gênio da medicina, em parte rebelde, em parte trapaceiro, um pouco místico, um pouco louco, uma personalidade exuberante que vagava de cidade em cidade pela Europa, com seu saco de remédios e instrumentos, carregando uma espada enorme, cujo pomo, segundo rumores, continha o Elixir da Vida. Chegava a determinada cidade, falava com os locais, exibia suas habilidades, curava os doentes, defendia novas teorias heréticas, pegava dicas com os curandeiros e atacava a medicina oficial da época. "No meu tempo, não havia médicos que curassem uma dor de dente, quem dirá doenças severas", escreveu. "Busquei de forma ampla o conhecimento certeiro e experiente da arte [da medicina]. Não o busquei só entre médicos cultos: também questionei tosquiadores, barbeiros, sábios e sábias, exorcistas, alquimistas, monges, pessoas nobres e humildes." Ele escutou, argumentou, aprendeu e aplicou as melhores ideias nos seus pacientes.

Retrato de Paracelso, de corpo inteiro.

Ao longo do caminho, escreveu vários livros, a maioria deles só foi publicada depois de sua morte. Foram redigidos num estilo que um historiador chamou de "muito difícil de ler e mais difícil ainda de entender", uma mescla de símbolos alquímicos fantásticos e alusões mágicas, referências astrológicas e misticismo cristão, receitas médicas, inspirações divinas e ruminações filosóficas. Mas, por baixo disso tudo, jazia um núcleo de ideias revolucionárias na medicina.

Paracelso achava que a maioria dos médicos eram "tagarelas arrogantes" que enriqueciam apenas papagaiando as velhas ideias emboloradas dos antigos, regurgitando a sabedoria transmitida pelas autoridades romanas, gregas e árabes, repetindo velhos erros. A isso, Paracelso ofereceu uma simples alternativa: quem de fato buscasse a sabedoria deveria ler o livro da natureza. Em vez de seguir cegamente velhos textos, escritos por autoridades do passado, ele acreditava que os médicos deveriam basear-se no que vissem funcionando no mundo real, abrir-se às maravilhas que a natureza oferece, encontrar novas abordagens, usar novos remédios de novas maneiras, ver o que acontece, e então usar esse conhecimento para aprimorar a arte da cura.

Paracelso fez experiências com seus remédios, tentando novas misturas e vendo o que dava certo. (É importante notar que não se tratava de experiências no sentido da ciência moderna. Era algo mais na linha de "Isso aqui parece interessante. Vou tentar e ver o que acontece".)

O seu maior sucesso era um comprimido preto misterioso e milagroso que parecia aliviar quase qualquer enfermidade. "Tenho um remédio secreto chamado láudano que é superior a qualquer outro remédio heroico", escreveu por volta de 1530. Um dos seus contemporâneos recordou a história desta maneira: "Ele tinha comprimidos que chamava de láudano, que pareciam bolotas de cocô de rato, mas só os usava em casos de doenças extremas. Gabava-se de poder despertar os mortos com esses comprimidos, e com certeza provou o que dizia, pois pacientes que aparentavam estar mortos de repente se levantavam".

O láudano de Paracelso tornou-se lendário. Agora conhecemos a sua receita secreta: cerca de um quarto de cada comprimido era ópio bruto; o resto, uma bela (e em boa parte ineficaz) mistura de meimendro, bezoar (uma massa sólida recolhida do intestino das vacas), âmbar, almíscar, pérolas e corais moídos, vários óleos, osso do coração de um veado e, para finalizar, uma pitada de chifre de unicórnio (ingrediente muito elogiado, e com certeza imaginário, que aparece em muitos remédios medievais; com frequência, o que se passava por "chifre de unicórnio" era uma presa de narval). A maioria dos efeitos do láudano vinha do ópio.

Paracelso tinha tanta certeza de suas opiniões, e mostrava-se tão seguro ao afirmar coisas como "Os médicos ignorantes são servos do inferno enviados para atormentar os enfermos", ou quando queimou de forma ostensiva um dos livros de Avicena numa fogueira pública, que muitos o consideravam um fanfarrão arrogante. Mas não era um charlatão. Foi, isso sim, um dos pais da farmacologia, um homem que sozinho ajudou a tirar os estudos de medicamentos da forca da teoria antiga e os colocou em território mais moderno. Diz-se, por exemplo, que ele estudou o ópio usando-o em si mesmo e nos seus seguidores, e acompanhou os seus efeitos — uma prática de autoexperimentação que se tornaria comum entre médicos nos séculos seguintes.

Quando Paracelso morreu, em 1541, o apetite europeu pelo ópio estava crescendo. Solicitaram a Cristóvão Colombo que procurasse e trouxesse ópio de suas viagens de descoberta, como outros exploradores o fizeram: Giovanni Caboto, Fernão de Magalhães e Vasco da Gama. O motivo era que o ópio, ao contrário de muitos outros comprimidos e poções da Renascença, funcionava de fato. À medida que sua popularidade aumentava, os médicos iam descobrindo mais e mais maneiras de usá-lo. Algum médico muito inteligente dissolveu ópio numa solução com amora e cicuta, e então ferveu uma esponja do mar dentro da mistura. Quando umedecida e aquecida, essa "Esponja do Sono", cheia de drogas, liberava vapores que aliviavam a dor e faziam que os pacientes dormissem, tornando o ópio um dos primeiros anestésicos. Melaço veneziano, uma mescla de ópio com até 62 outros ingredientes que iam de mel e açafrão até carne de víbora, era usado para tratar tudo, de picada de cobra à peste. A popularidade do melaço foi tão grande que ajudou a criar a primeira regulamentação de drogas em Londres. Em 1540, Henrique VIII deu aos médicos o direito de entrar nas lojas dos boticários e denunciar os remédios perigosos ou ineficazes, inclusive o melaço. Em Londres, na época de Shakespeare, apenas um único homem tinha permissão de produzir melaço, e mesmo ele tinha de apresentar o produto à Faculdade de Medicina antes de vendê-lo.

Um problema que os primeiros médicos que usavam ópio enfrentavam é que nunca conseguiam saber quão forte era a droga. Como o ópio vinha de países diferentes, com métodos de processamento distintos, não dava para dizer o que exatamente continha a bola que você recebia. O comprimido de um produtor de remédios podia conter duas, três ou cinquenta vezes a dose de um outro. Os médicos precisavam testar cada lote nos pacientes e torcer pelo melhor. Os pacientes pagavam o preço e se arriscavam.

Os primeiros passos para padronizar a droga foram dados nos anos 1600 por um renomado médico britânico, Thomas Sydenham. Sydenham era um grande fã do ópio e acreditava que essa substância divina era muito superior em suas propriedades de cura a qualquer coisa que os humanos jamais

Retrato de Thomas Sydenham.

poderiam inventar por conta própria. Ele se tornou famoso pela sua tintura especial de ópio dissolvido com vinho, em que atenuava o amargor da droga acrescentando vinho do Porto doce, cravo e canela. O ópio líquido de Sydenham era mais fácil de tomar do que os comprimidos. Mas a coisa mais importante é que essa preparação podia ser mais ou menos padronizada: a quantidade de ópio em cada garrafa era distribuída de forma mais cuidadosa, as doses eram mais bem medidas. Sydenham fez fortuna vendendo esse ópio líquido, que ele chamava — talvez em homenagem a Paracelso — de "láudano".

O láudano de Sydenham foi um sucesso, ampliado por sua própria divulgação; ele entoava suas virtudes de forma tão barulhenta que os seus amigos o apelidaram de "Dr. Opiófilo". Com o aumento das vendas, também cresceu o interesse científico em mensurar seus efeitos com mais precisão. Pesquisadores britânicos como Christopher Wren e Gideon Harvey começaram a testar o ópio em cães e gatos, aprendendo quanto era preciso aplicar para atingir certos efeitos. Encontraram novas maneiras de auferir a potência e garantir a qualidade. Graças ao ópio, a medicina deixava de ser uma arte e se transformava em uma ciência.

O ópio também era usado por prazer. Um dos primeiros livros escritos em inglês especificamente acerca da droga foi *The Mysteries of Opium Reveal'd* [Os mistérios do ópio relevados], publicado em 1700 pelo dr. John Jones. Jones contou aos leitores que a droga não apenas tirava a ansiedade como também era boa para "Prontidão, Serenidade, Força de Vontade e Rapidez em Executar e Cuidar dos Negócios... Aclamação do Espírito, Coragem, Desprezo ao Perigo e Magnanimidade... Satisfação, Aquiescência, Contentamento, Equanimidade", e assim por diante. O ópio despertava sentimentos como "um refresco delicioso e extraordinário dos espíritos ao receber uma boa notícia ou qualquer outra causa de alegria". Comparou ainda seus efeitos a um orgasmo permanente. Ele soava como um viciado em ópio.

O uso do ópio para alterar o humor, em vez de aliviar a dor, atingiu todos os estratos sociais. Em 23 de março de 1773, por exemplo, o famoso diarista James Boswell escreveu: "Tomei café da manhã com o dr. Johnson, cujo espírito pesado de ontem tinha se aliviado porque ele tomara ópio na noite anterior". A droga estava sendo usada para mitigar a depressão.

Usos de toda espécie iam surgindo, junto a uma avalanche de novos remédios à base de ópio que apareceram no final do século XVIII, com nomes como Pó de Dover, Gotas para Tremedeira e Comprimidos Pacíficos do Dr. Bates. Podiam ser facilmente comprados dos médicos, em farmácias locais e até em mercearias — sem receita. Como não havia leis para limitar o uso dos medicamentos, o ópio se espalhou por toda parte.

O público europeu ansiava por ópio. Era a época da Revolução Industrial, e a população cada vez maior de operários enfrentava condições de trabalho terríveis nas fábricas. Funcionários mal remunerados viviam em favelas e precisavam de algo que lhes desse um alívio barato. Gim era uma opção, ópio era a outra. Sua popularidade cresceu de mãos dadas com as mudanças nos padrões das doenças. A tuberculose era um exemplo: centros industriais em expansão, abarrotados de pessoas, eram terrenos férteis para doenças epidêmicas como a tuberculose, que matava aos poucos e deixava as vítimas numa agonia que só podia ser atenuada pelo ópio. E havia o cólera, transportado pela água poluída e extremamente contagioso, outra doença que cresceu com as favelas. O cólera matava por meio de uma diarreia descontrolada. Afortunadamente, um dos mais notáveis efeitos colaterais do ópio era certa tendência a causar constipação; seu uso em pacientes com cólera salvou vidas, além de tranquilizar os moribundos. Entre os usuários mais fiéis da droga, encontrava-se um número crescente de prostitutas, que tomavam láudano para aliviar as dores diárias da profissão, para enfrentar os sintomas de doenças venéreas e para serenar o desespero. Às vezes introduziam o hábito aos clientes. Outras vezes usavam a droga para se matar. Médicos atuavam como promotores de venda do ópio, oferecendo-o aos pacientes, e ganhavam bastante dinheiro com isso. Boticários e químicos sabiam que os remédios com ópio estariam sempre entre os mais vendidos, e faziam propagandas pensando nisso.

E esta era a questão do ópio: dependendo de como e quando era usado, podia ser um analgésico ou uma droga recreativa, podia salvar vidas ou ser um meio de se matar. Era tão popular na Europa Ocidental que pelo fim do século XVIII alguns historiadores o ligaram ao surgimento da Era Romântica, com sua ênfase na espontaneidade e na experiência pessoal, seu relaxamento moral, seus arroubos de grandeza e fantasias oníricas. É com certeza verdade que muitos dos principais artistas e políticos dessa época, de Byron e Berlioz a Jorge IV e Napoleão, usavam a droga em maior ou menor medida. Percy Shelley, embriagado de ópio, uma vez irrompeu no quarto de Mary Wollstonecraft Godwin (por quem ele estava loucamente apaixonado, embora fosse casado com outra mulher na época) com uma pistola numa mão e uma garrafa de láudano na outra, declarando: "A morte irá nos unir". Viveram o bastante para se casar; a meia-irmã de Mary, no entanto, morreu de overdose de láudano em 1814. Keats bebia doses hercúleas. Samuel Taylor Coleridge e Thomas de Quincey eram totalmente viciados. "A literatura do século XIX está calcada no láudano", escreveu um historiador. E o seu apelo se espalhou para muito além da intelligentsia. Em meados do século, o ópio era tão barato quanto o gim, e mais disponível na Grã-Bretanha do que o tabaco. As mulheres o tomavam como maneira de romper o tédio de suas vidas, e davam às crianças para lhe aliviar a fome e fazê-las parar de chorar. Homens usavam para aplacar as dores e esquecer os problemas. Se sobrava um pouco, davam aos animais da fazenda para ajudar a engordá-los para o mercado.

Uma região rural isolada e pantanosa na Inglaterra, a Fenland, tornou-se infame como o reino da papoula. A malária, com suas febres recorrentes, era comum lá, assim como o reumatismo e a sezão. Quinino (um remédio para malária feito da casca de uma árvore da América do Sul) era caro demais para os fazendeiros locais, e também para os médicos. Os fazendeiros pobres recorriam ao ópio não apenas como remédio, mas, como notou um observador, "para tirar o usuário da lama de Fenland e da chatice da vida no campo". Um médico visitou a área em 1863 e escreveu: "Um homem pode ser visto ocasionalmente adormecido no campo, apoiado na enxada. Toma um susto quando alguém se aproxima, então se põe a trabalhar com vigor por um tempo. Um homem toma seu comprimido como medida preliminar antes de começar um trabalho árduo, e muitos só bebem cerveja com uma gotinha de ópio dentro".

Isso era considerado um vício relativamente inofensivo, com certeza menos perigoso do que bebidas alcoólicas. Para cada história envolvendo algum bebê envenenado acidentalmente por excesso de xarope tranquilizante de ópio, havia outras de usuários de longa data que estavam bem. Vendedores de ópio nos anos 1850 contavam a anedota de uma mulher de oitenta anos de idade que tomara quinze mililitros de láudano todos os dias por quarenta anos, sem qualquer efeito colateral. E a própria Florence Nightingale, a Dama da Lâmpada, o grande símbolo da enfermagem, por acaso não usava às vezes a droga? Claro que sim. Ela usaria se o ópio fizesse mal à saúde? As vendas de ópio na Grã-Bretanha aumentaram de 4% para 8% ao ano entre 1825 e 1850. Para alimentar esse hábito nacional em expansão, britânicos encorajaram plantações de papoula

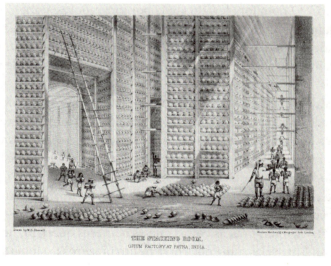

Uma sala de armazenamento na fábrica de ópio em Patna, Índia. Litografia de W. S. Sherwill, *c.* 1850.

na Índia, que logo se tornou a fonte de boa parte do fornecimento mundial. A Companhia das Índias entrou no negócio de transportar ópio pelo mundo. Muitos fizeram fortuna cultivando, processando, transportando e vendendo a droga. E a Inglaterra foi só o começo. Se o ópio era tão popular lá, quanto valeria aos comerciantes se outros países fossem incentivados a consumi-lo ainda mais?

A Índia era uma possibilidade. Mas os britânicos precisavam que as pessoas no Raj estivessem com a cabeça no lugar. Havia outros alvos, no entanto: países onde o comércio de ópio pudesse ser expandido, para benefício da Grã-Bretanha. Países que a Inglaterra desejava ver enfraquecidos pela droga. E assim o ópio chegou à nação mais populosa do planeta: o Império Celestial, a China.

Os chineses já sabiam algumas coisinhas sobre o ópio. Encontraram-no pela primeira vez ainda na Antiguidade, lá no século III a.C. O ópio fora levado até lá por mercadores árabes, e os alquimistas chineses o acharam um remédio interessante. Era usado em pequenas quantidades pelas classes altas para tratar disenteria e acalmar as concubinas dos ricos. Por mais de mil anos, isso foi quase tudo.

Então chegaram os primeiros marinheiros europeus, desesperados para fazer negócios. Trouxeram consigo um número de itens que acharam que os chineses poderiam gostar. Mas que interesse os chineses poderiam ter pela áspera lã britânica ou pelo linho duro dos holandeses quando tinham a seda? Por que comprariam cerâmica ocidental inferior quando tinham porcelana?

Havia umas poucas coisas que os chineses queriam, no entanto. Entre elas, uma nova erva muito prazerosa, a folha seca de uma planta das Américas chamada "tabaco". Os chineses ficaram fascinados ao ver estrangeiros enfiando pedaços da folha em pequenos cachimbos e os acendendo, respirando nuvens de fumaça aromática. Isso teve efeitos desejáveis. A elite chinesa logo adotou o hábito do tabaco, e fumar se tornou uma moda na China no século XVII. Os europeus, felizes por encontrar algo que podiam comercializar com os chineses, passaram a enviar navios cheios de tabaco ao porto de Cantão. Quando os suprimentos encolhiam, os chineses faziam o tabaco render misturando-o com outras coisas, como rebarbas de ópio e arsênico. Achavam que os aditivos ajudavam a conter a malária. O certo é que aumentavam o efeito do fumo.

Fumar virou tão popular no Império Celestial, e a natureza viciante desse hábito era tão óbvia, que em 1632 o imperador julgou ser necessário proibir o tabaco em todas as suas formas. Só para garantir, ele ordenou que todos os viciados em tabaco fossem executados. O tabaco desapareceu. E durante a seca que se seguiu, alguns chineses passaram a fumar ópio puro.

As coisas permaneceram assim até o começo do século XVIII, quando outra erva seca entrou em cena. Essa vinha sendo cultivada na China havia muito tempo, e quando embebida em água fervente, criava uma bebida de efeito prazeroso e energético. Os britânicos a chamavam de chá. E logo se tornou uma grande moda na Inglaterra, tanto quanto o tabaco havia sido na China.

Enquanto a demanda dos ingleses por chá crescia, também aumentava a obrigação de os comerciantes encontrar algo — qualquer coisa — que os chineses pudessem aceitar em troca. Não dava para ser tabaco. Então os enviados britânicos foram à corte do imperador com amostras de estanho, chumbo, tecidos de algodão, relógios mecânicos, peixe seco, qualquer coisa que pudesse agradar. Nada o entusiasmou. "O Império Celestial possui tudo em grande abundância e não faltam produtos dentro das suas fronteiras", o imperador chinês observou desdenhosamente por volta de 1800. "Portanto, não há necessidade de importar produtos manufaturados por bárbaros do exterior em troca dos nossos."

Pode ser que não houvesse interesse por itens manufaturados, mas havia uma matéria-prima que os chineses desejavam. A moeda deles era baseada em prata, e os chineses tinham uma fome infinita desse metal precioso. Isso era uma má notícia para os britânicos, pois a maioria da prata do mundo vinha das colônias espanholas no Novo Mundo. Os britânicos só tinham uma quantidade limitada de prata, e o comércio de chá com os chineses estava drenando essas reservas, causando um desequilíbrio no suprimento mundial. Precisavam desesperadamente de algo novo.

Então a atenção se voltou para o ópio. Graças às plantações espalhadas pela Índia, os britânicos tinham uma boa quantidade da droga para exportar. Só precisavam transformar os chineses em usuários.

Os imperadores chineses não se interessaram. Diante dos esforços dos britânicos de introduzir uma nova droga no país, o governo chinês, que ainda não esquecera os problemas causados pelo tabaco, emitiu decreto após decreto restringindo o comércio de ópio. Os britânicos descobriram novas maneiras de levar o produto ao país. Cada novo fumante de ópio era uma nova fonte de dinheiro, e assim que começavam a fumar, não queriam parar. A vida de muitos camponeses chineses era tão monótona como a dos fazendeiros da Fenland, e eles se tornaram ávidos fumantes. Os ricos e entediados da China experimentaram de brincadeira, e daí compraram mais. O mercado cresceu. Em 1729, os britânicos venderam duzentos baús repletos de bolsas de ópio indiano no porto de Cantão. Por volta de 1767, o número já estava em mil baús. Em 1790, 4 mil. Os imperadores chineses da época — Hongli (o imperador Qianlong) e seu filho Yongyan (o imperador Jiaqing) — ficaram indignados. Era como se a história do tabaco estivesse se

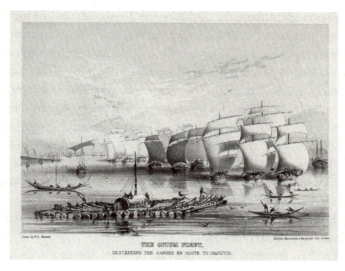

Uma frota de veleiros de ópio e outros barcos e botes no Ganges. Litografia de W. S. Sherwill, *c.* 1850.

repetindo — não, muito pior. Essa nova droga não apenas era sedutora como deixava os usuários indolentes e improdutivos. Os decretos dos imperadores contra o ópio ficaram mais severos, culminando em 1799 com a proibição total da droga. Era uma lei que barrava toda a importação dessa substância detestável e deplorável no Império Celestial. Oficialmente, os britânicos tinham de obedecer.

Então, eles se voltaram para o contrabando. Em poucos anos, cerca de vinte grupos, que abrangiam desde comerciantes mais ou menos legítimos até piratas fora da lei, estavam traficando ópio para a China. Esses mercadores inescrupulosos dominaram pequenos portos isolados ao longo da costa chinesa, passaram a subornar funcionários oficiais e a transportar toneladas de ópio para dentro do país. O governo britânico atacava o escândalo em público, mas em privado fazia vista grossa. A Companhia das Índias estava bastante envolvida: havia uma quantidade enorme de dinheiro em jogo. Certas atividades foram ignoradas, acordos foram firmados e o ópio continuou indo da Índia para a China, gerando dinheiro para a compra de chá da China para a Inglaterra, e nesse meio-tempo, ajudando a desestabilizar um pouco o governo chinês, que já estava fragilizado. Isso também foi bom para os britânicos. Quanto mais fraco o governo, mas fácil seria instituir o comércio sem interferência do imperador. Historiadores estimam que, pelo final dos anos 1830, cerca de 1% de toda a população chinesa, ou seja, cerca de 4 milhões de pessoas, estava viciada; perto de alguns portos de contrabando, a proporção atingia 90%. Em 1832, um sexto do produto interno bruto da Índia Britânica vinha do comércio de ópio.

Então o governo chinês decidiu acabar com aquilo de uma vez por todas. As guerras do ópio estavam para começar.

O fósforo encostou no estopim em 1839, quando uma parte considerável do destacamento militar chinês apareceu na parte externa do entreposto comercial britânico no Cantão. O líder dos soldados chineses, falando em nome do imperador, exigiu que todos os vendedores de ópio dentro do entreposto entregassem o seu estoque da droga. O comandante da pequena força militar britânica viu a massa de soldados chineses do lado de fora e sugeriu aos comerciantes que obedecessem. Milhares de baús de ópio foram entregues, e os chineses fizeram uma grande fogueira para queimá-los diante dos britânicos. Eles estavam dando uma declaração tanto aos comerciantes estrangeiros quanto ao próprio povo: o ópio não seria tolerado.

Afetado pelo insulto, o governo da Sua Majestade (a rainha Vitória tinha aceitado a coroa dois anos antes) enviou soldados e navios de guerra ao Cantão, dando início à primeira das duas breves Guerras do Ópio. Os britânicos venceram ambas com folga. Não foram tão intensas como outras guerras da época:

42

houve escaramuças menores e combates navais em pequenas escalas a meio mundo de distância da Grã-Bretanha. Mas serviram para deixar algumas coisas claras. O primeiro ponto, e também o mais importante: as forças britânicas, modernas e bem equipadas, com navios de guerra poderosos, esmagaram o Exército chinês, desatualizado e com menos armas. Os chineses tiveram que encarar o fato de que os ocidentais tinham um exército superior, com disciplina, armas e navios melhores. E o próprio ópio teve um papel nisso tudo: por volta de 1840, um grande número de oficiais e soldados chineses eram viciados, e muitos estavam drogados demais para combater.

Em segundo lugar, as Guerras do Ópio mostraram aos chineses que, quando se tratava de comércio, os britânicos eram quem tomariam as decisões. Quando as batalhas foram encerradas, os britânicos colheram os espólios. O imperador cedeu ao governo da rainha Vitória o porto de Hong Kong, assim como o acesso a outros portos e melhores termos de negociação comercial. O Império Celestial fora aberto à força.

Mas não ao ópio. Jamais. Os britânicos pediram especificamente uma aprovação do governo para a importação de ópio, pensando nas riquezas que obteriam dos impostos sobre o produto. Mas mesmo em uma posição fragilizada, o imperador da China estabeleceu limites: "É verdade que não posso impedir a introdução desse veneno que flui; homens corruptos e gananciosos, por lucro e sensualidade, irão esmagar meus desejos", escreveu Daoguang, o oitavo imperador Qing, "mas nada me convencerá a lucrar com o vício e o sofrimento do meu povo". Ele se recusou a legalizar o ópio, uma teimosia que, naquele ponto, vinha, em parte, de seu histórico familiar. Três dos filhos do imperador eram viciados, e todos os três acabaram morrendo por causa dos efeitos da droga. Conta-se que mais tarde, em 1850, o próprio Daoguang faleceu de desgosto. Mas até o dia de sua morte, jamais legalizou o comércio do ópio. Pouco importava. A droga já estava muito bem estabelecida. Hong Kong se tornou o centro do ópio no mundo, um vasto mercado de drogas no qual "quase qualquer pessoa com dinheiro que não estivesse conectada ao governo, trabalhava com o comércio de ópio", escreveu o governador da colônia britânica em 1844. Ainda era tecnicamente ilegal transportar a droga para a China, mas enquanto o poder dos contrabandistas aumentava, o governo britânico fazia vista grossa. Alguns dos traficantes viraram príncipes do comércio, angariando pequenas frotas de veleiros de ópio, os navios mais rápidos do mundo, para transportar com maior velocidade o carregamento da Índia, e usaram seus lucros para comprar mansões dignas de barões na Inglaterra. Grandes frotas de juncos piratas dominaram as águas do litoral: alguns eram controlados pelos contrabandistas, outros os perseguiam para saqueá-los. A China estava se transformando em um lugar anárquico, sem lei, disfuncional. Em meados do século XIX, uma mistura de altos impostos, fome, desprezo ao relaxamento moral e ao comércio de ópio levou à revolução — a Rebelião Taiping, encabeçada pelo líder de um culto chinês que acreditava ser o irmão mais jovem de Jesus Cristo. Demorou catorze anos para que o imperador conseguisse debelar a rebelião. Até lá, mais de 20 milhões de chineses foram mortos e outros 10 milhões foram deslocados. Muitos dos que perderam suas casas e terras acabaram assinando um contrato em que cedia seus próprios corpos a um regime de semiescravidão — o início do que ficou conhecido como *coolie trade* — e deixaram a China para sempre.

Enquanto o governo chinês desmoronava e a fome e a falta de leis tomavam conta de boa parte do império, mais e mais pessoas se voltavam para o ópio. O *London Times* estimou que, em 1888, 70% dos homens adultos na China estavam viciados ou habituados à droga.

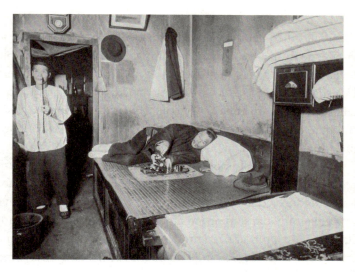

Uma casa de ópio em San Francisco.

E o vício agora se espalhava para além da China. As dezenas de milhares de *coolies* chineses enviados aos Estados Unidos, a fim de servir de mão de obra barata para mineração, agricultura e construção de ferrovias, levaram consigo o ópio. Na década de 1880, San Francisco tornou-se infame devido às suas 26 casas de ópio, locais impróprios que ofereciam jogos de azar e prostituição por trás de nuvens de fumaça. O ópio ficou popular no submundo da cidade, entre artistas, boêmios e brancos endinheirados em busca de aventura. Era o nascimento da subcultura das drogas nos Estados Unidos.

Finalmente, após décadas lucrando com o comércio de ópio, até a Grã-Bretanha deu um basta. Uma série de notícias sobre a corrupção e a tragédia na China, publicadas no fim do século XIX, causou repulsa na elite britânica, levando a uma decisão do Parlamento para encerrar o comércio. Quase todo o suporte, tanto oficial quanto não oficial, evaporou.

Mas o dano já estava feito. Logo antes da Primeira Guerra Mundial, outro decreto imperial foi emitido, exigindo que se parasse de fumar ópio em toda a China, e todas as casas de ópio deviam encerrar suas atividades até 1917. No entanto, o imperador estava tão fragilizado, e o Império tão impotente, que poucos usuários lhe deram atenção. Isso ocorreu até mesmo na Cidade Proibida, onde a elite endinheirada, não afetada pelos decretos que atingiam o resto do país, continuou fumando a droga.

O que nos leva à história de Wanrong, esposa do último imperador chinês. Essa bela jovem, nascida em 1906 e casada aos dezesseis anos com o jovem e indiferente imperador Puyi, teve uma vida mimada, sem propósito, e quase desprovida de amor. Ela começou a fumar ópio muito cedo. E nunca abandonou o hábito. Por décadas, ao longo do declínio final da China Imperial, das revoluções e invasões das décadas de 1920 e 1930, da Segunda Guerra Mundial e do abandono de seu marido, buscou cada vez mais conforto na droga. Em 1946, o Império tinha sido reduzido a pó e Wanrong virara prisioneira tanto do seu vício quanto dos comunistas chineses.

Fizeram-na de exemplo. Jogaram a imperatriz numa cela, humilharam-na e a mantiveram longe da droga. Soldados e camponeses podiam passar e vê-la entre as grades, rindo e arregalando os olhos. Wanrong entrou em crise de abstinência severa. Os farrapos que vestia estavam cobertos de vômito e fezes. Ela murmurava, chorava e gritava ordens a servos imaginários. Os guardas se recusavam a limpá-la ou alimentá-la. Ela morreu de desnutrição e abstinência em 1946.

Essa era a nova realidade da China. Em 1950, o governo comunista proibiu o cultivo, a venda e o uso de todos os narcóticos. Depois que os britânicos abandonaram o comércio, os chineses começaram a cultivar a própria papoula. E então os campos de papoula foram incendiados, enterrados e transformados em áreas para produção de comida. Queimaram-se os estoques de ópio. Casas de ópio foram derrubadas. Dezenas de milhares de traficantes e viciados foram presos, reeducados, e quando persistiam no vício, eram mortos.

Só desse modo se acabou com a longa história de vício no país. Por volta de 1960, o ópio tinha sido finalmente eliminado da China.

Mas a droga era poderosa e sedutora demais para morrer assim.

Numa viagem a Paris no final do século XVIII, apresentaram Thomas Jefferson a La Brune, um preparo medicinal francês, cujo principal atributo era uma significativa porrada de ópio. Jefferson ficou tão impressionado que trouxe um pouco da mistura consigo, recomendando-a aos amigos nos Estados Unidos como um remédio de primeira para dores.

Foi o início de uma febre no país. Naquela época, assim como agora, "os americanos sempre quiseram experimentar coisas novas", como declarou uma publicação do período, fosse um novo dispositivo mecânico ou um novo remédio patenteado ou droga. A nova República tinha diversas pequenas empresas que passaram a produzir elixires, extratos e tônicos com um toque de ópio. Muitos eram variantes do láudano de Sydenham, fáceis de tomar.

Nos Estados Unidos, o século XIX foi o período dos remédios patenteados, da propaganda massiva e dos shows de medicina, dos vendedores charlatões e das promessas malucas, uma época em que a nação estava totalmente aberta a vendas sem receita de qualquer droga que uma pessoa pagaria para tomar. Em meados do século XIX, os remédios patenteados — chamados assim não porque tinham patentes no sentido que damos hoje à palavra, mas porque, na Inglaterra, certas drogas usadas pela Família Real recebiam "cartas-patente", permitindo que os fabricantes usassem o aval da realeza na propaganda — tinham se tornado um grande negócio nos Estados Unidos. Estimuladas por algumas das primeiras tentativas de publicidade massiva, as vendas desses preparados eram impulsionadas por promessas comicamente exageradas, grande quantidade de álcool e, com frequência, de ópio. As farmácias da esquina ofereciam curas com o Cordial Frutado Único de Stott (único porque continha 3% de ópio), o Xarope Tranquilizante da Sra. Winslow (ópio em forma adoçada, ideal para bebês irritadiços) e a Clorodina (uma mescla de láudano, cannabis e clorofórmio). Médicos recomendavam remédios ineficazes com ópio a pacientes com reumatismo, cólera e com qualquer coisa que causasse desconforto, desde o parto até a gota. Remédios patenteados com ópio podiam não ser capazes de curar o câncer (como alguns fabricantes afirmavam), mas com certeza atenuavam a dor, mitigavam a tosse e animavam a pessoa. O uso de ópio nos Estados Unidos disparou, e importações da droga aumentaram de 16 mil quilos em 1840 para 44 mil dez anos mais tarde, atingindo 250 mil quilos em 1870.

Com o aumento do uso, veio um risco maior. Overdoses acidentais ficaram cada vez mais comuns entre crianças. E nem todas eram acidentes. Houve alguns relatos de pais dando doses maiores de um xarope tranquilizante para se livrarem de um bebê indesejado. Agências de cuidado às crianças e grupos de caridade fizeram soar o alarme.

Nos adultos, o problema era o vício. Desde 1840 já havia uma preocupação pública com aqueles que não conseguiam se livrar da droga, como era o caso da esposa de Edgar Allan Poe, que, morrendo de tuberculose, controlou a dor com o que um historiador descreveu como doses "atordoantes" de ópio. Há rumores de que o próprio Poe foi usuário, talvez até um viciado. Ele era apenas um entre milhares.

Muitos médicos continuaram recomendando a droga para os pacientes. O vício, no contexto dos Estados Unidos em meados do século XIX, não era visto como algo terrível. Até os médicos que julgavam o uso de ópio como algo deplorável acreditavam que, se bem controlada pelo paciente e supervisionada pelo médico, a droga podia ser um hábito bastante benigno. De qualquer forma, era com certeza melhor que o alcoolismo.

A bebida era a maldição particular dos Estados Unidos. Os bêbados eram barulhentos, selvagens e às vezes violentos — disparavam armas de fogo e entravam em brigas —, enquanto os usuários de ópio eram pacíficos, reservados e surpreendentemente felizes. "A bebida costuma despertar o animal", escreveu um correspondente do *New York Times* em 1840, "enquanto o ópio o amaina por completo. Com efeito, o ópio desperta a parte divina da natureza humana e pode trazer ao primeiro plano as emoções mais nobres do coração." A maioria dos médicos via o vício em ópio como um assunto privado, uma infeliz fraqueza pessoal que precisava ser tratada com simpatia. O paciente devia diminuir aos poucos o consumo e, se necessário, ser tratado com doses terapêuticas por quanto tempo fosse necessário. Afinal, muitos dos viciados, talvez a maioria, haviam começado a consumir o ópio por indicação médica, com o intuito de diminuir a dor durante um tratamento para doença ou ferimento. Mesmo quando viciados, usuários de ópio mantinham-se mais ou menos funcionais, desde que obtivessem sua dose mínima. Não era tão ruim.

Então a ciência moderna interveio e a cena mudou drasticamente.

O ópio era fascinante tanto para os pesquisadores quanto para os usuários. Havia muito tempo, os antigos alquimistas tinham cedido espaço aos químicos modernos, e seus poderes aumentaram imensamente com o uso de técnicas e equipamentos científicos cada vez mais sofisticados. No entanto, algumas coisas não mudaram tanto assim. Os químicos modernos, como os antigos alquimistas, ainda se interessavam em decompor substâncias naturais, encontrando o que as fazia funcionar, purificando suas partes e as recombinando de novas maneiras. Eles queriam saber qual era o principal componente responsável pelo poder do ópio. Já os médicos queriam preparos mais puros, refinados e padronizados para seus pacientes. Todos desejavam chegar ao coração da droga, encontrar e trabalhar com a substância específica que lhe dava o poder de cura e o impulso eufórico.

A primeira grande descoberta foi em 1806, quando, do nada, um jovem aprendiz de farmacêutico alemão, chamado Friedrich Sertürner, trabalhando por conta própria num laboratório improvisado, encontrou a alma do ópio. Ele passou meses procurando formas de aquecer aos poucos, dissolver e desmontar aquela coisa grudenta e bruta; de separá-la em várias partes e purificá-las com diferentes solventes e métodos de destilação, resfriando os vapores para que virassem líquidos, secando líquidos para que se tornassem cristais, e dissolvendo outra vez os cristais em novos solventes. Ao fazer isso, criou centenas de novas misturas. Testou a substância resultante em cães de rua, depois em alguns amigos e finalmente em si mesmo.

Sertürner descobriu que o ópio não era uma coisa só, mas um coquetel complexo de ingredientes. Os mais poderosos de todos eram membros de uma família química chamada alcaloides, que compartilhavam algumas estruturas moleculares e características, e tinham um gosto amargo. Acabou descobrindo que havia três ou quatro alcaloides importantes no ópio e possivelmente dezenas de outros menores.

Sertürner foi o primeiro a isolar e estudar o mais importante desses alcaloides, aquele que conferia ao ópio seu poder. Separado da mistura natural, essa substância tinha efeitos dez vezes mais poderosos que o ópio. Ele nomeou essa substância como *principium somniferum*, princípio soporífero central, graças à sua capacidade de colocar as pessoas num estupor sonolento. Depois a chamou de "morphium", em homenagem a Morfeu, o deus grego dos sonhos. Hoje a chamamos de "morfina".

Foi um feito impressionante para um químico amador desconhecido de vinte e poucos anos. Talvez por causa disso, foi completamente ignorado na época. Sertürner era um zé-ninguém, e poucos cientistas sérios davam atenção ao seu trabalho. O jovem continuou sua tarefa, extraindo versões cada vez mais puras do seu *morphium*, tomando uma dose atrás da outra para testar, registrando cuidadosamente as suas mudanças de humor.

No início, tudo foi ótimo para ele: tinha horas de euforia, sonhos alucinantes e não sentia dor. Aí começou a sofrer de constipação. Quando tentou parar de usar a droga, mergulhou em uma depressão profunda e passou a ter uma fome avassaladora que quase o deixou louco. Voltou a consumir a droga e tentou aumentar as dosagens. Em certa ocasião, quase matou três amigos e ele próprio ao ingerir em intervalos de meia hora enormes quantidades de *morphium*; suas vidas foram salvas no último instante quando Sertürner, recorrendo ao que restava de bom senso, deu a todos uma substância que induzia o vômito. A situação ficou feia. Em 1812, após anos de pesquisa, estava horrorizado com o que tinha feito. "Considero meu dever chamar a atenção para os efeitos terríveis dessa nova substância que denominei *morphium*", escreveu, "para que uma calamidade possa ser impedida."

Sertürner viveu até o ano de 1841. Abriu a sua própria farmácia e tinha uma renda razoável. Morreu desconhecido. Nunca fez fortuna com o seu *morphium*.

Isso ficou para os outros. O estudo de alcaloides decolou a partir do trabalho de Sertürner, e na década de 1820 outros cientistas mais conhecidos começaram a trabalhar a sério com a morfina. Uma antiga empresa farmacêutica alemã especializou-se em produzi-la em grande escala. Talvez você já tenha ouvido falar da Merck. Essa empresa elabora muitos remédios hoje em dia, mas a morfina foi a pedra sobre a qual esse império foi construído.

A capacidade de separar substâncias em estado bruto, purificá-las e estudar seus componentes ativos foi a força motriz da nova ciência da química orgânica, o estudo das moléculas da vida. A química orgânica e a indústria farmacêutica cresceram juntas. Ao longo do século XIX, outros pesquisadores destrincharam ainda mais o coquetel do ópio, purificando os outros alcaloides. Havia vários. A codeína, isolada em 1832, era menos eficaz como analgésico do que a morfina, mas também menos viciante; é mais usada hoje em dia em xaropes para tosse. Depois vieram a tebaína, a noscapina, a papaverina, a narcotina, a narceína — a lista de alcaloides derivados do ópio ia crescendo. À medida que os químicos desenvolviam suas habilidades, mais alcaloides — cocaína, nicotina, cafeína, estricnina, quinino, atropina — eram isolados de outras plantas, como coca, tabaco, café, noz-vômica e cascas da árvore Cinchona. Todos tinham um parentesco químico, todos agiam no corpo e todos eram amargos.

Mas a morfina foi a primeira e a mais importante. Logo substituiu o ópio no uso medicinal. Podia ser feita com medida e potência exatas, tornando possível uma dosagem precisa e dando aos médicos uma ferramenta melhor com a qual podiam tratar seus pacientes. Era um analgésico mais forte que o ópio, e virou um remédio icônico na farmácia dos hospitais e nas maletas dos médicos. Seu único defeito, no período inicial, é que tinha que ser consumida via oral ou em supositórios cobertos de cera, o que desacelerava sua ação, e os resultados ficavam mais variáveis. Mesmo depois de tomá-la em forma líquida, os pacientes tinham de esperar que a droga batesse, e então os efeitos apareciam aos poucos, dificultando o ajuste da dosagem.

Os médicos queriam uma maneira melhor de introduzir a morfina no corpo. Tentaram fazer uma versão em pó para que os pacientes inalassem, mas isso causava náusea. Tentaram esfregá-la na pele, mas provocava bolhas. Tentaram inseri-la debaixo da pele, usando agulhas ou farpas para enfiar bolinhas do remédio em pequenas incisões, mas era difícil demais controlar a dosagem.

A resposta surgiu em 1841 quando um cirurgião francês chamado Charles Gabriel Pravaz apresentou uma nova ferramenta. Pravaz buscava tratar veias varicosas, e achou que usar drogas que diminuíssem a coagulação sanguínea poderia ajudar. O problema é que a droga que ele pretendia usar, quando ingerida via oral, era destruída no estômago. Ele precisava de uma maneira de levá-la diretamente às veias. Então pediu a uma pessoa que trabalhava com metais para elaborar uma agulha oca, feita de platina, e a essa agulha ele encaixou um pequeno êmbolo de prata. A ideia era colocar a droga no êmbolo, inserir a agulha na veia e injetar o medicamento.

Ele tinha criado a primeira seringa. Graças a ela, Pravaz podia pegar uma quantidade exata de determinada droga e inseri-la através da pele, diretamente no corpo, sem passar pelos caprichos do estômago e dos intestinos, acelerando sua ação e a levando aonde ela mais precisava ir. Pravaz carregava a sua seringa num bolso de seda costurado no chapéu. E a sua invenção, o "Pravaz", como costumava ser chamada, logo virou um sucesso entre os médicos, pois lhes dava uma nova maneira vital de aplicar remédios de forma mais rápida e precisa.

O Pravaz era perfeito para a morfina. Injetar a droga diretamente no corpo podia transformar a agonia em calma em poucos instantes. Enfermeiras, diante de um paciente gritando de dor, podiam puxar uma seringa de morfina e dizer,

como contava uma anedota: "Vou virar sua nova melhor amiga".
Os médicos agora podiam fazer estudos mais precisos.

A nova droga purificada também trazia esperança aos viciados em ópio. A ideia entre alguns médicos era que, ao tratar os viciados com doses menores e mais controladas, seria possível atenuar o desejo pelo ópio e afastar gradualmente os pacientes do vício.

Claro que isso não funcionou. A morfina era basicamente a mesma droga que o ópio, só mais forte. No melhor dos casos, era um substituto, não uma cura. Injetar morfina com um Pravaz fazia com que os viciados conseguissem um barato ainda maior e mais rápido. O perigo do vício aumentou na mesma medida.

Na época da Guerra Civil Americana, na década de 1860, a morfina era o remédio mais importante no campo de batalha. Era injetada nos soldados para diminuir a dor dos ferimentos e para tratar a disenteria e a malária, que assolavam os acampamentos militares. Jardins caseiros tanto no Norte quanto no Sul cobriram-se de flores de papoula: como sinal de patriotismo, os cidadãos passaram a cultivar ópio para as tropas; em seguida, a droga era processada para virar morfina e levada ao front de batalha. Milhões de doses foram distribuídas. Milhares de veteranos com feridas permanentes — membros decepados, ossos esmagados, espíritos partidos — continuaram a ser ensinados a usar seringas para autoadministrar a droga, por anos e anos após o fim da guerra.

O resultado foi uma onda de vício que chamaram de "doença do Exército". Graças à morfina, o uso per capita de opiáceos triplicou entre os anos 1870 e 1880, criando a primeira crise de opiáceos dos Estados Unidos. Qualquer um podia conseguir morfina e uma seringa para injetá-la: ambas eram vendidas pelo correio ou nas farmácias, sem receita. Enquanto o uso medicinal da morfina aumentava — para cirurgias, acidentes e praticamente qualquer doença ou ferimento —, também crescia o número de pacientes com dependência da droga. Cientistas chamaram essa nova epidemia de "morfinismo", e cada vez mais preocupados com ela, buscaram maneiras de controlá-la.

A crise de opiáceos dos anos 1880 foi muito parecida com a crise atual, não apenas pelo aumento no número de usuários, mas também pela reação da sociedade. Primeiro, médicos e funcionários do governo tentaram abordagens "suaves", minimizando o problema como algo menos grave do que, digamos, o alcoolismo; moderando a recomendação do remédio, procurando maneiras mais eficazes de tirar os pacientes do vício; experimentando clínicas municipais de narcóticos onde viciados em opiáceos podiam obter doses de manutenção das drogas. Farmacêuticos também tomaram precauções. Embora os opiáceos fossem uma importante fonte de lucro para muitas farmácias, algumas decidiram não os vender mais. "Um farmacêutico criminoso venderá morfina ou cocaína", dizia um cartaz em uma farmácia de Nova York, acrescentando, "mas nós não somos esse tipo de farmácia."

Há diferenças também. Os viciados em opiáceos hoje são às vezes considerados de classe baixa: na cidade grande, são vistos como junkies; nas zonas rurais, como *white trash*. Mas na década de 1880, os viciados em morfina (tirando os veteranos de guerra) eram em grande parte membros das classes média e alta, profissionais e homens de negócios que, em algum momento, sofreram de dores intensas, e cujos médicos os ensinaram a autoinjetar a droga. Os próprios médicos estavam entre os mais dedicados usuários de morfina; conforme uma estimativa de 1885, um terço dos médicos de Nova York era viciado.

Em muitos sentidos, a morfina era uma droga para mulheres, recomendada para tratar vários problemas específicos, de cólicas menstruais e histeria (que, na época, era um termo abrangente para quase todos os problemas psicológicos enfrentados por uma mulher) até depressão (ou, usando o termo da época, melancolia). É surpreendente notar que, ao longo do século XIX, a maioria dos usuários de láudano e morfina nos Estados Unidos eram mulheres. Álcool e tabaco eram considerados drogas para homens; para as mulheres, opiáceos eram o caminho para escapar de vidas muito limitadas pelas normas sociais e pelos padrões de comportamento. Muitas mulheres que começaram a usar láudano ou morfina por indicação médica acabaram ficando viciadas, mantendo um hábito silencioso e fácil de ocultar, um segredo aberto em muitos lares. A morfina substituiu o láudano para muitos dos inválidos de classe alta da época, aquelas tias solteironas idosas e avós com gota que se retiravam para o quarto reclamando de exaustão ou dos "nervos" e encontravam conforto em seu Pravaz. Como notou um historiador, na década de 1870, um "típico viciado do Sul era uma mulher branca razoavelmente bem de vida e viciada por causa do uso médico". Logo antes da Primeira Guerra Mundial houve até uma moda breve de tratar mulheres em trabalho de parto com o que os médicos chamavam de "Sono Crepuscular". Eles ministravam uma dose de uma combinação de morfina e remédio para enjoo à mulher que estava para dar à luz, prometendo um parto sem dor. Mais tarde se descobriu que o tratamento, mais do que diminuir a dor, apagava totalmente sua recordação. Algumas mulheres gritavam tanto durante o Sono Crepuscular que tinham que ser instaladas em quartos com isolamento acústico. Quando acordavam, com o bebê no colo, agradeciam aos médicos. Tinham se esquecido da experiência. Associações do Sono Crepuscular surgiram nas grandes cidades.

O tratamento médico muitas vezes era responsável pelo início do consumo de morfina, mas a medicina era limitada em relação ao que podia fazer para ajudar os pacientes a se livrarem do vício. Os médicos, cada vez mais preocupados com o morfinismo no início do século XX, gentilmente encorajavam os pacientes a irem diminuindo aos poucos a dosagem. Fora isso, não havia muito mais que pudessem fazer.

O conceito de vício, tanto físico quanto psicológico, ainda não era bem compreendido, os mecanismos eram desconhecidos, e as curas muitas vezes ficavam a cargo do paciente. A maioria dos viciados tinha dinheiro; se quisessem se livrar da droga, podiam pagar para ficar em um dos centros de tratamento e sanatórios privados que estavam surgindo nas grandes cidades — o início do que hoje chamamos de negócio das clínicas de reabilitação. Lá, podiam se afastar do vício. Mas pouca coisa os impedia de retomá-lo.

Para os produtores de fármacos, tanto a morfina quanto as curas para a morfina eram maneiras de ganhar dinheiro. Os remédios e os seus fabricantes eram negócios que quase não tinham supervisão legal. Praticamente toda pessoa podia vender um remédio prometendo a cura para qualquer coisa, inclusive para o morfinismo. Muitos desses medicamentos eram misturas ineficazes de ervas suaves com doses hercúleas de álcool. Outros continham ópio ou a própria morfina, um tratamento que apenas prolongava a doença.

A morfina fazia os problemas anteriores com o ópio parecerem leves. Na Era Romântica, quem bebia láudano começava tomando cerca de trinta mililitros por dia (aproximadamente metade de um copo da dose). Essa quantidade continha ópio equivalente a um grão de morfina. Pessoas seriamente viciadas em láudano podiam chegar a tomar cinco ou seis dessas doses por dia — até seis grãos de morfina. Para comparar, um viciado em morfina de longa data usando uma seringa na década de 1880 injetava o equivalente a quarenta grãos por dia.

Doses dessas podiam matar um iniciante. E isso era outro problema. A morfina matava. Era uma droga com o que se convencionou chamar de "janela terapêutica estreita" — funciona apenas em uma gama específica de doses. Muito pouco, e a dor continua insuportável. Demais, e os pacientes param de respirar. Como a dose que você precisa está muito próxima da que pode matar, é fácil ter uma overdose. E isso vinha acontecendo cada vez mais com usuários de morfina nos anos anteriores a 1900.

No final do século XIX, a morfina era, segundo certas estimativas, o método de suicídio mais popular entre mulheres e o segundo entre homens, perdendo apenas para armas de fogo. Por décadas, também foi um meio popular de matar outras pessoas — fazer uma vítima ter uma overdose era fácil, barato e praticamente impossível de detectar (o primeiro bom teste para medir a morfina no sangue ou na urina só surgiu nos anos 1930). Por volta de 1860, havia a suspeita de que o ópio e a morfina fossem responsáveis por um terço dos envenenamentos nos Estados Unidos.

Histórias trágicas envolvendo a morfina estavam sempre nas manchetes. Na década de 1890, a filha adolescente de Eberhard Sacher, um respeitado professor vienense, especialista em doenças femininas, engravidou antes do casamento. A garota passou por um aborto malsucedido que a deixou com uma dor excruciante. Seu pai então a tratou com morfina, e ela ficou viciada. Ele se culpou por isso. O que aconteceu posteriormente não está claro, mas nem por isso é menos comovente. Em 1891, atormentado pelo escândalo, pelo sofrimento da filha e pelo próprio desespero, Sacher abriu seu suprimento médico e pegou uma agulha. Horas depois, tanto ele quanto sua filha estavam mortos por overdose de morfina. Talvez a morte dela tenha sido um acidente, talvez um suicídio-homicídio planejado, não dá para saber. As notícias deixaram Viena em choque e desencadearam pedidos de regulamentação da morfina no Império Habsburgo. Mas nada se fez de oficial. Parecia que muito pouco *podia* ser feito.

Na virada do século XIX para o XX, no entanto, a inércia já não era uma opção viável. Havia muitos suicídios, acidentes, assassinatos, muitas vidas perdidas por causa do vício. Alguma coisa precisava ser feita. Tinha que haver algo — uma nova droga, um novo prodígio dos laboratórios — capaz de desfazer todo aquele dano. Então os cientistas partiram em busca de uma droga mais benigna, algo que pudesse mitigar a dor, mas sem os riscos de vício e morte. Era o começo de uma investigação científica em busca de opiáceos mais seguros e não viciantes que durou um século.

A segunda iniciativa foi em termos legais. Funcionários do governo se deram conta de que os opiáceos tinham que ser controlados. O resultado foi uma tempestade de regulamentações, guerra contra as drogas, demonização e criminalização tanto das drogas quanto dos usuários, e cem anos de tentativas de acabar com o problema através de ações do governo.

Se eu tivesse que escolher uma droga, acima de todas as outras, que influenciou as histórias entremeadas da medicina e dos fármacos, seria o ópio. Não apenas pelo seu poder e por suas raízes históricas, mas porque ilustra, de forma mais vívida e direta que qualquer outra, a dupla natureza das drogas em geral: o poder de fazer o bem e o mal.

Não dá para se ter a parte boa sem a ruim. Toda descoberta científica é uma faca de dois gumes, com benefícios inevitavelmente ligados aos perigos, tanto físicos quanto psicológicos. Seres humanos com frequência se agarram aos benefícios e deixam para cuidar dos perigos depois. Isso com certeza ocorreu com a planta da alegria, o remédio de Deus, o ópio.

2.
O monstro de Lady Mary

Mary Pierrepont era uma mulher determinada, bonita e apaixonada por livros. Teve uma sorte dupla desde o começo: não apenas nascera na nobreza inglesa no final do século XVII (e era, portanto, rica) como também fazia parte de uma família tão dedicada ao aprendizado quanto ao status social. Seu bisavô ajudou a fundar a primeira organização científica, a Sociedade Real, três décadas antes de Mary entrar em cena, em 1689. A principal casa da família tinha uma das maiores e melhores bibliotecas privadas do mundo. O pai dela trabalhava no Parlamento. Ela teve uma infância encantadora, viveu em casas elegantes, teve acesso a uma alimentação requintada, recebeu as visitas mais instigantes e teve oportunidades de se educar que iam muito além das que tivera a maioria das mulheres de seu tempo. E Mary floresceu nesse ambiente, tornando-se uma mulher adorável, conhecida pelos seus belos olhos e pelas auspiciosas perspectivas de casamento. Era esperta; sabia disso; e a família cultivava a sua inteligência. Quando adolescente, leu as obras da biblioteca da família, aprendeu latim, escreveu poesia e se correspondeu com bispos.

Mas ela queria mais. Estava determinada a se tornar algo raríssimo: uma mulher escritora. Não podia suportar que lhe dissessem o que fazer e valorizava sua independência; portanto, quando o pai tentou casá-la contra sua vontade, ela rompeu com o noivo cuidadosamente escolhido e fugiu com um homem que ela mesma escolhera: Edward Wortley Montagu, neto do conde de Sandwich. Por algum tempo, essa união escandalosa foi um assunto muito comentado entre as elites. Mas é claro que podia ter sido pior. Montagu pelo menos vinha de uma boa família. E tinha ambições de ascender no governo.

Mary começou a publicar o que escrevia e recebeu alguma atenção por uns poucos poemas. A sua perspicácia podia ser mordaz: alguns de seus poemas eram tão espinhosos, tão virulentos contra membros do seu círculo social, que ela decidiu distribuí-los anonimamente. Estava se tornando conhecida como uma das mulheres mais inteligentes de sua época; Montagu, enquanto isso, subia na vida política. Tiveram o primeiro filho em 1713. As suas vidas pareciam abençoadas.

Aí o Monstro das Manchas atacou.

Primeiro, levou o irmão dela. Ele tinha apenas vinte anos de idade e era o preferido de Mary. A doença o atingiu de repente, deixando-o de cama, agonizando, com dor e febre, e o desfigurou de forma terrível. Morreu em poucas semanas.

A doença, varíola, era chamada em inglês de *small-pox* (para diferenciá-la da *great pox*, a sífilis), e era um fato corriqueiro na vida na Inglaterra, e o maior assassino ao redor do mundo naquela época, espalhando-se em epidemias rápidas como um incêndio, atingindo milhões e preferindo matar os mais jovens aos mais velhos. No primeiro ou segundo dia, era confundida com uma febre comum, pouco mais do que uma dor de cabeça ou uma febre moderada. De repente piorava, fazendo a pulsação disparar, e provocava uma febre tão alta que o paciente suava, ficava constipado, vomitava e tinha uma sede insaciável. Depois de alguns dias, pontinhos cor-de-rosa apareciam na pele, provocando coceiras; em seguida ficavam mais escuros e se entranhavam cada vez mais fundo, transformando-se em pústulas fedorentas que causavam uma coceira insuportável. Em alguns casos apareciam só umas poucas dezenas ao longo do peito e das costas; em outros, milhares, e a pele do paciente — lábios, boca, garganta, narinas, olhos e órgãos sexuais — virava um tapete de pústulas, uma agonia de ardência e coceira intensas. O corpo reagia a esse ataque com uma febre crescente. Os pacientes inchavam, a pele inflava e se esticava tanto que o rosto às vezes ficava irreconhecível. Nariz e garganta podiam se fechar, e o paciente, com o bloqueio das vias aéreas, arfava tentando respirar. As pústulas se enchiam e ficavam moles, explodindo nos lençóis, liberando um pus amarelado e fedorento. Era impossível descansar.

Alguns médicos achavam que o melhor tratamento era fazer o corpo expelir o veneno pelo suor, então empilhavam cobertores e aumentavam o fogo. Não dava certo. Outros faziam o contrário, enrolando o paciente em lençóis úmidos e gelados e abrindo as janelas. Isso também não funcionava. Nem as sangrias, os laxantes, o vômito induzido, ou qualquer outro dos tratamentos médicos comuns da época. Nada ajudava.

Ninguém sabia o que fazer porque, no início do século XVIII, não se conhecia o que causava a doença. Por fim, tudo o que podiam fazer era mitigar o desconforto, apoiar a família aflita e aguardar. Poucos dias após a aparição das pústulas, poderiam acontecer apenas duas coisas. Em cerca de um quarto dos casos, a doença avançava e os pacientes morriam. Nos demais, os pacientes conseguiam superar a doença, as febres cessavam e as pústulas começavam a secar. Depois de dias ou semanas de recuperação, podiam sair do quarto de convalescença e retornar ao mundo.

Vivos, porém com marcas. A varíola deixava algumas vítimas cegas e deformava muitas. Quase todos os sobreviventes tinham cicatrizes profundas na pele e buracos desfiguradores onde antes estavam as pústulas, "transformando um lindo filhote num monstrinho, que fazia as mães se arrepiarem ao vê--lo, ou tornando os olhos e as bochechas de uma donzela prometida objetos de horror para seu amante", como escreveu um observador da época. A maioria dos adultos na Grã-Bretanha tinha essas marcas. Acredita-se que a moda de usar véus, maquiagem pesada e outros cosméticos surgiu para esconder os efeitos da doença. Por um período, a moda feminina consistia em colar pedacinhos de tecido em formato de cruz e estrelas nas piores partes.

E foi assim por séculos. A varíola era intensamente contagiosa; hoje sabemos que você pode contraí-la ao inspirar um pouco da pele descamada, ao tocar as pústulas de um paciente ou apenas ao lidar com suas roupas. Na época de Mary Montagu, o surgimento da varíola numa cidade significava que era melhor se refugiar na casa de campo. Ao contrário de outras doenças letais da época (como o cólera, que era mais comum nas partes desvalidas da cidade), a varíola não fazia distinções entre ricos e pobres. Assolava tanto o palácio quanto a favela, matando reis e plebeus. Até hoje é a rainha das doenças contagiosas, o maior assassino infeccioso já enfrentado por humanos. Na Europa, fez mais vítimas do que a Peste Negra, "enchendo os cemitérios", como escreveu um observador em 1694, "atormentando com um medo constante todos os que ainda não tinham sido atingidos, deixando os sobreviventes com os rastros hediondos de seu poder". Quando exploradores europeus e conquistadores levaram a varíola a territórios que nunca tiveram a doença, o resultado foi um holocausto. Dizimou tribos inteiras na África, matou a maioria dos incas e astecas nas Américas, depois continuou se espalhando com os avanços dos europeus, acabando com a maioria das tribos na América do Norte, uma espécie de genocídio biológico que abriu caminho para os pioneiros brancos. Na época de Lady Mary, a doença começava a devastar os aborígenes na Austrália.

A única boa notícia — se é que dá para se chamar de boa — era que se você sobrevivesse à doença, nunca mais a pegaria. Isso era uma espécie de bênção: sobreviventes da varíola podiam cuidar dos doentes sem medo de contrair a enfermidade. Mas ninguém sabia por que isso acontecia; era apenas outro mistério numa época repleta de mistérios. Esses assuntos de doença, vida e morte estavam completamente além da compreensão humana. Só Deus podia mandar uma enfermidade, e só Deus determinava seus resultados. Só Deus podia decidir quem viveria e quem morreria.

Eis o mais impressionante: hoje em dia não existe mais varíola. Não houve um só caso da doença desde os anos 1970. Entre a época de Lady Mary e a nossa, de alguma forma conseguimos erradicar a pior doença da humanidade. Essa talvez seja a maior história de sucesso da medicina. E tudo começou com Mary.

Dois anos após a morte trágica de seu irmão, Lady Mary Wortley Montagu — que agora, com a rápida ascensão do marido, vivia em Londres — ficou febril. Apareceram as manchas. Os médicos não tinham dúvida quanto ao que a afligia. Ela ficou de cama, vítima da varíola, e a doença progrediu, seguindo seus estágios. Os médicos não se mostraram otimistas — o caso dela era grave. A varíola se espalhou e se aprofundou; ela se revirava na cama e coçava as pústulas. Os médicos alertaram o marido que ele deveria se preparar para o pior.

Mas Mary estava destinada a outras coisas. Sobreviveu à crise e se livrou da doença. Semanas depois, abriu a porta do quarto e saiu. Tinha perdido os cílios. A pele ao redor dos olhos delicados estava vermelha e irritada, e permaneceria assim pelo resto de sua vida, conferindo-lhe um olhar selvagem. A pele do rosto, que uma vez foi macia, agora estava coberta de buracos e cicatrizes. Mas ela não ficara cega, como tantas outras vítimas. E o seu espírito parecia intacto.

Logo depois, o marido foi nomeado embaixador para o Império Otomano a serviço de Sua Majestade, uma bela promoção, e lhe ordenaram que fosse a Constantinopla (atual Istambul) para assumir o cargo. Esperava-se que Montagu fosse sozinho; considerando as dificuldades de uma viagem tão longa em 1715, o normal seria deixar a esposa e o filho em casa durante esse período no exterior. Mas Lady Mary era tudo, menos normal. Recuperara a força e tinha muita curiosidade em relação a essa terra estranha. Não perderia por nada a aventura. Insistiu em viajar com ele, levando junto o filho pequeno.

E assim começou uma jornada de meses pela Europa em direção às terras exóticas do Leste. Ao longo do caminho, ela redigiu uma série de cartas notáveis descrevendo as regiões pelas quais passaram. Lady Montagu era mais franca e observadora — e menos preconceituosa em relação aos costumes estrangeiros — do que a maioria dos escritores da época; quando

Lady Mary Wortley Montagu. Litografia de A. Devéria com base em C. F. Zincke.

foram publicadas, essas cartas viraram clássicos da literatura de viagem. Talvez isso também fosse parte de seu plano: a jornada ao Império Otomano permitiu que ela construísse uma reputação como escritora.

Depois de se instalar no setor europeu de Constantinopla, com o marido o dia todo na embaixada, Lady Mary começou a aprender tudo o que podia sobre esse exótico mundo muçulmano. Estava especialmente interessada na vida das mulheres. Europeus em geral viam os otomanos como bárbaros que tinham escravos e aprisionavam as mulheres nos seus haréns, decapitavam infiéis e anunciavam sua religião o dia todo no alto das torres. Era como se os otomanos ainda estivessem na Idade Média.

Lady Mary passou a achar o contrário. Sua posição de esposa do embaixador lhe abriu portas, e ela se tornou amiga de algumas das mulheres importantes da cidade, nobres elegantes que ofereciam acesso sem precedentes a seus alojamentos, banhos, comida, costumes e pensamentos. Ela passou a achar que o sistema otomano — com mulheres vivendo em serralhos exclusivamente femininos, separadas durante cerimônias religiosas e sem poder de ação direta na política — era visto pelas mulheres menos como um aprisionamento e mais como o caminho para uma espécie peculiar de liberdade. Suas novas amigas não pareciam humilhadas ou destituídas; eram cultas, inteligentes, aparentavam ser muito felizes e empoderadas de uma maneira que ela não imaginava. Sim, elas passavam um longo tempo ao lado de outras mulheres, mas dentro daquele mundo eram mais livres do que muitas moças europeias. Tinham liberdade de opinião e expressão. Eram argutas e bem informadas. Tinham fortes amizades femininas, baseadas apenas no afeto. Ela passou a vê-las como especialistas em exercer poder de forma indireta. Eram mulheres com vidas plenas — ainda que muito diferentes — em comparação com as europeias, que passavam tempo demais disputando poder e atenção com outras mulheres num mundo dominado por homens.

E eram livres em relação aos seus corpos. Ficaram surpresas com a armadura de Lady Mary, seus vestidos pesados e corpetes duros. E Mary ficou impressionada com a naturalidade com que ficavam nuas em seus banhos coletivos. E uma das coisas que chamou a sua atenção foi a pele linda e sem marcas das muçulmanas. Onde estavam as cicatrizes da varíola?

Mary descobriu, e escreveu sobre isso numa carta de 1717:

Vou contar uma coisa que vai fazer com que você queira estar aqui. A varíola, tão fatal e comum entre nós, não causa danos aqui por causa da invenção do enxerto, que é o termo que deram. Há um grupo de mulheres velhas que fazem dessa operação seu negócio, e a realizam no outono, no mês de setembro, quando o calor arrefece. As pessoas mandam recados umas às outras para saber se algum parente gostaria de contrair a varíola; então organizam festas com esse intuito, e quando se encontram (em geral quinze ou dezesseis pessoas), a velha aparece com uma casca de noz cheia da melhor cepa de varíola, então pergunta qual veia você deseja abrir. Ela rasga imediatamente a veia que você lhe oferece com uma grande agulha (que não dói mais do que uma coceira comum) e coloca na veia o máximo dessa matéria que cabe na ponta da agulha, depois cobre o pequeno ferimento com um pedaço oco da casca. [...] As crianças ou os jovens pacientes brincam juntos pelo resto do dia, e permanecem saudáveis até o oitavo dia. Então são tomados por uma febre, e ficam na cama por dois dias, com frequência até três. É muito raro que fiquem com mais de vinte ou trinta feridas no rosto, que nunca deixam marcas, e em oito dias estão tão bem quanto estavam antes da doença. [...]

Não há exemplos de ninguém que tenha morrido disso até agora, e você pode acreditar que estou muito satisfeita com a segurança do experimento [...].

Esse "enxerto" foi uma das primeiras descrições ocidentais do que hoje chamamos de inoculação. A descrição que Lady Mary fez da técnica é precisa, exceto pelo uso da palavra "veia", talvez um indício de sua falta de conhecimento médico. A técnica turca consistia em fazer um simples arranhão, em geral no braço, fundo o suficiente para provocar um sangramento. Nele, colocava-se a quantidade que cabia na ponta da agulha de uma mistura de cascas de ferida e/ou pus da varíola de um paciente com um caso moderado; essa "matéria de varíola" desencadeava então um caso moderado da doença. Depois a criança não precisava mais se preocupar com o risco de contrair a varíola.

Lady Mary ficou fascinada. Provavelmente discutiu o procedimento com o médico da embaixada britânica, e falou com o embaixador francês, que lhe garantiu que o método era tão corriqueiro e sem riscos como ir às termas na Europa. Alguns poucos médicos europeus já o tinham descrito de forma positiva em cartas enviadas ao seu país, mas isso não provocou nenhuma mudança na prática médica. Então ela começou a fazer algo muito corajoso e talvez muito estúpido: cogitou fazer esse enxerto "bárbaro" no próprio filho.

Ela tinha que ser rápida. Seu marido havia sido informado de que voltaria para a Inglaterra. Então, sem que ele soubesse, Lady Montagu combinou um encontro com uma velha com muita experiência no procedimento e convenceu o cirurgião da embaixada — um escocês um tanto relutante chamado Charles Maitland — a se juntar a ela para observar. A velha chegou, armada com uma purulência de um caso moderado, pegou uma longa agulha (que, Maitland notou, estava enferrujada), arranhou o braço do menino de seis anos, fundo o suficiente para que ele uivasse, misturou um pouco da matéria com o sangue do garoto e a esfregou no machucado. Maitland então interveio. Para garantir resultados, o enxerto era muitas vezes feito nos dois braços, e Maitland decidiu salvar o menino da dor de mais arranhões da agulha ao usar seu próprio bisturi para rasgar o outro braço. Ele mesmo colocou um pouco da varíola e então fechou os ferimentos.

E eles aguardaram. Conforme esperado, uma semana depois o menino teve um caso leve de varíola, do qual se recuperou por completo, sem nenhuma cicatriz. Lady Mary tinha protegido o filho. Ele nunca mais contrairia a varíola.

Esta era a questão central: na Turquia, Lady Mary e Maitland descobriram como provocar uma varíola leve numa criança para prevenir um caso muito mais sério — e talvez fatal — no futuro. Isso era de importância pessoal para Lady Montagu: se seu irmão tivesse sido inoculado, estaria vivo. Se ela tivesse passado pelo procedimento, sua beleza estaria intacta. Ela estava determinada a levar a técnica turca para a casa com ela.

Só havia uma hesitação: ela não acreditava que os médicos ingleses fossem adotar a prática. Muitos deles tinham ganhado bastante dinheiro usando métodos antigos e ineficazes para tratar a doença. "Eu sem dúvida escreveria a alguns de nossos médicos, contando tudo sobre o assunto com todas as particularidades, se acaso conhecesse algum que, em minha opinião, fosse virtuoso o suficiente para arruinar um ramo tão considerável de suas rendas pelo bem da humanidade", escreveu Lady Montagu. "Talvez se eu viver para voltar, posso, no entanto, criar coragem de entrar em guerra com eles."

Depois que os Montagu voltaram a Londres, ela conseguiu a guerra que queria. Quando começou a elogiar a técnica turca de enxerto, a comunidade médica inglesa reagiu com desdém. Os motivos eram em parte religiosos (o que esses discípulos de Maomé têm a ensinar a uma nação cristã?), em parte machista (o que uma mulher sem educação em medicina teria para ensinar a um médico treinado do sexo masculino?), e em parte médica. A abordagem comum para lidar com a varíola em 1720 era baseada no antigo sistema de equilíbrio entre os quatro humores: sangue, catarro, bile negra e bile amarela. Segundo a teoria vigente, quando algo desequilibrava os humores, o resultado era uma doença. Os tratamentos eram feitos para reequilibrá-los. Na varíola, as pústulas eram obviamente a tentativa do corpo de se reequilibrar, expelindo matéria vil. O dever do médico era ajudar a natureza a realizar o seu trabalho, sujeitando os pacientes a sangrias, laxantes e vômito induzido.

Enfraquecidos, os pacientes morriam aos montes.

A inoculação *à la turca* descrita de forma entusiasmada por Lady Montagu não se encaixava nesse esquema. Então eles a descartaram.

Na primavera de 1721, outra epidemia de varíola começou a assolar Londres. Essa foi especialmente letal. Lady Montagu agora tinha uma filha, nascida logo antes de seu retorno de Constantinopla (e, portanto, jovem demais para ser inoculada), e Mary estava determinada a proteger a criança da doença. A garota agora tinha três anos, idade talvez suficiente para o procedimento. Lady Montagu chamou Maitland, que também tinha retornado à Inglaterra, para ajudá-la. O escocês mais uma vez se mostrou relutante: se algo desse errado, sua reputação médica seria muito prejudicada. Para protegê-lo e encorajar os outros médicos, trouxeram testemunhas para observar o procedimento. Lady Montagu queria que aquilo fosse mais do que uma decisão privada. Ela queria que a inoculação de sua filha fosse uma demonstração pública de sua eficácia.

Já que não causara muito impacto nos médicos, Lady Mary decidiu mostrar o procedimento a outros membros do seu círculo social. Ela tinha amigos em postos altos, até no Palácio, incluindo Caroline, princesa de Gales, esposa do herdeiro ao trono britânico. Caroline exigiu que uma das testemunhas fosse o médico real em pessoa. Os notáveis, todos de peruca, reuniram-se e observaram enquanto o procedimento se desenrolava diante de seus olhos: Maitland, nervoso, usou seu bisturi para fazer pequenas incisões na pele da menina e colocar o pus de um caso moderado.

Deu tudo certo, e a filha de Lady Mary se recuperou facilmente da variante leve da doença. Sua convalescença foi observada por alguns dos expoentes da medicina da época. Mary encorajou as pessoas a visitá-la e a ver sua filha, e assim receberam um fluxo constante de visitantes, alguns médicos, outros não. Logo, com a epidemia ainda em alta, muitas pessoas da nobreza, do círculo de Montagu, começaram a pedir que inoculassem seus filhos.

A mais importante delas foi a própria princesa de Gales. Caroline, nascida na Alemanha, esposa do futuro Jorge II, era na época mãe de cinco crianças pequenas, e uma delas viria a herdar o trono. Caroline, como Mary, também era muito inteligente. Ela se correspondia com o grande pensador alemão Gottfried Wilhelm Leibniz e com outras mentes brilhantes de seu tempo. Voltaire chamara Caroline de uma filósofa em trajes da realeza. Não à toa, ela e Lady Mary se deram tão bem. Depois de ver o que tinha acontecido com a filha de Mary, Caroline estava determinada a inocular seus filhos reais.

Ela começou a fazer campanha para que seu sogro, o rei Jorge I, permitisse a inoculação. E ele se negou. O rei não ia arriscar a vida de seus descendentes com essa técnica estrangeira se não houvesse provas de que era seguro. Caroline foi forçada a organizar mais um experimento, dessa vez com voluntários encarcerados na prisão de Newgate. Em troca da ajuda, os prisioneiros escolhidos receberiam o perdão real.

Caroline de Ansbach, por Enoch Seeman, *c.* 1730.

Três prisioneiros do sexo masculino e três mulheres se sujeitaram à inoculação diante de uma plateia formada por poucas dezenas de cientistas e médicos, e depois foram mantidos sob rigorosa observação. Dentro de semanas, cinco desenvolveram o caso esperado de varíola leve e se recuperaram (o sexto já tinha tido varíola, e a inoculação não provocou nada). Mas será que a inoculação realmente os deixava resistentes à varíola "selvagem" que devastava Londres? Para descobrir isso, ordenaram que uma das prisioneiras, uma mulher de dezenove anos, deitasse toda noite na cama de um menino de dez anos que enfrentava um caso severo da varíola. Ela cuidou do menino por semanas a fio e não pegou a doença. Isso era encorajador. Mas era prova suficiente?

Não era. Outra demonstração foi organizada, dessa vez usando onze órfãos de Londres como cobaias. Os resultados, mais uma vez, foram positivos.

O uso de prisioneiros e órfãos nessas demonstrações iniciais deu o tom dos experimentos médicos que se seguiram nos duzentos anos seguintes: quando era necessário testar um novo remédio em humanos, era mais fácil ir aonde os sujeitos tivessem menos poder de fazer objeções — onde suas ações e movimentos pudessem ser controlados, e onde pudessem ser observados ao longo do tempo. Prisioneiros e órfãos eram considerados perfeitos para isso; assim como mais tarde fizeram o mesmo com pacientes com problemas mentais e soldados. Pacientes confinados em hospitais eram outra possibilidade. Só muito recentemente, em termos históricos, os médicos passaram a se preocupar com coisas como consentimento informado.

Em setembro de 1721, as portas de Newgate se abriram e seis prisioneiros saudáveis e inoculados saíram em liberdade. Era um momento histórico. Os experimentos em prisioneiros e órfãos foram os primeiros "testes clínicos", como os chamamos hoje em dia — para testar novos remédios ou procedimentos em grupos de humanos e descobrir se são seguros e eficazes. Testes clínicos agora são uma parte padrão de toda testagem de medicamentos. Cada remédio que precisa de receita hoje em dia tem que mostrar que é seguro e eficaz em humanos, e a única maneira de fazer isso é forçando humanos a tomá-los. Testes clínicos hoje em dia costumam envolver centenas ou milhares de pacientes, e a indústria de testes clínicos virou um grande negócio.

Mas em 1721 não havia regulamentação. Para fazer um teste, não era necessário mais que um punhado de médicos, seis prisioneiros e onze órfãos. Ainda assim, a julgar pelos padrões da época, esses eram verdadeiros experimentos científicos. Os testes eram pensados de antemão, executados em múltiplos indivíduos e monitorados atentamente, as observações eram registradas, e os resultados, publicados. Outros, então,

73

podiam testar os mesmos métodos e comparar os resultados. A medicina estava virando uma ciência.

As demonstrações de Mary e Caroline surtiram efeito. A inoculação chamou a atenção de mais cientistas e médicos, que, lentamente e de forma hesitante, começaram a adotar o procedimento.

Mas foi preciso o apoio de mais uma celebridade para que o público se convencesse. Isso aconteceu na primavera de 1722, quando a princesa Caroline finalmente recebeu a permissão do rei para inocular as duas filhas mais velhas. A permissão, notavelmente, era dada apenas às garotas. Arriscar um potencial herdeiro do sexo masculino ao trono era demais para um rei. As garotas passaram pela inoculação e ambas sobreviveram. O público se regozijou.

Essa demonstração real trouxe dois resultados. Primeiro, a nobreza da Inglaterra, em números cada vez maiores, solicitou que os filhos fossem inoculados, gerando um efeito em cadeia, no qual cada vez mais médicos passaram a oferecer o procedimento, até que ele se tornou disponível para o público em geral.

O segundo resultado foi um contramovimento, o começo da reação do público contra a inoculação — o ancestral direto do ativismo antivacina dos dias de hoje.

Os anti-inoculadores da Inglaterra georgiana protestaram em panfletos, jornais, pubs e cafeterias. Alguns afirmavam que a prática era estrangeira e bárbara; outros achavam suspeito que o procedimento fosse promovido (e na Turquia, até mesmo realizado) por mulheres; outros ainda entendiam que aquilo não era de Deus; e muitos o julgaram perigoso. Havia também um componente político: como a realeza era a favor, as pessoas contrárias à realeza o viam automaticamente com desconfiança.

Havia muita munição para as forças anti-inoculação. Enquanto a prática se espalhava, uma pequena fração dos que passaram pelo procedimento acabou desenvolvendo uma forma mais séria da doença. Alguns morreram. Em 1729, de acordo com um registro, das 897 inoculações realizadas na Inglaterra, dezessete resultaram em morte. A taxa de mortalidade, cerca de uma em cinquenta, era muito melhor do que a chance de uma em quatro de morrer de varíola transmitida naturalmente, então médicos respeitados continuaram apoiando o novo procedimento. Mas parte do público o rejeitou, encorajado por membros do clero, que argumentavam que só Deus tinha o poder de determinar a vida e a morte, e que a inoculação, por sua vez, era anticristã. Ao realizarem inoculações que às vezes matavam, os médicos não estariam agindo como envenenadores?

O movimento anti-inoculação foi impulsionado por histórias vívidas de procedimentos malsucedidos, pacientes que morreram, pacientes cujos membros da família pegaram a doença e morreram, xenofobia e questões relativas à criminalidade. Por que era permitido que os médicos lucrassem com esse sofrimento?

Alguns médicos se recusavam a realizar as inoculações. Outros tentavam melhorar o procedimento. O advento da inoculação marcou um período de transição na história médica, quando um reinado de 2 mil anos de uma grande teoria médica — a dos quatro humores — estava cedendo espaço para novas descobertas obtidas através da aplicação da ciência. Médicos com um pé em cada mundo tentaram encaixar a inoculação na antiga estrutura. A formação de pus era vista como algo bom no sistema antigo — "pus louvável" era sinal de cura —, então os médicos ingleses preferiam usar bisturis a agulhas para inoculações, tornando as incisões mais fundas, atravessando a pele, entrando no músculo, para garantir uma melhor produção de pus. Outros remanescentes do antigo sistema incluíam a ênfase contínua em sangrias, laxantes e dietas estritas.

Então surgiu a variante inglesa do procedimento turco. A inoculação não era mais um rápido arranhão seguido por um período de isolamento, enquanto a doença leve aparecia e sumia. Os médicos ingleses insistiam em regimes demorados e complexos de preparação, prescrevendo laxantes, sangrias e dietas especiais por dias ou semanas a fio para as crianças. Isso tornava o procedimento mais difícil, e consumia mais tempo — e era mais lucrativo para os médicos. Como a maioria dos primeiros a adotar a inoculação eram membros endinheirados da aristocracia, podiam gastar bastante. Os preços inflacionaram.

Uma das crianças que passou pelo procedimento foi um órfão de oito anos de idade que, mais tarde, escreveu contando como foi "preparado" ao longo de semanas, sangrado e purgado várias vezes, forçado a seguir uma dieta de poucos vegetais e confinado a um "estábulo de inoculação" ao lado de outros meninos. Ele estava tão enfraquecido quando foi exposto à varíola que teve uma doença severa e ficou no estábulo por semanas antes de finalmente poder sair. Foi um show de horrores que o garoto recordaria pelo resto da vida. O nome dele era Edward Jenner.

Mas, na época de Jenner — a segunda metade do século XVIII —, a maioria dos médicos pelo menos aceitava que a inoculação era a melhor ferramenta da qual dispunham para enfrentar a varíola. E estavam cada vez melhores nisso, gradualmente abandonando as incisões profundas e as sangrias e voltando-se para o método turco. Quanto mais fácil e barata se tornava a inoculação, mais era usada. Havia rumores de que o governo daria apoio à inoculação pública.

A prática se espalhou pelos Estados Unidos e por várias partes da Europa. Nos Estados Unidos, um negro escravizado que tinha sido inoculado pela sua tribo na África ajudou a convencer o seu proprietário, Cotton Mather, a apoiar o seu uso. Na Rússia, Catarina, a Grande, foi secretamente inoculada em

Vacinação, de Louis-Léopold Boilly, 1807.

1768 por um médico (que estava tão nervoso com um possível fracasso que manteve os cavalos selados, caso precisasse escapar). Milhares de pessoas passaram pelo procedimento.

Lady Mary havia vencido. Ela viveu uma vida longa e notável, conviveu com as grandes mentes de sua época (era tão admirada pelo célebre poeta e ensaísta Alexander Pope que, segundo consta, precisou frear os avanços dele), apaixonou-se por um brilhante conde veneziano (ela abandonou o marido por ele), viajou pela Europa e tornou-se famosa pela sua escrita. Seu filho, o menino inoculado em Constantinopla, teve uma vida frustrante e virou um perdulário viciado em jogos. A filha de Mary, a garota usada na demonstração médica, casou-se com o futuro primeiro-ministro da Inglaterra.

Lady Mary Wortley Montagu deveria ter sido louvada após sua morte, em 1762, como uma pioneira da medicina. Mas o seu grande feito, a introdução da inoculação na Europa, permaneceu pouco conhecido até há pouco tempo. A atenção do mundo e suas honras foram direcionadas a Edward Jenner, o menino que sofreu terrivelmente no estábulo de inoculação e que se tornou famoso como o pai da vacina.

As leiteiras eram as mulheres com o melhor aspecto. Isso as pessoas do campo sabiam: leiteiras inglesas, garotas que tiravam leite de vaca todas as manhãs, costumavam ter bochechas rosadas, pele viçosa e — o mais importante — não tinham marcas de varíola. Talvez fosse a dieta delas, mais rica que a média em leite, nata e manteiga. Ou quem sabe fosse outra coisa. Os úberes das vacas às vezes tinham marcas de uma doença leve, chamada varíola bovina. Parecia a varíola normal, mas não apresentava nenhum risco. As leiteiras muitas vezes a contraíam nas mãos ao ordenhar, e ficavam com bolinhas que coçavam e sumiam em poucos dias. Depois disso, raramente contraíam a varíola. As leiteiras, portanto, costumavam ser usadas como enfermeiras se alguém na fazenda adoecesse de varíola. As pessoas do campo sabiam dessas coisas.

Fazendeiros também pegavam varíola bovina. Aconteceu em meados do século XVIII, perto de Dorset, com um arrendatário rural chamado Benjamin Jesty. Ele era jovem na época, e como muitos dos fazendeiros ao redor do vilarejo de Yetminster, contraiu uma leve irritação na pele, que logo desapareceu, e não pensou muito mais no assunto. Jesty acabou se tornando um pilar da comunidade, um fazendeiro conhecido pelo trabalho árduo, bom senso e crescente prosperidade.

Entre seus muitos amigos e conhecidos estava John Fewster, um médico da região que praticava a inoculação. Fewster sabia da crença local no elo entre leiteiras, varíola bovina e varíola humana. Ele deu uma pequena palestra uma vez em Londres sobre a aparente capacidade da varíola bovina de prevenir uma doença mais séria. Não recebeu muita atenção.

Fewster pode ter elaborado a teoria, mas foi o fazendeiro Jesty quem pôs a ideia em prática. Em 1774, quando uma epidemia de varíola ameaçava a área, ele não precisou se preocupar consigo mesmo, pois, afinal, já tivera a varíola bovina. Mas a esposa e os dois filhos jovens ainda não haviam contraído nem aquela variante suave, nem a varíola de fato. A epidemia que se avizinhava podia matá-los. Então Jesty decidiu dar a eles a mesma proteção que recebera. Perguntou pela região se havia alguma vaca com varíola bovina. Reuniu os familiares e os levou por uma trilha pelos campos até o animal infectado. Lá, raspou um pouco do material da varíola do úbere do animal e, usando uma agulha de cerzir, arranhou os braços da esposa e dos filhos.

A princípio, essa transferência entre animal e humanos trouxe alguns problemas. O braço da esposa infeccionou e foi necessário chamar um médico para tratá-la. Os vizinhos descobriram o que ele fizera e, gritando e xingando, jogaram pedra e lama nele pela sua afronta a Deus.

Mas deu certo. Os três membros de sua família pegaram casos leves de varíola bovina. Mais tarde, quando a epidemia chegou ao vilarejo, não foram afetados. Jesty provavelmente salvou a vida deles. Mas ele era um homem humilde que queria manter uma boa relação com os vizinhos. Então não se gabou. Apenas voltou a cuidar da fazenda.

A história só ficou conhecida posteriormente, quando Jesty foi celebrado como a primeira pessoa a realizar o que se chama de "vacinação" (que deriva de "vacca", palavra latina para "vaca").

Esse termo foi inventado alguns anos após o experimento de Jesty, pelo homem que receberia a maior parte do crédito pela descoberta: Edward Jenner. Nos anos 1790, décadas depois da jornada de Jesty pelos campos, Jenner realizou um cuidadoso e necessário trabalho científico para convencer o mundo de que a vacinação com a varíola bovina era não apenas significativamente mais segura, como também mais eficaz do que o velho método de inoculação com a varíola comum; foi Jenner quem, após um período no qual suas ideias foram atacadas e mais tarde aceitas, ganhou fama mundial. Como disse posteriormente o cientista Francis Galton: "Na ciência, o crédito é do homem que convence o mundo, não do homem que primeiro tem a ideia".

E os esforços pioneiros de Lady Montagu — como o de muitas outras mulheres na ciência — foram em boa parte ignorados.

Em 1863, poucas horas depois de proferir o discurso de Gettysburg, Abraham Lincoln adoeceu, e a maioria dos historiadores acredita que fosse varíola. Ele se recuperou após quatro semanas; seu criado pessoal, no entanto, morreu por causa da doença.

Apesar de tudo o que Mary Montagu, Benjamin Jesty, Edward Jenner e outros tinham ensinado ao mundo sobre a prevenção da varíola, a doença ainda assolava boa parte do mundo, e continuaria assim pelos próximos cem anos. Durante o século XX, estima-se que a varíola tenha matado 300 milhões de pessoas ao redor do mundo — mais que o dobro de vítimas de todas as guerras e desastres naturais juntos.

Mas a vacinação contra a varíola começava a surtir efeito. Quanto mais pessoas eram vacinadas, menos vítimas restavam para espalhar a doença. As nações que faziam programas de vacinação mais agressivos, obrigando que crianças na escola fossem vacinadas, eram capazes de reduzir o número de ocorrências a zero. O último caso de varíola selvagem nos Estados Unidos foi em 1949; na América do Norte, em 1952; na Europa, em 1953. Ficou claro que se as mesmas atitudes agressivas de vacinação fossem tomadas em cada país, havia uma boa chance de que a doença desaparecesse do planeta.

No fim das contas, a varíola, a maior de todas as doenças assassinas, também era a candidata perfeita para a erradicação. Ela era fácil de detectar. Os sintomas eram óbvios depois de alguns dias, então os pacientes podiam ser identificados e isolados antes que ela se espalhasse. Outro fato importante é que as cepas que infectam os humanos não atingiam outros animais. Havia uma pequena (ou nenhuma) possibilidade de um "reservatório animal" de varíola escondido em algum lugar remoto, esperando para tornar a infectar os humanos — o que pode acontecer com outras doenças (como a febre amarela, que também pode atingir macacos, e então voltar para os humanos). Finalmente, vacinas recentes de varíola — melhores que a inoculação de varíola bovina de Jenner — são muito eficazes, fáceis de aplicar e seguras, de modo que é simples proteger grandes populações num curto período de tempo.

Hoje sabemos muito mais sobre como as vacinas nos protegem. Montagu, Jesty e Jenner fizeram suas descobertas através de uma simples observação: viram o que dava resultados positivos e tentaram melhorar seus procedimentos para abranger mais pessoas. Não sabiam *por que* funcionava, pois não conheciam o que causava a varíola — ou qualquer outra doença contagiosa.

Essas descobertas só surgiriam na segunda metade do século XIX, quando Louis Pasteur, Robert Koch e outros mostraram que muitas doenças eram causadas e espalhadas não por um desequilíbrio de humores, mas por organismos vivos invisíveis chamados "germes". A teoria dos germes atingiu a medicina como uma bomba, implodindo teorias antigas e abrindo espaço para novas abordagens. Entre elas estava a vacina para outras doenças como raiva, antraz, sarampo e, finalmente, a poliomielite. A vacina certa fazia milagres com algumas doenças.

Mas não todas. Diversas vacinas testadas simplesmente não funcionavam direito. Dependia da doença. De 1880 até 1930, cientistas procuraram entender o motivo. Por que algumas davam certo e outras não? Por que as vacinas funcionavam, em primeiro lugar?

A resposta foi encontrada nos mecanismos de defesa do nosso próprio corpo. De mãos dadas com a teoria dos germes e o desenvolvimento da vacina, passamos a aprender mais sobre o nosso sistema imunológico, um sistema complexo, cuidadosamente equilibrado, com muitos agentes, que permite que o nosso corpo identifique, localize e destrua organismos invasores como bactérias e vírus. Por fim, descobriu-se que a inoculação de Lady Mary e a vacina de Jenner agiam como um alerta para o sistema imunológico, fornecendo pequenas doses de um vírus (um organismo infeccioso ainda menor que as bactérias; o primeiro vírus foi identificado em 1892). Assim que o invasor era identificado, o corpo era capaz de se lembrar dele e montar uma defesa muito rápida caso ele voltasse a aparecer. E desse modo a pessoa se tornava imune à doença.

A varíola, descobriu-se, era causada por duas cepas do vírus da varíola, uma muito perigosa (*Variola major*) e outra mais leve (*Variola minor*). Vacinas funcionam muito bem contra ambas — melhor, na verdade, do que a maioria das vacinas contra outras doenças. Cada enfermidade contagiosa é diferente. O vírus da gripe, por exemplo, aparece em muitas cepas que passam por mutações e modificações todos os anos, então as vacinas podem ser menos eficazes. A malária é causada por um patógeno muito diferente, um parasita. Não há vacina muito eficiente contra ela. Alguns vírus e germes, como o vírus da aids, aprenderam a se esconder do sistema imunológico, tornando as vacinas inócuas. E assim por diante.

Mas as vacinas para varíola funcionaram tão bem que, por volta da década de 1960, iniciativas globais de saúde estavam à beira de erradicar a doença. Foi um esforço tremendo. Trabalhadores atravessaram florestas e saltaram de aviões em vilarejos na montanha, vacinando todos que puderam em áreas remotas da Ásia, América do Sul e África. O objetivo era algo inédito na medicina: não apenas controlar a doença, mas se livrar dela para sempre.

E não demorou tanto para que isso acontecesse. Em 1977, Ali Maow Maalin, um somaliano de 23 anos, trabalhador da área da saúde, que era cozinheiro num hospital, entrou para a história como a última pessoa no planeta a ser infectada pela varíola de ocorrência natural. A Somália, com suas tribos nômades e seus terrenos remotos, era um dos últimos refúgios da varíola. Quando Maalin adoeceu, foi imediatamente posto em quarentena; todos que entraram em contato com ele foram examinados, para ver se tinham se vacinado recentemente, sendo monitorados de perto. Ele sobreviveu à doença e dedicou a vida ao combate da poliomielite. Especialistas de saúde do mundo todo respiraram fundo e observaram. Por meses — bem depois do tempo que a maioria dos pesquisadores achava que o vírus conseguiria viver sem um hospedeiro humano — não houve mais casos em lugar nenhum.

Declarou-se vitória. A varíola, a doença mais letal de todos os tempos, tinha acabado.

Ou pelo menos é o que as pessoas pensaram.

Em 1978, Janet Parker, uma fotógrafa de meia-idade em Birmingham, Inglaterra, adoeceu. Achou que fosse um resfriado. Então sugiram as feridas, que viraram pústulas.

Os médicos ficaram chocados. Ninguém tinha visto um caso de varíola em décadas. Mas os sinais eram inconfundíveis. Descobriram, então, que ela trabalhara no hospital local, e seu trabalho consistia em tirar fotos de tecidos e órgãos para os arquivos dos médicos. Ela revelou o filme numa câmara escura que ficava logo acima de um laboratório onde um pesquisador chamado Henry Bedson realizava estudos... sobre a varíola.

O vírus tinha desaparecido do mundo natural, mas poucas amostras permaneciam congeladas e guardadas para a posteridade (e para estudos científicos) em diversos laboratórios ao redor do mundo. O de Bedson era um deles.

Mais tarde, quando a história veio a público, descobriu-se que o laboratório de Bedson enfrentava um problema. As autoridades o haviam notificado de que o local não estava adequado aos padrões internacionais de segurança, ameaçando fechá-lo em poucos meses. Na época em que Parker contraiu a doença, Bedson corria para obter os resultados de seus estudos enquanto ainda podia.

Ninguém sabe exatamente como tudo aconteceu. O vírus pode ter entrado nos dutos de ventilação do hospital, ou talvez tenha sido transmitido através de roupas ou equipamentos contaminados — nem mesmo a posterior investigação oficial conseguiu determinar a rota —, mas de alguma forma o vírus de Bedson chegou a Janet Parker.

Isso era um desastre médico em potencial. A casa dela foi isolada e esterilizada. Seus registros de vacinação foram conferidos: ela tinha recebido vacina contra a varíola, mas doze anos antes. Para manter a imunidade, as vacinas precisam ser renovadas de tantos em tantos anos. Mas como não havia mais varíola, ela — como muitas outras pessoas — não tinha feito a renovação. Não ocorria um caso de varíola no Reino Unido fazia tanto tempo que as pessoas não se davam mais ao trabalho de se vacinar; muitos jovens nunca se imunizaram.

Parker foi posta imediatamente em quarentena com todas as pessoas que as autoridades de saúde conseguiram localizar que houvessem entrado em contato com ela — cerca de quinhentas pessoas no total, incluindo os pais de Parker e o motorista da ambulância que a levou ao hospital.

De repente, era como se a área da saúde no Reino Unido tivesse recuado sete décadas. Onde colocariam em quarentena todos os contatos de Parker? Havia um antigo "hospital da febre", construído em 1907, que servia para isolar os casos mais sérios da doença infecciosa — um lugar tão pouco usado que nos anos 1970 sua equipe era de apenas dois funcionários. O local foi limpo, remobiliado e restaurado rapidamente. Muitos dos contatos de Parker foram hospedados lá e monitorados para ver se apresentavam algum sinal da doença.

A maior parte da atenção era dirigida à própria Parker. A condição dela piorou. Havia marcas da varíola em todas as partes de seu corpo, do couro cabeludo à palma das mãos e sola dos pés. Ela passou a respirar com dificuldade. A cena começou a parecer um pesadelo: a mãe de Parker também contraiu a doença. O pai dela, isolado no mesmo hospital, preocupado tanto com a esposa quanto com a filha, teve um ataque cardíaco ao visitar o quarto de Parker. Morreu em poucos dias.

No meio disso tudo, Henry Bedson, o pesquisador da varíola, entrou no pequeno galpão do seu jardim e cortou a própria garganta. Seu bilhete de suicídio dizia: "Sinto muito por ter traído a confiança que tantos colegas e amigos depositaram em mim e no meu trabalho, e acima de tudo, por ter sujado a reputação de minha esposa e filhos. Percebo que este ato é a última coisa razoável que fiz, mas talvez lhes dê um pouco de paz".

Dez dias depois, a varíola matou Janet Parker.

O corpo dela foi tratado como um perigo biológico. Seu funeral foi supervisionado por autoridades da área da saúde, e o cortejo, acompanhado pela polícia em carros sem identificação. Amigos e parentes foram proibidos de se aproximar do corpo, que foi incinerado num crematório monitorado. O local foi depois analisado por técnicos médicos.

Houve investigações oficiais, um debate no Parlamento, e finalmente a Organização Mundial da Saúde tomou uma atitude. Decidiu que a varíola era perigosa demais para ser pesquisada em tantos laboratórios. Se escapasse, os riscos seriam incalculáveis. Poucos anos após a morte de Parker, quase todos os estoques do vírus da varíola dos laboratórios ao redor do mundo haviam sido destruídos. As únicas amostras remanescentes do Monstro das Manchas estão bem trancafiadas em dois laboratórios, uma no Centro de Controle e Prevenção de Doenças, em Atlanta, Estados Unidos, e outra no Centro Estatal de Pesquisa de Virologia e Biotecnologia, em Koltsovo, na Rússia.

Até onde sabemos, pelo menos. Não há garantias de que não existam estoques clandestinos do vírus guardados secretamente em outros lugares. A dissolução da União Soviética na década de 1990 levou a uma preocupação quanto à segurança das amostras armazenadas lá; e a crescente ameaça do terrorismo internacional desde 2001 acentuou a apreensão. Em 1994, uma equipe de pesquisadores publicou o genoma completo do vírus, e com ferramentas cada vez mais avançadas de manipulação genética, nada indica que um laboratório clandestino não possa, um dia, reconstruí-lo.

Há quarenta anos que ninguém contrai a varíola. Ninguém jamais descobriu uma forma de tratá-la, e só uma pequena fração de humanos é imune à doença. Nos Estados Unidos, a vacinação rotineira contra o vírus para todas as crianças deixou de ser aplicada em 1971, e atualmente a vacina só é exigida para membros do Exército americano na Coreia e outros casos específicos. Hoje estamos tão suscetíveis à doença quanto um asteca, ou um inca, ou uma criança britânica em 1700.

Para enfrentar a ameaça, os Estados Unidos deram início a um programa, após o Onze de Setembro, para fabricar e estocar milhões de doses de vacina — o suficiente para imunizar todas as pessoas no país, caso necessário.

No final das contas, tudo se resume a riscos e benefícios. Os riscos da vacinação são baixos e as complicações raramente ocorrem, embora sejam possíveis. Como o risco de contrair a varíola hoje é quase zero, não parece valer a pena correr o pequeno risco dos efeitos colaterais da vacinação de rotina. Mas temos as vacinas ao alcance da mão, em todo caso.

A mesma análise de riscos/benefícios deveria se aplicar a todas as vacinações. Algumas decisões, como tomar vacina contra a gripe, ficam a critério dos indivíduos. A gripe costuma ser leve, as vacinas estão longe de ser 100% eficazes na sua prevenção, então você decide se quer se proteger. O mesmo vale para herpes simples ou zóster. As vacinas para essas doenças estão disponíveis e são seguras, e são uma boa ideia para as populações de risco — mas a escolha é sua.

As coisas mudam quando se trata de doenças mais perigosas. Especialistas em saúde procuram garantir que a vacinação contra doenças severas como difteria e tétano sejam obrigatórias para crianças. Nesses casos, os grandes benefícios de evitar essas doenças ultrapassam em muito os pequenos riscos do procedimento; vacinação obrigatória é do interesse da saúde pública.

Isso não significa que o ativismo contra a vacina tenha desaparecido. Na verdade, está mais forte do que no século passado, impulsionado por boatos e medos que explodem pela internet. Em parte, o movimento antivacinas de hoje tem suas raízes no sucesso da vacinação. As doenças contra as quais nos vacinamos atualmente parecem em grande parte fantasmas inofensivos, desprovidos do seu poder aterrorizante — porque as vacinas as tornaram algo do passado. Poucas pessoas hoje viram casos de varíola, difteria ou poliomielite. Nunca perderam um irmão, como Lady Mary, ou uma filha, como a mãe de Janet Parker, para uma dessas doenças assassinas. Nossa noção de risco diminuiu a tal ponto que, para muitos, o benefício das vacinas parece pequeno — tão pequeno que até os riscos vagos das vacinas parecem grandes.

Para mim, essa é uma mentalidade perigosa. Quanto mais pessoas decidirem não se vacinar, maior será o número de indivíduos sem imunidade — e mais rapidamente uma doença que ressurgir pode se espalhar. O motivo pelo qual a varíola foi erradicada no nosso planeta é que, quando um número suficiente de pessoas está vacinado, e na ausência de outro hospedeiro animal, o vírus não tem como se multiplicar — ou se espalhar. Ele morre. Se a maior parte das pessoas estiver vacinada, o perigo cai para zero. Esse benefício é chamado de "imunidade da manada".

A vitória contra a varíola foi difícil de ser conquistada. Um sofrimento incomensurável foi prevenido. Centenas de milhões de mortes foram evitadas. Hoje, outras doenças assassinas como a poliomielite estão ao alcance da erradicação. Lady Mary, com sua independência, sua perspicácia, sua influência, sua perseverança, ajudou a abrir a porta para esses milagres. Deveríamos honrar o bom senso dela, a sua coragem e a sua memória, dando continuidade ao seu trabalho.

3.
Mickey Finn

O ópio e a morfina eram produtos naturais, extraídos de uma planta. Assim como quase todos os remédios disponíveis aos médicos em meados do século XIX (junto com algumas substâncias não derivadas de plantas, como o mercúrio). Todas as drogas eram refinadas a partir da natureza.

Mas isso estava a ponto de mudar. A ciência, no sentido moderno — isto é, baseada totalmente em observação, experimentação, publicação e reprodução —, estava apenas começando a deixar sua marca no mundo dos remédios. As antigas estruturas erguidas para explicar o mundo natural e a saúde — um emaranhado de teorias antigas da Grécia e de Roma, temperado com algumas descobertas árabes e enquadrado numa moldura cristã — já tinham sido descartadas. Agora as novas ciências estavam prestes a liberar uma enxurrada de novas drogas.

Em meados do século XIX, nenhuma disciplina científica foi tão dinâmica, revolucionária ou importante para a medicina como a química. Num nível muito elementar, a química trata da maneira como os átomos se juntam e formam moléculas, e como essas moléculas se comportam umas em relação às outras. E é aí, no nível molecular, que os químicos do século XIX bateram de frente com a religião.

Era algo que dizia respeito à definição da vida. No Ocidente, a linha divisória entre a vida e a morte havia muito tinha sido determinada pelo cristianismo. A diferença entre as duas era a presença de uma força sagrada, uma centelha dada por Deus que separava as rochas inanimadas das criaturas vivas. Isso não era apenas uma noção religiosa; muitos cientistas por volta de 1800, por exemplo, acreditavam que as substâncias encontradas nos seres vivos — substâncias orgânicas — eram fundamentalmente diferentes das demais. Havia bons indícios que sustentavam essa ideia. Por exemplo: se num laboratório as reações químicas podiam ser revertidas na maioria dos casos, com reagentes virando produtos e produtos virando reagentes de novo, acreditava-se que o mesmo não poderia ocorrer em reações que usassem substâncias produzidas em corpos vivos. Você não podia fazer um vinho voltar a ser suco de uva ou "desfritar" um ovo. Pensava-se que as substâncias orgânicas envolvidas nos processos da vida deviam ter algo que as diferenciava das outras. Suas ações não podiam ser tratadas ou estudadas da mesma maneira, e por isso foram reunidas num novo campo da química orgânica. Havia algo de único nelas; seguiam outro conjunto de regras, eram tocadas por outra coisa — talvez a tal centelha da vida.

A ideia do vitalismo permeou a química no século XVIII e no início do XIX. Cada químico escolheu um lado: alguns achavam que todas as substâncias eram iguais, e que cedo ou tarde se veria que as substâncias orgânicas se conformavam às mesmas regras que governavam o resto da química. Não havia centelha de vida nem nada místico que separasse a vida da morte. Outros argumentavam que certamente havia algo de diferente, mais especial, talvez divino, em relação às substâncias envolvidas nos organismos vivos.

A maioria dos curandeiros da época continuava achando que a vida era permeada de um espírito especial, e que o equilíbrio e o fluxo das forças vitais no corpo eram o que ditava a saúde. Essas ideias de "forças especiais" dominaram a medicina ocidental por séculos sob o conceito geral dos quatro humores, enquanto na China eram vistas como o fluxo do *chi*. Hoje, sobrevive na crença em energias sutis, professada pelos praticantes da medicina alternativa.

Mas não na química. A ideia dessa intransponível linha divisória entre a vida e a morte recebeu um golpe literário em 1818, com a publicação do romance de Mary Shelley, *Frankenstein, ou o Prometeu moderno*, cujo protagonista, um médico, brincava de Deus ao restaurar a vida a partir de um tecido morto. E em 1832, recebeu um golpe ainda maior, e cientificamente importante, quando o químico alemão Friedrich Wöhler mostrou que era capaz de sintetizar em laboratório, a partir de dois compostos químicos inorgânicos, a molécula da ureia — uma das substâncias que se pensava que só poderia ser produzida em corpos vivos. Isso parece pequeno hoje em dia. Mas na época foi algo impressionante. A ciência, com sua gama cada vez mais poderosa de fatos e técnicas, borrava a linha entre a vida e a morte. Os cientistas tinham atravessado um limiar.

Os passos seguintes foram dados por um grande amigo de Wöhler — e, pode-se argumentar, um químico ainda mais brilhante que ele: Justus von Liebig. Liebig era um fenômeno da ciência, um verdadeiro gênio, um grande professor, que era apaixonado pela ideia de aplicar a química a tudo — em especial aos processos em organismos vivos. O químico alemão era fascinado pelo modo como organismos vivos interagiam com o mundo inanimado, sobretudo pelo aspecto químico dessa interação. Ele foi o primeiro a mostrar, por exemplo, que certos elementos minerais — nitrogênio, fósforo, potássio e assim por diante — eram necessários para que as plantas vicejassem. Em outras palavras, descobriu como funcionavam os fertilizantes. Foi o pai da química agrícola. E esse homem difícil, exigente e cheio de opiniões também se interessou a vida toda por drogas. Tornou-se duplamente famoso como o pai da química clínica, o uso da química na medicina.

Justus von Liebig. Fotografia de F. Hanfstaengl.

Na verdade, o que Liebig estava fazendo era demonstrar que nutrição e crescimento, os processos da vida em si, não vinham apenas de Deus, mas de mudanças químicas. Resumiu suas ideias em 1842, no livro *Química animal*.

Depois de Liebig, a maioria dos cientistas considerou que os processos em organismos vivos podiam efetivamente ser reduzidos a uma série de reações químicas. O corpo podia ser destrinchado em pedaços cada vez menores, reduzido a moléculas. Essa abordagem reducionista guiou boa parte do estudo da vida a partir de então. Deus não era mais o centro dos argumentos.

Ao longo do caminho, Liebig criou várias substâncias químicas novas e interessantes. Uma delas, o hidrato de cloral, surgiu pela primeira vez no seu laboratório em 1832. A substância completamente sintética não existia no corpo; nunca existira na Terra, tanto quanto se sabia, até que Liebig a criou. E, ainda assim, estava destinada a ser usada como um remédio.

Liebig ainda não sabia disso. Nunca pensou em usá-la como remédio. Estava experimentando, brincando com moléculas, descobrindo o que fazia uma se transformar em outra. Ele descobriu, por exemplo, que podia transformar hidrato de cloral num líquido denso e de cheiro adocicado chamado clorofórmio, e que os seus vapores podiam deixar uma pessoa inconsciente. Por volta de 1850, o clorofórmio passou a ser testado como um método para adormecer pacientes antes de uma cirurgia. Mas era uma substância difícil de manipular, muito perigosa — se os pacientes a inalassem em excesso, mortes acidentais poderiam ocorrer na mesa de operação —, por isso os pesquisadores a deixaram de lado e começaram a buscar alternativas. Liebig tinha demonstrado que era capaz de transformar hidrato de cloral em clorofórmio no seu laboratório, então será que a mesma coisa podia acontecer no corpo? Será que o hidrato de cloral era uma alternativa mais segura ao clorofórmio? Começaram a testar a substância em animais.

O hidrato de cloral, em temperatura ambiente, é sólido, mas pode ser transformado num líquido, mais fácil de administrar, simplesmente ao ser misturado com álcool. Fosse qual fosse a forma, sólido ou líquido, descobriu-se na década de 1860 que era ótimo para fazer as pessoas dormirem. A substância já existia havia tempo demais para ser patenteada — o uso medicinal dela só começou décadas depois de Liebig criá-la —, mas era desenvolvida por várias empresas e amplamente utilizada.

Embora drogas naturais como o ópio pudessem deixar as pessoas sonolentas, havia também outros efeitos. Isso fez com que o hidrato de cloral, na visão de muitos historiadores, se tornasse o primeiro remédio para dormir, uma classe de drogas que os médicos chamam de "hipnóticos". Um pouco de cloral podia acalmar pacientes, um pouco mais os ajudava a dormir, e uma grande quantidade podia derrubá-los. Por volta de 1869, era vendido como auxiliar do sono e como um produto para acalmar pacientes antes da cirurgia. Mais que o primeiro hipnótico, o hidrato de cloral foi a primeira droga sintética amplamente utilizada.

Dentro de poucos anos tornou-se uma moda internacional. Como a morfina, o hidrato de cloral era usado tanto como remédio quanto como droga recreativa. Vitorianos nervosos o utilizavam para se tranquilizar. Insones o devoravam na hora de ir para a cama. Festeiros brincavam com seus efeitos. Como o *New York Times* relatou em Londres, em 1874: "O hidrato de cloral é o hipnótico da moda, a maneira mais eficaz de atrair um sono suave, o doce restaurador da natureza".

Mas também era perigoso. À medida que seu uso se disseminava, também surgiam relatos de overdoses acidentais e de sua utilização para o suicídio. E de coisas muito piores.

No outono de 1900, uma garota de dezessete anos chamada Jennie Bosschieter foi caminhar no fim de tarde, saindo de seu apartamento modesto em Paterson, Nova Jersey, para buscar talco para a sobrinha. Nunca voltou para casa. Na manhã seguinte, um leiteiro encontrou o corpo dela às margens do rio Passaic. Tinha sido estuprada e envenenada. A autópsia mostrou que ela sofrera uma overdose de hidrato de cloral.

A história se tornou *cause célèbre* na Era Dourada dos Estados Unidos. Poucos dias depois de o corpo de Bosschieter ser encontrado, o condutor de uma carruagem admitiu tê-la apanhado num bar na noite anterior: ela fora carregada para dentro de seu veículo por quatro homens, que a arrastaram pela porta lateral do bar. Estava inconsciente, mas viva. Os homens pediram ao condutor que os levassem até um local isolado no campo, onde, conforme relatou à polícia, estenderam um lençol no chão e a violaram várias e várias vezes. Só

paravam quando ela começava a vomitar. Quando a recoloca-
ram na carruagem, ela estava mole e inconsciente. Os agresso-
res ficaram preocupados. Os quatro jovens pareciam ser pessoas bem relacionadas; direcionaram o condutor à casa de um
médico famoso, que era amigo da família de um dos agresso-
res. Mas era tarde demais. A menina tinha morrido. Carrega-
ram o corpo dela de volta para a carruagem, ordenaram que o
condutor fosse até o rio, jogaram o corpo dela lá dentro e deram a ele dez dólares para que ficasse de boca fechada.

Não foi o suficiente. Poucos dias depois, o condutor foi à
polícia, que por sua vez visitou o médico, que acabou revelando o nome dos jovens. Todos eram de famílias abastadas e
respeitadas. Um deles era irmão de um juiz.

Os quatro homens culparam a vítima, dizendo que ela se
juntou a eles voluntariamente, flertou com eles, estava bêbada
e os enlaçava com os braços. De acordo com o depoimento, os
rapazes lhe pagaram absinto e champanhe, mas não sabiam
nada de cloral. Simplesmente a levaram para dar uma volta de
carruagem, ficaram preocupados quando ela desmaiou e entraram em pânico quando morreu. Não conseguiam explicar
por que a garota estava sem calcinha. Ou como uma garrafa
com cloral foi encontrada perto do corpo.

Os poderosos da cidade escolheram acreditar nos jovens,
e boatos começaram a circular sobre aquela garota de moral
frouxa, uma prostituta adolescente da classe operária, que tinha enfeitiçado os filhos favoritos da elite. Um jornal socialista
partiu em defesa de Bosschieter, descrevendo sua morte como
um ataque à classe operária perpetrado por degenerados da
classe alta. Os jornais adoraram a história.

O julgamento virou um espetáculo público. O tribunal estava lotado e fervilhando. Centenas que não conseguiram entrar ficaram do lado de fora gritando para as testemunhas que
chegavam.

Na acareação, os quatro jovens, aconselhados pelos melhores advogados da área, mantiveram-se fiéis à história contada. Mas as provas eram muito comprometedoras. Três dias depois, todos foram condenados por assassinato em segundo grau. Três receberam penas de trinta anos. O quarto finalmente confessou o crime, deu detalhes, e foi sentenciado a quinze anos. Todos foram libertados após cumprir pouco mais da metade da sentença, graças a anos de "apelos incansáveis por clemência, feitos pela classe influente de Paterson", de acordo com um jornal da época.

Jennie Bosschieter morreu devido a uma mistura de hidrato de cloral e álcool chamada "gotas de nocaute".* Foi a primeira droga a ser usada para facilitar possíveis estupros. E encontrou outros usos também.

Houve o caso de Mickey Finn, por exemplo. Hoje o termo é mais conhecido como uma expressão de um drink batizado com medicamento do que como o nome de uma pessoa real, mas Finn de fato existiu. Era barman e gerente de um bar que funcionou na virada do século, na zona sul de Chicago. Em 1903, uma prostituta chamada "Gold Tooth" Mary Thornton testemunhou que um tal de Michael Finn, gerente do Lone Star Saloon, estava envenenando seus clientes e os roubando. O esquema, muito simples, funcionava assim: Finn ou um de seus empregados, um garçom ou uma "garota da casa", despejava hidrato de cloral na bebida de um cliente; quando a droga batia, o cliente semiconsciente era levado (ou carregado) até um quarto nos fundos, roubado e deixado num beco. Depois, a vítima não conseguia se lembrar quase nada do que tinha acontecido.

Finn foi pego e o bar fechado, mas a ideia de "botar um Mickey na bebida de alguém" apenas começava. Gotas de nocaute se tornaram parte da vida criminosa nos Estados Unidos.

* No Brasil, é conhecida como "Boa noite, Cinderela". [N. T.]

Os usos legítimos do hidrato de cloral, em grande parte nos hospícios, foram ainda mais importantes. Às vezes, pacientes ficavam descontrolados, maníacos, quebrando tudo — um perigo tanto para eles quanto para os que estavam ao seu redor. Antigamente, enfermeiros tinham de dominá-los prendendo-os em camisas de força ou apaziguando-os com ópio, morfina e até mesmo cannabis. Mas o cloral era melhor e mais rápido. Tinha menos chances de causar alucinações, e era uma maneira mais controlada de derrubar os pacientes. Em doses pequenas, podia acalmar os agitados e garantir uma noite tranquila de sono para os pacientes e os enfermeiros. Não à toa, nas três décadas em torno da virada do século, você podia saber que estava num hospício mesmo com os olhos vendados. Era o cheiro — o cheiro do cloral, semelhante ao da pera, que exalava da boca dos pacientes. Nas alas psiquiátricas, esse cheiro era um miasma.

A era do hidrato de cloral durou até cerca de 1905, quando os químicos inventaram drogas sintéticas ainda melhores, os barbitúricos, que nas décadas de 1950 e 1960 deram lugar às formas primitivas dos tranquilizantes de hoje e aos mais poderosos antipsicóticos (ver o capítulo sobre a clorpromazina, p. 142).

Agora temos centenas de tipos de remédios para dormir aprimorados, relaxantes, além de outras drogas mais variadas para criminosos botarem nas bebidas das vítimas. O hidrato de cloral ainda é receitado e usado (estava presente, entre outras coisas, no coquetel de drogas que levou Marilyn Monroe e Anna Nicole Smith à morte), embora hoje seja menos popular.

Mas ele conquistou seu lugar na história. O cloral foi a primeira droga totalmente sintética usada de forma ampla. Provou que os cientistas trabalhando com tubos de ensaio em laboratórios podiam elaborar remédios capazes de serem equivalentes ou até exceder o poder dos extraídos da natureza. Foi logo adotado por especialistas em saúde mental, usado de maneira entusiasmada por pessoas que sofriam de insônia, e até a atenção dada pela imprensa ao seu uso criminoso indicava que era possível ter grandes lucros explorando outras drogas desenvolvidas em laboratório.

Os herdeiros científicos de Liebig e Wöhler, a geração de químicos orgânicos que surgiu no final do século XIX e começo do XX, viraram mestres na manipulação de moléculas que provocavam efeitos no corpo, acrescentando uns átomos aqui, tirando outros dali e adequando substâncias para finalidades específicas. Quanto mais novas substâncias são elaboradas e testadas em animais e humanos, mais se aprende sobre o que é ou não saudável. Paralelamente ao florescimento das indústrias farmacêuticas, alguns químicos passaram a se dedicar a encontrar novas drogas sintéticas.

Assim, as gotas de nocaute deram à luz o mastodonte que chamamos de Big Pharma, a enorme indústria farmacêutica.

4.
Como tratar a tosse com heroína

Graças em grande parte ao prazer de se injetar morfina, os Estados Unidos em 1900 estimavam ter cerca de 300 mil viciados em opiáceos, numa população de aproximadamente 76 milhões de pessoas. Ou seja, cerca de quatro viciados a cada mil habitantes. Isso significa que a taxa de vício em ópio nos Estados Unidos em 1900 era mais ou menos a mesma um século depois, na década de 1990. Nos últimos vinte anos, é claro, a proporção de viciados em opioides disparou. Mas há muitas similaridades entre a epidemia do passado e a de agora. Na época, assim como atualmente, as overdoses matavam milhares por ano, e em ambos os casos todos conheciam o lado sombrio das drogas derivadas do ópio; todo mundo lia notícias sobre suicídios e overdoses, vício e desespero. E nos dois períodos, ninguém sabia muito bem o que fazer.

A principal diferença é que em 1900, as drogas com ópio e morfina estavam disponíveis sem precisar de receita. Dava para comprar uma dose de morfina na farmácia da esquina.

Mas diante de uma epidemia de vício, um número cada vez maior de médicos, legisladores e ativistas sociais exigiu que algo fosse feito para controlar as drogas. A proibição total não era uma opção. A morfina era um remédio muito útil para ser banida por completo. Mas havia cada vez mais pressão por algum tipo de regulamentação.

Enquanto os políticos discutiam as minúcias legais, os cientistas buscavam algo que tornasse essas questões irrelevantes.

Queriam encontrar uma nova forma da morfina que mantivesse todo seu poder analgésico, mas sem o risco de viciar. Esse remédio mágico se tornou uma espécie de Cálice Sagrado dos pesquisadores. Químicos começaram a estudar e a alterar a molécula da morfina, acrescentando uma cadeia lateral aqui, tirando um ou dois átomos dali, dando continuidade à busca.

A cada ano os químicos aperfeiçoavam mais e mais o seu trabalho. As décadas em torno de 1900 foram a era de ouro da química, sobretudo a orgânica, a ciência das moléculas que contêm carbono, como proteínas, açúcares e gorduras — as moléculas da vida. Esses feiticeiros da química pareciam capazes de elaborar praticamente qualquer variação de quase toda molécula no corpo humano. Aprenderam como eram construídos os açúcares, como a comida era digerida, como as enzimas (catalisadores das reações bioquímicas) funcionavam. Podiam moldar moléculas da mesma maneira como pessoas moldavam madeira ou metal. Aparentemente, eram capazes de tudo.

Mas a morfina resistia a eles. Um fracasso típico ocorreu em Londres em 1874, quando um químico tentou acrescentar uma pequena cadeia de átomos (um grupo de acetila) à morfina. Esse pesquisador britânico era um dos muitos que procuravam aquela combinação mágica, e ele pensou estar no caminho de uma descoberta promissora. Mas quando testou a nova substância em animais, não deu em nada.

O teste em animais é uma arte imperfeita. Ratos de laboratório, cães, camundongos, porquinhos-da-índia e coelhos têm sistemas metabólicos diferentes, tanto entre si quanto em relação ao ser humano, e por isso reagem de forma distinta a novas drogas. Além do mais — e isso é muito importante — os animais não têm como dizer ao pesquisador como estão se sentindo. Sem saber isso, cientistas precisam encontrar novas maneiras de testar as reações do animal, tentando calcular o efeito da droga. Às vezes é fácil — como ver se uma infecção foi curada —, outras, é difícil — como tentar medir o quão profunda é a depressão de um rato.

Ainda assim, testes em animais são uma das melhores maneiras para os pesquisadores verem se uma nova droga é venenosa e ter pelo menos uma ideia aproximada dos seus efeitos. Por isso o químico londrino na década de 1870 deu morfina acetilada aos animais. E não aconteceu nada. Não era venenosa quando ministrada em pequenas quantidades, tampouco parecia surtir efeito. Era um beco sem saída, como a maioria dos experimentos. Ele escreveu um breve artigo em um periódico contando os resultados e foi fazer outras coisas.

E assim foi por duas décadas, durante as quais um grande número de químicos continuou trabalhando com a morfina e com outros alcaloides importantes — ópio, codeína e tebaína —, separando-os e reunindo-os a novos átomos, criando centenas de variações. E nada do Cálice Sagrado aparecer. Os melhores químicos orgânicos do mundo, com todas as suas técnicas avançadas, não estavam chegando a lugar nenhum.

As coisas mudaram pouco antes da virada do século. No final dos anos 1890, uma firma que fabricava corantes na Alemanha decidiu diversificar seus produtos. A companhia Bayer já tinha um departamento de químicos cujo trabalho era transformar o alcatrão da hulha (resíduo gerado pela produção da substância utilizada na iluminação a gás) em produtos químicos valiosos, como os corantes sintéticos. Depois que a rainha Vitória usou um vestido malva em 1862 — uma nova tonalidade inventada no laboratório de um químico —, o tingimento sintético de tecidos virou moda. Químicos começaram a fazer um arco-íris encantador de novas cores a partir do alcatrão da hulha. Todo mundo nessa área ganhou dinheiro. Porém, na década de 1890, havia vários fabricantes nesse ramo na Alemanha. O mercado estava ficando saturado.

Então a Bayer deu aos químicos a tarefa de explorar outra linha rentável de produtos: as drogas. Inspirada pelo sucesso de remédios sintéticos como o hidrato de cloral (ver p. 92), a Bayer estava determinada a encontrar outras substâncias em laboratório que pudessem tratar mais doenças. A decisão de investir na fabricação de medicamentos era algo arriscado, mas as recompensas eram potencialmente enormes. A abordagem básica era a mesma para os corantes e as drogas: começar com uma substância natural e relativamente barata (como o alcatrão para os corantes e o ópio para as drogas), e permitir que os químicos orgânicos alterassem as moléculas até que elas se transformassem em algo muito mais valioso. Essas substâncias recém-criadas podiam ser então patenteadas e vendidas com uma enorme margem de lucro.

Logo depois que a Bayer entrou no mercado de remédios, um dos jovens químicos da empresa, Felix Hoffmann, encontrou o ouro — duas vezes. No verão de 1897, ele também começou a anexar grupos de acetila a moléculas. Ao fazer isso com uma substância isolada da casca de salgueiro (que havia muito tempo era usada como erva medicinal em pacientes com febre), ele criou um novo redutor de febre e um analgésico leve, que a empresa batizou de Aspirina Bayer. E quando ligou a mesma cadeia de acetila à morfina, assim como o químico londrino fizera décadas antes, encontrou a mesma molécula que o britânico testara e descartara. Mas a Bayer insistiu nela, testando a morfina acetilada de Hoffmann em mais espécies de animais e interpretando de forma mais positiva os resultados. E até reuniram alguns voluntários jovens da fábrica para testar a droga em humanos.

Os resultados foram incríveis. Os trabalhadores alemães relataram se sentir muito bem depois de tomar a nova droga de Hoffmann. Não, melhor ainda: se sentiam felizes, determinados, confiantes, heroicos.

Isso foi o suficiente para a Bayer fornecer um pouco da droga experimental a dois médicos de Berlim, com instruções para experimentarem com quaisquer pacientes que julgassem apropriados. Os resultados foram mais uma vez impressionantes. A morfina acetilada da Bayer aliviava a dor, como a morfina, mas também era ótima para acabar com a tosse e tratar gargantas inflamadas. Pacientes com tuberculose que recebiam a nova droga paravam de tossir sangue. Tinha o efeito prazeroso de deixar a pessoa animada, recuperando a esperança. Não se observou nenhuma complicação ou efeito colateral grave.

Isso era tudo o que a Bayer precisava ouvir. Entusiasmada, a empresa elaborou planos para colocar a nova droga maravilhosa no mercado. Mas primeiro precisavam encontrar um nome comercial mais cativante. A companhia pensou em chamá-la de Wünderlich, a droga maravilhosa. Mas no final decidiram fazer um trocadilho com a palavra alemã "heroisch", ou "heroica". A droga se chamaria Heroína da Bayer.

Os testes mostraram que ela era até cinco vezes mais forte que a morfina e muito propensa a causar vício; dez vezes mais eficaz que a codeína e muito menos tóxica. Parecia, para os especialistas da Bayer, que a heroína tinha uma propriedade adicional e incomum de abrir as vias aéreas do corpo, então começaram a vendê-la principalmente para problemas de respiração e tosse, e em segundo lugar como cura para o vício em morfina. Os pacientes ficaram felizes em trocar a morfina pela heroína. Amavam a nova droga. Assim como os médicos. O uso do remédio se disseminou. Por 1,50 dólar, usuários na virada do século podiam fazer seus pedidos, após consultar um catálogo da Sears-Roebuck, e receber uma seringa, duas agulhas e dois frascos da Heroína da Bayer, tudo numa linda maleta. As primeiras apresentações científicas elogiando o sucesso da Heroína da Bayer fizeram as plateias as aplaudirem de pé.

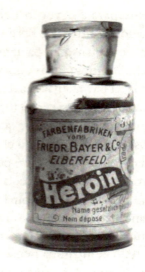

Heroína da Bayer, *c.* 1900.

Mas havia um problema. Como a Bayer não tinha descoberto a heroína — a molécula tinha originalmente sido elaborada por aquele químico londrino duas décadas antes —, a proteção da patente era fraca, e outras empresas começaram a produzi-la. O remédio perdeu o H maiúsculo usado pela Bayer e entrou no mundo mais amplo de produção e venda de drogas. Foram vendidos milhões e milhões de expectorantes com heroína.

Dizia-se que elixires com heroína eram seguros para todas as idades, até para crianças. A droga, vendida sem receita, era usada num tratamento atrás do outro, e servia para tudo, de diabetes e pressão alta a soluços e ninfomania (a aplicação para ninfomania pelo menos tinha alguma base na realidade: a heroína, como qualquer viciado pode testemunhar, acaba com a libido). Em 1906, a Associação Médica Americana aprovara a heroína para uso geral, especialmente como substituta para a morfina.

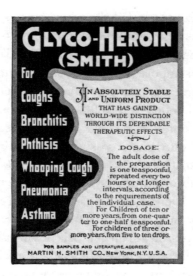

Propaganda de 1914 de um remédio
para tosse que continha heroína.

Sem poder patentear sua nova droga milagrosa, a Bayer logo se afastou da heroína e parou de fabricá-la por volta de 1910. Mas nessa época o sucesso global e massivo da Aspirina da Bayer rendia tanto dinheiro que a empresa intensificou o seu foco em drogas. Os corantes ficaram em segundo plano, cedendo espaço aos produtos farmacêuticos.

Enquanto o uso da heroína se disseminava, os médicos logo foram descobrindo coisas não tão boas sobre a droga. A primeira é que a ideia da Bayer de que a heroína era boa para o sistema respiratório estava equivocada — a droga não fazia nada de especial para abrir as vias aéreas. A segunda é que ela não servia de resposta para o vício em morfina, assim como a própria morfina não servia para os dependentes de ópio. Pelo contrário, descobriu-se que a nova droga era muito, muito viciante. A história da morfina se repetia: médicos começaram a receber cada vez mais viciados em heroína nos seus consultórios, e os jornais passaram a relatar um número maior de overdoses. A heroína diferia em muitos sentidos da morfina, mas não nos quesitos importantes. Cada refinamento do ópio, cada nova versão, parecia apenas aumentar a potência, sem reduzir o vício. O ópio e todos os seus filhos — morfina, heroína e os novos opioides sintéticos de hoje — são drogas atraentes, analgésicos ótimos, que fazem os usuários se sentirem bem (pelo menos no início), fáceis de começar a usar e, depois de um período de adaptação, extremamente difíceis de largar.

A expressão "viciado em drogas" começou a surgir em textos médicos por volta de 1900, na mesma época em que a palavra "drogados" passou a aparecer mais nos jornais. (Outra nota em relação aos termos: "opiáceos" são drogas derivadas diretamente do ópio, como morfina e heroína, enquanto "opioides" é um termo mais amplo, que inclui os analgésicos sintéticos de hoje também.)

O problema ia além dos opiáceos. Também havia a cocaína legal (usada amplamente em hospitais e consultórios de dentistas e, por um tempo breve, como ingrediente menor da Coca-Cola); a cannabis legal (que não era incomum em remédios patenteados); e anestésicos legais como éter e óxido nitroso (gás hilariante). Havia o hidrato de cloral e os novos barbitúricos da Bayer, ambos usados para pegar no sono. A cada ano surgia uma nova leva de drogas, com promessas extravagantes e pouca regulamentação.

Nos anos que antecederam a Primeira Guerra Mundial, os Estados Unidos despertaram para o fato de que o país estava com problemas com as drogas. Jornalistas de revistas populares começaram a expor o perigo das drogas, de remédios patenteados a cosméticos com substâncias químicas. As drogas estavam arrasando famílias, levando mulheres viciadas à prostituição e homens a roubar, trazendo ruína financeira e desgraça pessoal. O movimento antidrogas reuniu especialistas em medicina, pastores, donas de casa, editores de jornais, políticos ingenuamente bem intencionados e policiais durões para formar uma ampla ação a favor do controle das drogas. Parte disso veio do movimento da temperança contra o álcool, inspirado na Bíblia. Outra parte tinha raízes nas políticas progressistas e reformistas da época. Uma mistura de moralismo e medicina, com uma pitada de racismo — *vejam só essas casas de ópio chinesas, esses mexicanos chapados de maconha e esses negros enlouquecidos pelas drogas* —, impulsionava as campanhas antidrogas.

A situação chegou ao limite quando Theodore Roosevelt tornou-se presidente. Ele era progressista, dedicado a ter um governo limpo e a tomar ações decisivas. Como muitas pessoas, sentia que os fabricantes de remédios patenteados estavam ludibriando o público com promessas exageradas a partir de receitas secretas, muitas delas contendo ópio, heroína, cocaína ou álcool. O seu governo deu espaço para que surgisse a

Propaganda de remédio patenteado, *c.* 1890. Calvert Litographing Co. Litógrafo. Hamlin's Wizard Oil [Óleo de Feiticeiro do Hamlin].

primeira legislação de controle das drogas, a Lei dos Alimentos e Medicamentos Puros de 1906 (sofrendo oposição vigorosa dos lobistas dos remédios patenteados).

Ele conseguiu que a legislação passasse. A ênfase, em grande parte, estava em garantir a pureza dos alimentos, enquanto os trechos que tratavam das drogas eram relativamente inofensivos, pois não passavam de algumas regras que exigiam que houvesse propagandas mais precisas para os medicamentos patenteados. Mas Roosevelt estava apenas começando. Ele lidou com o comércio de ópio com a China, ajudando a realizar a primeira Conferência Internacional do Ópio em Xangai, em 1909, e apoiando uma segunda em Haia, dois anos mais tarde. Em 1909, os Estados Unidos aprovaram a Lei Federal de Exclusão do Ópio, um passo importante para a criminalização da droga, e assinaram o primeiro tratado internacional de controle de drogas, em 1912.

Tudo culminou na primeira lei antidrogas significativa do país, a Lei Harrison, de 1914, que regulamentava e taxava a produção, importação e distribuição de narcóticos. O que era um narcótico? Os médicos usavam o termo para descrever drogas que provocavam sonolência e estupor. Mas, para a polícia e os legisladores, eram drogas pesadas, que viciavam. Assim, a Lei Harrison incluía nominalmente a cocaína, ainda que ela deixasse os usuários eufóricos, e não sonolentos. O esquisito é que a primeira versão não mencionava a heroína pelo nome (embora tenha sido adicionada à lei anos depois). Em grande parte, a Lei Harrison tinha como alvo o ópio e a morfina. Pela primeira vez, todos os médicos americanos tinham que cadastrar, pagar uma taxa e manter um registro de todas as transações envolvendo ópio, morfina e cocaína. A lei foi um divisor de águas no controle de narcóticos nos Estados Unidos.

Fabricantes de medicamentos patenteados lutaram contra a lei, argumentando que ela infringia o direito que os americanos tinham, havia muito tempo, de decidir por conta própria que remédios tomar. Mas não conseguiram frear a regulamentação. Depois que a Lei Harrison foi aprovada, médicos honestos, obrigados a cadastrar cada receita de narcótico, diminuíram o número de indicações. Os fabricantes tornaram-se mais cuidadosos. Os pacientes passaram a pensar duas vezes. Remessas de ópio para os Estados Unidos caíram de 42 mil toneladas em 1906 para 8 mil toneladas em 1934.

O palco estava armado para uma questão que é levantada até hoje: o vício em drogas é uma falha moral ou uma doença? Em outras palavras: devemos tratar viciados como criminosos ou pacientes?

A Lei Harrison se concentrou nessa questão e colocou o governo do lado da criminalização. Isso deixou muitos médicos numa posição complicada. Ainda podiam receitar e ministrar narcóticos, mas, de acordo com a lei, "só na prática profissional dele [sic]". Tratar a dor de um paciente com morfina depois de uma cirurgia, por exemplo, era aceitável.

Mas e tratar pacientes com vício em morfina? Isso era permitido? Antes da lei, a maioria dos médicos via o vício em drogas como um problema de saúde; a sua tarefa era curá-lo. Receitavam morfina ou heroína para os pacientes viciados com o intuito de controlar a qualidade e reduzir a quantidade, diminuindo aos poucos o vício. Mas a Lei Harrison enxergava o vício em narcóticos como um crime, não uma doença, então usar narcóticos para tratá-lo não era uma prática profissional legítima. Portanto, médicos que receitavam narcóticos para viciados eram também criminosos. É bizarro, mas é verdade: poucos anos depois da Lei Harrison, cerca de 25 mil médicos foram processados por uso de narcóticos; destes, cerca de 3 mil foram condenados e presos.

Impossibilitados de adquirir legalmente uma dose, os viciados, como sempre, recorreram às ruas. Depois da Lei Harrison, o mercado de drogas ilícitas decolou. Era o começo de um longo relacionamento amoroso entre o crime e as drogas. Por volta de 1930, cerca de um terço da população carcerária nos Estados Unidos eram pessoas condenadas por causa da lei.

A Lei Harrison foi reinterpretada em 1925, permitindo algumas receitas para adictos de narcóticos, mas, nessa época, já tinha se definido um padrão: o vício em narcóticos, aos olhos do governo, era crime. Viciados em ópio não eram mais habitués, e os dependentes de morfina não eram mais vistos como vizinhos com costumes deploráveis. Agora todos eram junkies e drogados enlouquecidos pelo *yen* [desejo] da droga (termo que ligava o ópio aos chineses). O espectro de Fu Manchu ergueu-se, junto com outras centenas de imagens sensacionalistas de homens chineses olhando com malícia para mulheres brancas inocentes em salões enfumaçados. Era uma reviravolta cruel da história. Os mercadores britânicos do ópio indiano transformaram milhões de chineses em viciados. Agora os chineses eram os malvados, enquanto os heróis, como Nayland Smith, arqui-inimigo de Fu Manchu, eram britânicos.

Ironicamente, a heroína se beneficiou muitíssimo da Lei Harrison. Assim que a Bayer parou de vendê-la e a sua disponibilidade legal encolheu até quase desaparecer depois de 1914, a heroína logo virou uma droga das ruas. Era relativamente fácil produzi-la a partir da morfina, ou até mesmo do ópio bruto. E era ainda mais fácil de esconder e transportar do que a morfina líquida. A heroína era feita em forma de pó, e era tão concentrada que alguns tijolos valiam uma fortuna na rua. Era tão poderosa que podia ser misturada com outras drogas ou embutida em qualquer coisa para ser vendida aos usuários em pacotes menores e fáceis de esconder. Havia relatos de "festas de cheirar", na qual jovens aspiravam heroína pelo nariz, e de histórias de viciados patéticos morrendo nos becos de pequenas cidades. Quando foi adicionada nominalmente à Lei Harrison em 1924, já era uma moda underground entre homens e mulheres jovens (os *sheiks* e *flappers*) da Era do Jazz, especialmente em cidades grandes e populares como Nova York. E também em Hollywood, onde um traficante da década de 1920, conhecido como O Conde, ficou famoso por colocar heroína em cascas de amendoim e vendê-la em saquinhos. Um dos seus clientes foi Wallace Reid, famoso como o amante mais perfeito e o homem mais belo do mundo em filmes. À medida que seu vício em heroína aumentava, sua carreira degringolava; acabou morrendo num sanatório em 1923.

Enquanto os Estados Unidos criminalizavam as drogas, a Grã-Bretanha seguia outro caminho. Em 1926, um comitê seleto em Londres decidiu que os viciados eram doentes, não criminosos, uma atitude que moldou a prática da medicina britânica desde então. Na década de 1950, por exemplo, pacientes terminais na Inglaterra ainda conseguiam obter um coquetel Brompton, uma mescla potente de morfina, cocaína, cannabis, clorofórmio, gim, flavorizantes e adoçantes. "Traz o otimismo quando não há esperança, a certeza da recuperação enquanto a morte se aproxima", escreveu um médico.

Você pode não conseguir mais um coquetel Brompton, mas a Inglaterra ainda é a única nação no planeta onde é permitido por lei que um médico prescreva heroína (embora isso raramente seja feito, em geral só para controlar a dor de um paciente em fase terminal). E as taxas de vício em heroína lá são uma fração da atual nos Estados Unidos.

A heroína é em parte natural — feita com base na morfina, um dos alcaloides que surgem naturalmente no ópio — e em parte sintética — resultado de manipulações da molécula natural, acrescentando e subtraindo átomos. É o que se chama de droga opiácea "semissintética".

Depois de 1900, muitos laboratórios repetiram o que a Bayer fez para criar sua heroína semissintética. Começaram com os alcaloides no ópio — morfina, codeína, tebaína e outros —, e tentaram descobrir o que os tornava eficazes. Não são moléculas fáceis de serem estudadas. A morfina, por exemplo, tem uma estrutura complicada com cinco anéis atômicos unidos. Alguns laboratórios tentaram reduzi-la ao menor componente ativo, dividindo-a em fragmentos para chegar ao coração da molécula. Então, passaram a brincar com esses fragmentos, substituindo átomos diferentes e adicionando cadeias laterais, criando assim os semissintéticos.

Por volta da Primeira Guerra Mundial, químicos em busca do Cálice Sagrado do analgésico não viciante elaboraram e testaram centenas de variações semissintéticas, e só poucas delas chegaram ao mercado. Mas algumas foram bem-sucedidas. A codeína foi modificada em 1920 para criar a hidrocodona (que, quando misturada com acetaminofeno, compõe o remédio Vicodin dos dias de hoje). Ao fazer algo similar com a morfina, encontrou-se a hidromorfona, patenteada em 1924 e ainda usada atualmente sob o nome comercial de Dilaudid. Em 1916, químicos reelaboraram a codeína para criar a oxicodona, um semissintético muito forte conhecido por ser o ingrediente-chave do Percocet (célebre agora pela formulação de liberação prolongada sob o nome de Oxycontin). Todos esses são opiáceos semissintéticos, todos são analgésicos eficazes, todos deixam a pessoa meio viajando, e todos são viciantes.

Foram descobertos ainda outros opiáceos incrivelmente fortes. Em 1960, por exemplo, uma equipe escocesa estava testando variações sucessivas de tebaína, outro alcaloide natural do ópio. Certo dia, um funcionário do laboratório usou uma vareta de vidro que estava na estante do laboratório para mexer xícaras de chá. Poucos minutos depois, vários cientistas desabaram, inconscientes. A vareta tinha sido contaminada com uma das novas moléculas na qual estavam trabalhando. Acabou-se descobrindo que era um supersemissintético, mil vezes mais poderoso do que a morfina. Sob o nome comercial de Immobilon, passou a ser usado em dardos para derrubar elefantes e rinocerontes.

O semissintético Oxycontin (também conhecido como oxy, algodão, *kickers*, feijões e heroína de caipira) apareceu em muitas manchetes como o opiáceo do momento. Os Estados Unidos consomem cerca de 80% do suprimento mundial. O Oxycontin fez com que o vício em ópio se deslocasse das ruas das grandes cidades para cidadezinhas no interior do país. A droga está em toda parte, é tomada por todo tipo de cidadão, mas é especialmente popular entre americanos pobres e brancos da zona rural. Overdoses (que ocorrem em geral quando a droga é consumida com álcool ou com outros opioides) e suicídios com oxy são uma grande razão pela qual a expectativa média de vida desse grupo está em declínio — uma virada que vai contra tudo o que a medicina fez no último século.

Há muita informação disponível que explica por que o oxy se tornou tão popular; basta ler as notícias. Mas no centro da questão está o mesmo simples fato que tornou a China uma nação de viciados há 170 anos, que fez da morfina um escândalo nacional na década de 1880, e que transformou a heroína na droga mais célebre dos anos 1950. É um opiáceo. E todo opiáceo, sem exceção, é altamente viciante.

Depois de décadas de trabalho e milhares de fracassos, a pesquisa em torno dos semissintéticos jamais produziu uma molécula mágica e não viciante. Então os pesquisadores deram o passo seguinte, buscando outra abordagem: procuraram uma classe de remédios não baseada em morfina, codeína ou qualquer parte do ópio, mas algo de fato novo. Alguma coisa com uma estrutura totalmente nova, completamente sintética.

E surpreendentemente encontraram essa coisa. Os mais poderosos desses novos sintéticos — drogas como fentanil e carfentanil — não apenas igualam a morfina no tratamento de dores como podem ser centenas de vezes mais eficazes. Mas também são, sem exceção, altamente viciantes.

A história dos sintéticos, tão importante para compreender a epidemia atual de abuso e overdose de opioides, encontra-se no capítulo 8 (p. 211).

5.
Balas mágicas

Nos anos que antecederam a Segunda Guerra Mundial, os médicos se consideravam perfeitamente modernos. Eram mestres da cirurgia. Sabiam — ou achavam que sabiam — tudo sobre o papel das bactérias nas doenças. Tinham um número cada vez maior de vacinas eficazes. Estavam aprendendo tudo sobre as principais vitaminas. Tinham acesso a ferramentas sofisticadas como medidores de pH, microscópios eletrônicos, máquinas de raio X e radioisótopos, e as utilizavam para ir direto à raiz da doença. Havia uma grande esperança de que as respostas definitivas seriam encontradas nos genes, nas proteínas e em outras moléculas da vida, e que os cientistas esclareceriam tudo. Mas, num nível muito básico, a medicina em 1930 não era mais avançada do que as práticas dos curandeiros na pré-história. Os médicos modernos de jaleco branco estavam tão desamparados quanto um xamã sacudindo um chocalho na hora de tratar a maioria das doenças infecciosas. Assim que começava uma infecção bacteriana perigosa no corpo, nada na ciência era capaz de contê-la. Ou ela avançava e matava o paciente, ou o corpo a enfrentava por conta própria.

E as bactérias eram a causa das epidemias fatais que devastavam cidades e percorriam países: pneumonia, cólera, difteria, tuberculose, meningite e centenas de outras doenças. A grande maioria das bactérias na natureza é inofensiva para os humanos ou vital para a saúde (você morreria sem as bactérias benéficas do seu intestino). Mas algumas poucas eram perigosas. E essas não podiam ser freadas.

Entre as piores infecções por bactérias estavam as causadas por algumas cepas de estreptococos. Essas bactérias resistentes se encontram em todos os lugares — na terra, no pó, no nariz humano, na pele, na garganta. A maioria é inofensiva. Mas algumas são assassinas. O estreptococo pode causar mais de dez doenças diferentes, de incômodas erupções cutâneas a faringite e escarlatina. Uma das mais perigosas é a infecção sanguínea estreptocócica. Antes da década de 1930, qualquer incidente que levasse um estreptococo nocivo para o sangue podia acabar em desastre — e isso podia ocorrer por causa de algo tão pequeno quanto um arranhão de lâmina suja. E então, se a bactéria evoluísse para uma infecção sanguínea, nem todo o dinheiro e poder do mundo conseguiriam salvar você.

Em 1924, o filho adolescente do presidente Calvin Coolidge ficou com uma bolha no dedão depois de jogar tênis na Casa Branca. Passou um pouco de iodo e esqueceu do assunto. Mas a bolha piorou. Quando chamaram o médico da Casa Branca, já era tarde demais. A bolha infeccionou com o tipo errado de estreptococo, e a bactéria chegou à circulação sanguínea do garoto. Ele resistiu à infecção por uma semana. Mas apesar dos esforços dos melhores médicos do país, ele faleceu.

O estreptococo era o pior pesadelo dos médicos.

Hoje achamos que os antibióticos são uma parte natural da vida. Se nosso filho pegar uma infecção no ouvido, damos antibiótico. Se um avô contrair pneumonia, recebe antibiótico. Se tossimos por muito tempo, pedimos um antibiótico. Esses remédios salvaram um número incontável de vidas — tantas que os especialistas creditam só aos antibióticos o aumento de dez anos na expectativa média de vida.

Pergunte à maioria das pessoas qual foi o primeiro antibiótico que elas tomaram, e terá como resposta "penicilina". Mas a verdadeira revolução começou anos antes de a penicilina se tornar acessível ao grande público.

Tudo começou na Alemanha, com uma gaiola de camundongos rosados. A gaiola estava nos fundos de um dos laboratórios da Bayer. O ano era 1929.

A Bayer, que fizera fortuna com uma série de descobertas farmacêuticas, desde a heroína e a aspirina até pílulas para dormir e para o coração, buscava resolver o problema das infecções bacterianas. O caminho percorrido pela empresa havia começado com produtos químicos com os quais tinha familiaridade: tinturas para tecidos. A Bayer teve início como uma fábrica de corantes. Agora seus cientistas buscavam corantes que pudessem ajudar a curar doenças.

A abordagem de corantes como remédio — que teve como pioneiro o químico vencedor do Nobel Paul Ehrlich — fazia muito sentido. Ehrlich sabia que alguns corantes podiam manchar certos tecidos animais e ignorar outros. O azul de metileno, por exemplo, tinha uma afinidade especial com os nervos. Tinja uma pequena fatia de músculo com azul de metileno, coloque-a sob o microscópio, e os nervos se destacarão como uma rede de fibras azuis delicadas. A tintura pintava os nervos, não o músculo. Por quê?

Ehrlich era um mestre dos corantes: descobriu novas substâncias e fez testes para descobrir quais se ligavam a quais tecidos, tentando entender os motivos. Sabia que algumas tinturas também se grudavam em bactérias, preferencialmente em células humanas, o que o levou a uma ideia brilhante: por que não usar essas tinturas específicas de bactéria como armas? E se você colocasse um veneno nas tinturas e as tornasse mísseis teleguiados para atacar bactérias específicas e matá-las, sem causar danos aos tecidos humanos ao redor? Seria possível curar uma infecção bacteriana dessa maneira?

Ele nomeou esse novo tipo de remédio como *Zauberkugeln*, bolas mágicas. Hoje usamos outro termo. Imagine um detetive perseguindo um assassino que entra num saguão de cinema lotado. O policial saca a arma e, sem mirar, atira no meio da multidão. Não há motivos para se preocupar: sua arma está carregada com balas mágicas que se desviam dos inocentes e atingem um só alvo, o assassino, matando-o sem machucar mais ninguém na sala.

É isso que Ehrlich imaginou: um remédio que agisse como uma bala mágica, que matasse apenas o invasor, deixando o paciente intacto. Hoje chamamos isso de "remédios balas mágicas".

Ehrlich passou anos tentando transformar sua inspiração num remédio. Depois de fabricar e testar centenas de substâncias, passando por um fracasso depois do outro, em 1909 inventou um medicamento baseado em tintura que parecia funcionar, pelo menos contra um tipo de bactéria. Ele o nomeou Salvarsan. Era uma coisa pesada: um núcleo de corante ligado a arsênico, usado como veneno, e causava efeitos colaterais terríveis. Mas funcionava para frear a sífilis, um assassino ainda mais horrível que o remédio de Ehrlich. Antes do Salvarsan, não havia cura para essa doença, que se tornava cada vez mais comum. Agora existia uma cura moderna, de alta tecnologia, proveniente de um laboratório científico.

O Salvarsan de Ehrlich não era uma bala mágica muito boa — era tóxica demais para os tecidos normais e funcionava apenas contra uma doença —, mas provou que um cientista podia desenvolver uma nova substância para interromper uma infecção bacteriana, e que isso podia dar certo. Era uma descoberta incrível.

Mas que não levou a lugar nenhum. Apesar de se dedicar à procura de mais balas mágicas, Ehrlich não encontrou nenhuma outra. Tampouco os demais pesquisadores nas décadas

Paul Ehrlich, 1915.

de 1910 e 1920. Talvez o Salvarsan tenha sido um feliz acaso. A maioria dos cientistas abandonou a busca.

A Bayer foi uma das poucas empresas que insistiu nessa linha de pesquisa. Na década de 1920, a firma alemã apostou todas as fichas na busca por outro remédio antibacteriano. Para isso, investiram e criaram algo novo: um processo integrado em grande escala para criar, testar e lançar no mercado novas drogas sintéticas. Em vez de depender das inspirações de gênios individuais como Ehrlich, que às vezes acertavam e outras erravam, os laboratórios da Bayer colocaram em campo equipes de técnicos, sistemas de organização corporativa moderna e muito dinheiro, transformando o desenvolvimento de drogas numa operação de fábrica — uma linha de montagem para a descoberta. Eles fariam com os remédios o que Henry Ford fez com os carros nos Estados Unidos.

A Bayer já tinha equipes de químicos investigando novos corantes. Esses especialistas em mexer com moléculas estavam bolando substâncias novas o tempo todo, a maioria delas variações das tinturas sintéticas a partir do alcatrão da hulha. Os químicos da Bayer criavam centenas de novas substâncias por mês. E quase nenhuma delas foi testada para uso médico. Ninguém sabia o que eram capazes de fazer. Em suas pesquisas sobre corantes, era possível que já tivessem criado algum novo e poderoso remédio, que agora talvez estivesse acumulando poeira num depósito. Talvez estivessem sentados sobre uma mina de ouro.

Então a Bayer decidiu testar todas as suas substâncias para ver se poderiam se prestar ao uso medicinal. Bom, talvez não todas, mas sob a direção de um médico, podiam pelo menos testar uma boa parte e seguir as linhas mais promissoras. Algo novo, entusiasmante, teria de aparecer. Mesmo se fosse apenas um indício de alguma coisa positiva, esse indício poderia ser explorado pelos químicos com novas variantes, brincando com a molécula, adequando-a e extraindo dela mais poder de cura. No final, podiam encontrar outra aspirina ou, melhor, uma das balas mágicas de Ehrlich para enfrentar as infecções bacterianas.

A empresa tinha muitos químicos, gerentes e espaço de fábrica. O que faltava era um médico-chefe. Então contrataram um médico jovem e taciturno que estava ansioso para encarar o desafio. Seu nome era Gerhard Domagk. E ele se revelou uma escolha brilhante.

Domagk amadurecera servindo num hospital alemão no campo de batalha durante a Primeira Guerra Mundial, fazendo triagem, desnudando e lavando os feridos que chegavam transportados em vagões, e ajudando ocasionalmente em alguma operação. Os homens que ele tratava tinham sido despedaçados pelos bombardeios e lacerados por tiros de metralhadoras; muitos haviam ficado na lama das trincheiras até poderem ser removidos, portanto suas feridas eram profundas, irregulares e sujas.

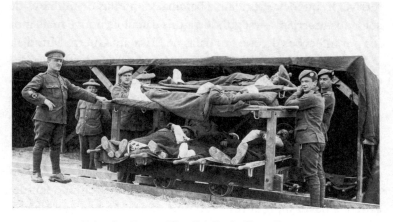

Primeira Guerra Mundial. Pushvillers, França:
soldados feridos num carrinho.

Ali, cuidando dos corpos mutilados, ele viu algo que mudou a sua vida. Em inúmeros casos, parecia que os soldados estavam salvos: o trabalho habilidoso dos cirurgiões conseguia reparar as feridas, os soldados levavam pontos e eram enviados a uma tenda para se recuperar. Mas lá, poucos dias depois, tudo dava errado. Os ferimentos ficavam vermelhos e começavam a purgar. Eram os primeiros sinais de uma infecção que transformaria o tecido cuidadosamente costurado em feridas purulentas, escuras e fétidas. Infecções pós-operatórias como essas mataram exércitos de soldados na Primeira Guerra Mundial. Sabia-se que eram causadas por bactérias, mas mesmo tomando todos os cuidados para limpar e desinfetar, era impossível se livrar de todas as bactérias. Em geral, começava com estreptococos, logo virava gangrena gasosa, e as bactérias inundavam a corrente sanguínea, liberando venenos e devorando o corpo enquanto avançavam. Os médicos procuravam reduzir os danos antes que a infecção se espalhasse, amputando e voltando a amputar membros, tentando impedir o avanço das bactérias. Com terrível frequência, perdiam a batalha. Centenas de milhares de soldados morriam — segundo alguns cálculos, houve mais mortos por infecções do que por balas na Primeira Guerra Mundial.

"Juro por Deus que irei enfrentar essa loucura destrutiva", escreveu mais tarde Domagk. Encontrar uma maneira de frear as infecções nas feridas virou o seu objetivo de vida. Ele foi para a faculdade de medicina e passou alguns anos no laboratório da universidade como pesquisador, onde se mostrou meticuloso e sério, e teve ideias promissoras sobre o combate a infecções bacterianas. Mas algo impediu o avanço de Domagk. Casou-se cedo e não conseguia achar um jeito de sustentar a família. Então, a Bayer o procurou com uma oferta tão boa que ele não pôde recusar: pediram para que cuidasse de um projeto bem financiado para descobrir novos remédios. Ele receberia um salário alto, teria um novo laboratório e muito mais responsabilidades. Entre os seus alvos estavam os tipos de bactérias que ele enfrentara durante a guerra. Em 1927, Domagk começou a trabalhar na fábrica da Bayer em Elberfeld.

O setor de Domagk ocupava um terço de um prédio novinho em folha, com laboratórios de ponta, espaço para cobaias animais e escritórios. Nele circulava uma série de substâncias nunca antes vistas, produzidas por químicos da Bayer. O trabalho de Domagk era descobrir se alguma delas servia para aplicações médicas. Então ele achou um jeito de testar as substâncias em escala industrial, analisando centenas por ano. Ele se concentrou no combate às infecções bacterianas, em parte para retribuir aos camaradas da guerra, e em parte porque era ali que estava o dinheiro. As grandes recompensas viriam de algo que pudesse enfrentar as maiores doenças, e nada era maior do que as infecções bacterianas. Uma droga capaz de dominar a tuberculose ou a pneumonia — as duas enfermidades mais assassinas da época — geraria lucros tremendos.

Tudo o que precisavam fazer era encontrá-la. Domagk testava cada nova substância de duas maneiras. Primeiro, misturava-a num tubo de ensaio com bactérias que causavam a doença, para ver se a substância as matava. Esse era o menos importante dos dois testes: muitos produtos químicos, de alvejante a álcool puro, eram capazes de matar bactérias num tubo de ensaio. Isso não significa que se tornariam bons remédios. O segundo, mais importante, era o teste em animais vivos. Eram geralmente camundongos (baratos, pequenos, fáceis de procriar em cativeiro), e, para os candidatos mais promissores, coelhos. Num teste, os camundongos eram separados em grupos de seis, e cada grupo ficava na sua própria gaiola. Eles recebiam uma injeção com uma quantidade de bactéria que poderia matá-los em poucos dias — uma dose de tuberculose ou pneumonia, ou uma cepa particularmente virulenta de estreptococos, e assim por diante. Então, recebiam uma injeção de várias soluções da substância em teste (ou uma substância inerte para agir como controle). Os camundongos eram então marcados com uma tinta colorida conforme a doença, a substância e a dosagem. Depois, eram postos em observação.

Por anos a fio, todos os camundongos das gaiolas morreram. O laboratório de Domagk testou milhares de substâncias industrializadas. E pilhas de cadernos de laboratório registraram os resultados decepcionantes. Nem um só remédio interessante apareceu. Testaram um corante atrás do outro. Nada. Experimentaram uma série de compostos que continham ouro. Nada. Variantes do quinino. Nada.

O sistema de teste de Domagk funcionava perfeitamente; ele tinha criado uma máquina impecável para descobrir novos remédios. Mas onde estavam os resultados? Os rumores começaram: buscar curas químicas era uma perda de tempo. Seres vivos são muito complexos, seus metabolismos são incomuns demais para que uma substância industrializada funcione. Era um projeto maluco e caro.

Retrato de Gerhard Domagk.

Os chefes de Domagk, no entanto, continuavam acreditando. Bastava encontrar uma droga que pudesse ser patenteada, uma grande descoberta, para recuperar o investimento. Eles insistiram, injetando dinheiro no processo, esperando por um remédio avassalador.

Finalmente, no verão de 1931, parecia que haviam encontrado algo. O químico-chefe de Domagk, um jovem temperamental e fabulosamente talentoso chamado Josef Klarer, estava trabalhando com uma família de moléculas chamadas corantes azo, que costumavam ser usados para colorir tecidos com um vermelho-alaranjado. Parece que alguns desses azos tinham uma tímida habilidade para matar bactérias que causavam doenças em camundongos. Seguindo o rastro, Klarer passou meses tentando amplificar o efeito, mexendo com o núcleo do corante azo, buscando encontrar variações mais fortes. Cerca de cem tentativas depois, ele fez uma modificação que aumentou enormemente o poder da molécula para matar bactérias. Inspirado, continuou pesquisando, e encontrou uma variante ainda melhor, que em certos casos era capaz de curar por completo infecções de estreptococos em camundongos.

Domagk ficou entusiasmadíssimo, e seus chefes também.

Então, tudo começou a dar errado. Por algum motivo — ninguém sabe exatamente qual — as variações de corante azo de Klarer pararam de funcionar. Em vez de ficarem mais poderosas, cada nova molécula que Klarer bolava parecia menos eficaz que a anterior. No início de 1932, a pista tinha se perdido. O químico tentou todos os truques que conhecia, anexando vários átomos em diversos lugares, tentando recuperar o poder. Nada funcionou.

Isso não deveria ter acontecido. O sistema de Domagk deveria eliminar justamente esse tipo de problema aleatório. Deveria tornar o processo mais científico, menos dependente do acaso. Klarer tinha dado a eles um vislumbre do sucesso, mas o triunfo fora arrancado de suas mãos. O que havia acontecido?

Meses se passaram enquanto Klarer buscava uma resposta. Ele produziu uma nova leva de corantes azo. Todos fracassaram. Então, quase exausto, no outono de 1932, ele tentou mais uma substância. Dessa vez, acrescentou uma cadeia lateral comum, contendo enxofre, ao núcleo de corante azo. A cadeia lateral não tinha nada de especial, era uma substância industrial que tinha sido usada para produzir tinturas por décadas para ajudar as cores a se fixarem mais na lã. Era uma substância comum, presente nas estantes de todos os fabricantes de corante na Alemanha. Era chamada de sulfanilamida, mas todos se referiam a ela apenas como "sulfa".

A descoberta crucial aconteceu enquanto Domagk estava de férias. Ele estava feliz por sair da cidade no outono de 1932, distanciando-se dos meses malsucedidos no laboratório e das notícias nacionais, que na época estavam focadas num grupo de extrema direita prestes a tomar o poder. O líder do grupo era um ex-soldado, de oratória hipnótica, chamado Adolf Hitler, que ascenderia ao cargo de chanceler poucas semanas após Domagk sair de férias.

Enquanto ele estava fora, o laboratório funcionou normalmente, testando substâncias contra as bactérias. Uma delas era o corante azo contendo sulfa de Klarer. As mulheres encarregadas dos testes nos camundongos — as assistentes de Domagk para experimentos em animais eram quase todas mulheres — fizeram o que sempre faziam. A tarefa delas era observar as cobaias infectadas com as piores doenças no planeta; estavam acostumadas a, no final, ver gaiolas repletas de camundongos mortos. Mas, dessa vez, depararam com gaiolas cheias de sobreviventes e, como uma delas disse depois, "pulando para cima e para baixo, bem animados". Quando Domagk retornou, as assistentes lhe apresentaram, orgulhosas, um gráfico mostrando os resultados. "Você vai ficar famoso", disse uma delas.

Domagk não tinha certeza disso. Os resultados eram bons demais. Podia ter ocorrido algum erro. Ele testou mais uma vez a nova molécula de Klarer, e de novo e de novo. Os números obtidos eram totalmente diferentes de tudo que Domagk vira até então. Ou que qualquer pessoa já tivesse visto.

A substância ligada à sulfa protegia totalmente os camundongos das infecções com estreptococos. Funcionava quando injetada. Funcionava quando ingerida via oral. Funcionava com todas as dosagens e parecia não ter nenhum efeito colateral sério (a pior coisa que acontecia é que o remédio avermelhado coloria a pele dos camundongos rosados por um curto período). Não funcionava bem com todos os tipos de bactéria, mas era perfeita para o estreptococo. Quando a sua equipe viu as gaiolas cheias de camundongos saudáveis, "ficamos ali parados, boquiabertos", recordaria Domagk, "como se tivéssemos levado um choque".

Os chefes de Domagk na Bayer ficaram em êxtase. Depois de cinco anos de fracassos, a aposta começava a valer a pena. A cadeia de sulfa que Klarer anexou parecia ser a chave que ativava o poder dos corantes azo de matar bactérias.

Para Klarer, aquilo era apenas o começo. Ele agora estava focado em variações contendo sulfa, mexendo peças aqui e acolá, buscando versões ainda mais poderosas. Em novembro, ele encontrara a melhor até então, um corante azo vermelho-escuro que a empresa denominou de Streptozon.

A Bayer solicitou sem demora um paciente para testar o novo remédio milagroso e forneceu algumas amostras para poucos médicos locais, a fim de que experimentassem em seus pacientes. Os médicos ficaram impressionados com a capacidade do remédio de curar rapidamente doentes que pareciam estar à beira da morte. Alguns fizeram apresentações nas sociedades médicas da região. Médicos conversavam com colegas e a notícia se espalhou por outros países europeus. A França e a Inglaterra logo foram alcançadas pelo rumor de que "algo está fermentando na Renânia", nas palavras de um pesquisador. E então, misteriosamente, a Bayer silenciou em relação à sua nova droga. Não houve nenhum grande anúncio. Nenhum artigo científico. Nada de notícias. Nem vendas.

Dois anos se passaram antes que Domagk publicasse o seu primeiro artigo científico acerca da descoberta, e só então a Bayer começou a vender o Streptozon sob um novo nome comercial, Prontosil.

Por que uma espera tão longa? É uma história complexa, mas no centro havia um só problema: logo depois de obter as primeiras amostras do novo e milagroso e tão comentado remédio vermelho-escuro, pesquisadores na França descobriram que o poder da droga da Bayer não vinha do corante azo vermelho, como pensavam os alemães, mas da pequena cadeia lateral que Klarer experimentara. Assim que a droga era ingerida, o corpo do paciente a rompia em dois. A parte oriunda do corante não fazia nada além de pintar a pele de rosa. A sulfa, um pó branco que tinha sido elaborado décadas antes, fazia todo o trabalho. Como um espirituoso cientista da época disse: "O complexo carro vermelho dos alemães tinha um motor branco bem simples".

O problema é que a sulfa, aquele motor branco simples, não podia ser patenteada — estava no mercado havia muito tempo, e a sua patente original tinha expirado; era barata, fácil de fazer e disponível em grandes quantidades. Caixas do remédio milagroso estavam paradas nos depósitos fazia anos. Levando isso em conta, quem pagaria uma versão especial do corante vermelho cuidadosamente patenteado da Bayer? Ao que parece, a empresa ficara em silêncio por dois anos porque não descobrira um modo de ganhar dinheiro com aquilo. Durante todo aquele tempo, a sulfa poderia ter salvado milhares de vidas. Mas, pelo jeito, empresas farmacêuticas, assim como as próprias drogas, não são apenas boas ou más. São as duas coisas ao mesmo tempo.

E então — após a publicação do primeiro relatório científico de Domagk sobre o Prontosil, mas antes que o remédio chegasse ao mercado — o destino impulsionou o corante vermelho alemão. E o destino, como costuma acontecer, apareceu disfarçado — nesse caso, como um casal rico vestido de camponeses alemães.

Era o casal dos sonhos dos Estados Unidos. Ele era Franklin Delano Roosevelt Jr., um estudante de Harvard alto e robusto, filho mais velho do presidente dos Estados Unidos. Ela era Ethel du Pont, uma das socialites mais ricas e atraentes da época, herdeira de uma parte da enorme fortuna da família

Du Pont, que enriquecera fabricando pólvora e produtos químicos. Os jornais do país não se cansavam deles; eram seguidos por flashes aonde quer que fossem, deixando um rastro de notas em colunas sociais, que registravam cada evento esportivo e cada peça a que assistissem, e toda festa elegante na qual dançassem.

Houve, por exemplo, aquela festa em novembro de 1936 no clube de esqui Hock Popo, no clube de caça Agawam. Naquela noite, naquele clube em Rhode Island, era como se a Grande Depressão não existisse. O salão estava lotado de plutocratas e políticos, celebridades e membros da estrutura local de poder, vestidos da maneira mais ridícula possível. Era uma festa à fantasia. Franklin Jr. foi totalmente vestido de camponês alemão, com *lederhosens*, casaco curto e um chapéu tirolês com uma pena. Ethel o complementava com uma saia de camponesa bávara, chapéu de palha e uma blusa com golas de edelvais. Era uma escolha estranha, levando em consideração que o governo Roosevelt estava cada vez mais preocupado com Hitler e o partido nazista.

Mas isso, no fim das contas, não foi o detalhe mais importante da festa. O importante é que Franklin Jr. teve uma dor de garganta e uma tosse leve. Nada tão grave que o obrigasse a sair mais cedo da festa — ficaram bebendo até o sol nascer —, mas o suficiente para se arrepender no dia seguinte. A garganta piorou. Poucos dias depois, a febre deixou o jovem de cama. Logo antes do Dia de Ação de Graças, ele foi hospitalizado no Massachusetts General Hospital, em Boston, sofrendo de infecção aguda nos seios da face.

Nada demais, pensaram os médicos. Bastam alguns dias de descanso, algum remédio para baixar a febre, e ele vai ficar bem.

Em 1936, a arte da medicina já estava a caminho de se tornar uma ciência. Dois séculos de avanços nos campos da anatomia, fisiologia, farmacologia e em uma dúzia de outras áreas levaram à compreensão do funcionamento do corpo humano e das coisas ruins que podiam acontecer com ele. Agora um novo campo chamado "biologia molecular", uma visão mais detalhada da vida no nível das proteínas e dos genes, estava surgindo. Médicos de batas que faziam cirurgia com as mãos sem luvas tinham sido substituídos por técnicos de jaleco de laboratório, que trabalhavam em hospitais brilhando de novos. Estávamos na era da ciência, da higiene, e a medicina de fato funcionava.

Exceto que quase nada podia salvar FDR Jr.

Em vez de melhorar, conforme o esperado, sua infecção sinusal piorou, e ele continuou no hospital. Sua mãe, Eleanor Roosevelt, ficou tão preocupada que insistiu em contratar um novo médico para cuidar dele — um especialista em otorrinolaringologia. Ele logo desconfiou de que o filho do presidente estivesse muito pior do que todos imaginavam. Havia um ponto mole abaixo da bochecha direita do rapaz que parecia o começo de um abscesso, um bolsão de infecção. Quando analisou a bactéria responsável pelo abscesso, o médico deparou com uma das cepas mais perigosas de estreptococo, capaz de liberar venenos e provocar uma infecção sanguínea letal. Se os germes saíssem do abscesso e entrassem na corrente sanguínea, era muito provável que o filho do presidente morresse.

O médico decidiu se arriscar. Lera relatos em revistas médicas alemãs a respeito do novo remédio experimental da Bayer, o vermelho, que funcionava especialmente bem em infecções de estreptococo. Os resultados obtidos na Alemanha eram quase milagrosos; ele sabia que a droga estava sendo testada no hospital John Hopkins e que havia vários entusiastas lá. Será que a sra. Roosevelt estaria disposta a deixar que ele usasse o remédio em seu filho?

Transformar o filho mais velho do presidente numa cobaia não era uma opção muito boa. Mas após estudar o assunto por um ou dois dias, enquanto o estado de FDR Jr. piorava, a primeira-dama deu o consentimento.

Em meados de dezembro, na terceira semana de FDR Jr. no hospital, sua febre disparou e a infecção piorou. O médico ministrou a primeira dose de injeção do novo remédio alemão, o líquido vermelho chamado Prontosil, que fora enviado aos Estados Unidos em frascos de vidro cuidadosamente embalados. O médico não sabia o quanto deveria aplicar no paciente. O remédio era muito novo e pouco usado para que se conhecessem as dosagens certas. Então ele deu a FDR Jr. o que lhe pareceu uma dose realmente boa, ou seja, uma grande quantidade de droga, e ficou observando os efeitos. Acordava o rapaz a cada hora para ministrar mais. Ethel du Pont estava ao seu lado. Eleanor Roosevelt ficava sentada numa cadeira do lado de fora do quarto, respondendo cartas enquanto as horas passavam. A longa noite decorreu sem muita mudança. Então, no dia seguinte, a febre de FDR Jr. começou a ceder. O paciente estava dormindo melhor e tinha mais energia quando estava desperto. Mais tarde, a febre desapareceu por completo. Os médicos que observavam o caso ficaram impressionados. Nunca viram um caso de estreptococo passar por uma reviravolta tão repentina.

Poucos dias antes do Natal, FDR Jr. recebeu alta. O estreptococo tinha desaparecido. Depois, ele se casou com Ethel du Pont (o primeiro de seus cinco casamentos), foi condecorado por servir na Segunda Guerra Mundial e cumpriu três mandatos no Congresso. Mas, de todos esses feitos, talvez o mais importante tenha sido ser o primeiro norte-americano a demonstrar o poder do primeiro antibiótico do mundo.

A história de sua recuperação milagrosa foi anunciada em todos os jornais do país e provocou uma loucura pela sulfa. Todos começaram a solicitá-la.

E assim que as empresas farmacêuticas perceberam que o componente ativo no Prontosil, o "pequeno motor branco", não estava patenteado, passaram a fabricar remédios contendo sulfa. A sulfa pura funcionava; os comprimidos brancos pequenos eram baratos e eficazes contra qualquer coisa causada pelo estreptococo. Mas com um pouco mais de pesquisa, químicos descobriram que, ao anexar a sulfa a moléculas distintas, eram capazes de elaborar versões que funcionavam contra diferentes bactérias. O Prontosil era capaz de curar infecções sanguíneas, escarlatina, gangrena gasosa, erisipela, celulite infecciosa e febre puerperal. Novas fórmulas expandiram a eficácia da sulfa, atacando outras doenças importantes, como pneumonia, meningite e gonorreia. E essas novas versões podiam ser patenteadas. "O remédio mais sensacionalmente valioso em muitos anos", bradou o *New York Times*. "Um milagre moderno", era a manchete da revista *Collier*.

Médicos excessivamente entusiasmados passaram a usar sulfa para tudo. Uma piada em um hospital era que se um paciente chegasse lá, recebia imediatamente a sulfa, e se não melhorasse em uma semana, só então seria examinado. A droga não precisava de receita, então as enfermeiras faziam a ronda com um punhado de compridos nos bolsos, que iam distribuindo como se fossem aspirinas. Não custava quase nada, tinha poucos efeitos colaterais e servia para quase qualquer problema. Por volta do outono de 1937, empresas farmacêuticas norte-americanas fabricavam mais de dez toneladas de medicamentos com sulfa por semana.

A lua de mel da nova droga foi cálida, intensa e breve. Nenhum remédio eficaz é desprovido de efeitos colaterais, e à medida que seu uso se alastrava, os problemas da sulfa começaram a aparecer. A pura, tirada direto da caixa, ainda era impressionantemente não tóxica, e seus poucos problemas sérios envolviam raras reações alérgicas. Mas a Associação Médica Americana (AMA), que observava preocupada a disseminação rápida do remédio, alertou que uma ou outra variante da sulfa (e havia cada vez mais delas) podia se mostrar tóxica, e a maioria não passara por testes suficientes.

A AMA estava correta.

No outono de 1937, crianças começaram a morrer na cidade de Tulsa. Apareceram nos consultórios médicos reclamando de terríveis dores de barriga, depois pararam de urinar, entraram em coma, e em pouco tempo seis crianças faleceram. E mais continuaram aparecendo.

Era um mistério que as autoridades locais de saúde demoraram algumas semanas para resolver. O traço comum na doença era um novo remédio chamado Elixir Sulfanilamida, uma forma líquida e doce do medicamento elaborada por uma empresa de fármacos patenteados, Massengill. A ideia da fabricante era colocar sulfa em algo que fosse atrativo às crianças, às mulheres e à comunidade negra, pois se acreditava que esses grupos preferiam líquidos doces a comprimidos amargos. E agora parecia que o elixir estava matando as pessoas.

Médicos em Tulsa contataram a AMA e encaminharam a questão para uma agência federal nova e bem pequena chamada Food and Drug Administration (FDA), que mandou um agente a Tulsa para investigar. Este descobriu que um desastre maior se armava, e os hospitais locais se deparavam com mais e mais casos. Ele logo suspeitou que o elixir fosse o culpado e teve de enfrentar a perturbadora questão: onde mais o elixir estava sendo vendido?

Imediatamente se descobriu que a droga entrara no mercado havia um mês e estava sendo vendida em todo o país. Massengill garantia a todos que o remédio não podia ser o culpado. Mas a AMA realizou testes e descobriu que a empresa usara um líquido venenoso, dietilenoglicol — ingrediente comum em anticongelantes —, para dissolver a sulfa.

Enquanto a AMA e a FDA trabalhavam, o número de mortos continuou aumentando. Cerca de 240 galões do elixir foram distribuídos da fábrica para os vendedores, e daí para farmácias, médicos e pacientes, em grande parte em lugares pobres do Sul, onde quase não se mantinham registros e era difícil de rastrear as drogas. Os médicos temiam perder as licenças se admitissem ter recomendado o remédio. Os farmacêuticos não queriam assumir que tinham vendido veneno. Alguns compradores, como aqueles que adquiriram o elixir para tratar a gonorreia, deram nomes falsos ao fazer a compra. A Massengill ainda insistia que não tinha culpa. Em meados de outubro, já haviam morrido treze pessoas.

Um caso típico envolvia um farmacêutico na Geórgia que tinha comprado um galão do elixir e o vendido a pacientes em garrafinhas menores. Ele disse à FDA que só havia comercializado 180 mililitros. Mas quando mediram o líquido remanescente, descobriram que faltava o dobro do que ele dissera. Confrontaram o farmacêutico, e ele admitiu ter feito outras duas vendas adicionais. Os dois compradores tinham falecido.

Os jornais ficaram sabendo da história, e o alarme começou a soar. Quando o Departamento da Agricultura (que supervisionava a FDA na época) fez o relatório ao Congresso no final de novembro, já tinham sido confirmadas 73 mortes, e mais uma: o químico-chefe da Massengill, que, ao compreender o que tinha feito, matou-se com um tiro.

Foi o maior envenenamento em massa da história dos Estados Unidos. Um escândalo nacional. E isso deu origem a algo bom: a aprovação da Lei Federal de Alimentos, Drogas e Cosméticos de 1938, a primeira lei na história do país a exigir que novos medicamentos só fossem comercializados após sua segurança ser demonstrada, obrigando a listagem de todos os ingredientes ativos no rótulo. A nova lei criou a FDA moderna. Muito corrigida e expandida, ainda serve como fundamento das leis farmacêuticas de hoje.

Qualquer pessoa que já tenha assistido a um filme sobre a Segunda Guerra Mundial provavelmente viu aquele momento tenso em que um médico de mãos trêmulas esfrega um pó branco na ferida de um paciente. Aquele pó era sulfa. Montanhas da droga foram usadas durante a guerra para prevenir o tipo de infecção horrível que Gerhard Domagk tinha visto no início de sua carreira. Empresas americanas fabricaram mais de 4500 toneladas de sulfa em 1943, o suficiente para tratar mais de 100 milhões de pacientes; os alemães, auxiliados em parte pela pesquisa contínua de Domagk, fizeram milhares de toneladas a mais. E a droga funcionava. As mortes por infecção de feridas na Segunda Guerra representavam uma pequena fração dos casos registrados na Primeira.

O sonho de Domagk de combater a "loucura" da infecção tinha se tornado realidade.

Em 1939, Domagk recebeu o prêmio Nobel de Fisiologia ou Medicina. Infelizmente, não pôde aceitá-lo. Em 1935, o comitê do Nobel resolvera conferir o prêmio da Paz a um ativista antinazismo. Furioso, Hitler decretou que nenhum alemão aceitasse um Nobel dali em diante. Como bom alemão, Domagk não aceitou formalmente seu prêmio, mas cometeu o erro de escrever uma carta agradecendo ao comitê sueco pela honra. Pouco tempo depois, a Gestapo apareceu, revistou a casa dele e o prendeu.

Mais tarde, ele tentou minimizar a história, contando uma piada sobre o tempo que passou atrás das grades. "Um homem apareceu para limpar a minha cela e me perguntou o que eu estava fazendo ali", contava Domagk, "e quando falei que tinha sido preso por receber o prêmio Nobel, ele pôs a mão na cabeça e declarou: 'Esse aí é louco'."

Uma semana mais tarde, o governo sentiu que a mensagem estava dada e libertou Domagk. Agora, porém, ele era um homem diferente. "É mais fácil destruir milhares de vidas humanas do que salvar uma só", escreveu no seu diário. Recebeu permissão para continuar sua pesquisa, mas só depois de assinar uma carta seca ao comitê recusando o prêmio. Passou a sofrer de ansiedade e problemas no coração.

Continuou trabalhando com a sulfa, criando novas variações, estendendo o seu uso para outras doenças. A substância tornou-se um item fundamental nos hospitais militares nazistas, assim como nos hospitais dos Aliados.

Foi o melhor remédio à disposição dos médicos militares até o fim da guerra, quando, graças à sulfa, algo ainda melhor surgiu.

Mais ou menos na mesma época em que a Bayer recrutou Domagk para pesquisar novas drogas, um escocês que trabalhava num laboratório londrino notou algo estranho. Em 1928, Alexandre Fleming estava cultivando bactérias em placas cheias de nutrientes, e ficou incomodado ao perceber um mofo errante contaminando suas amostras. Mas havia algo esquisito naquele mofo. Onde quer que crescesse, ficava cercado por uma área limpa, sem germes, uma espécie de zona onde as bactérias não iam. Era como se o mofo produzisse alguma coisa que detinha as bactérias. Fleming tentou purificar a substância ativa, fazendo testes com algo que chamou de "caldo de mofo", e que agora conhecemos como penicilina. Mas o princípio ativo revelou-se tão difícil de isolar e manter fresco que ele acabou abandonando o projeto. Em vez disso, sua atenção se voltou, como muitos cientistas da época, para a sulfa.

O sucesso da sulfa levou outros pesquisadores a procurar remédios do tipo "bala mágica", incluindo a penicilina de Fleming. Durante a guerra, movidos pela necessidade de encontrar algo que funcionasse em mais tipos de bactéria que a sulfa, os cientistas descobriram como purificar, produzir e armazenar penicilina em grandes quantidades. Assim que se tornou amplamente disponível na última fase da guerra, a nova droga suplantou de imediato a sulfa: a penicilina era mais eficaz contra mais tipos de bactérias, e mais apta a enfrentar doenças como a sífilis e o antraz, os quais a sulfa não afetava. Outras substâncias que destruíam bactérias logo foram descobertas em outros mofos e fungos: estreptomicina, neomicina, tetraciclina e muitas outras.

Propaganda da produção de penicilina na revista *Life*.

A era dos antibióticos havia começado. No final dos anos 1950, já eram usados para controlar praticamente todas as doenças bacterianas importantes. Epidemias que antes matavam centenas de milhares de pessoas por ano viraram coisa do passado. Durante as duas décadas que se seguiram à Segunda Guerra Mundial, a taxa de mortalidade infantil por causa dessas doenças despencou em mais de 90%, e a expectativa média de vida nos Estados Unidos aumentou em mais de dez anos. Os demógrafos chamaram essa mudança radical causada pelos remédios de "a grande transição da mortalidade".

A sulfa foi o que desencadeou o processo. Ao contrário de outros antibióticos que surgem de organismos vivos, a sulfa foi criada em laboratório. Mas alcançou o mesmo objetivo — matar de forma seletiva as bactérias, ao mesmo tempo que deixava o corpo humano em paz, atuando como uma das balas mágicas de Ehrlich — e renovou o interesse médico em encontrar outras drogas similares.

E a sulfa fez ainda mais: mostrou o caminho para um sistema de busca de mais drogas, cada vez mais poderosas. Graças à sua estratégia corporativa, movida a grandes quantidades de dinheiro, a Bayer se estabeleceu como uma das primeiras empresas farmacêuticas modernas. O crédito vai para o pensamento a longo prazo, sua disposição em apostar em pesquisas, como a brilhante manipulação de moléculas de Klarer e o sistema eficaz de testes de Domagk, e a construção de sistemas conectados de laboratórios de pesquisa e testagem em animais sob direção de especialistas médicos. Este foi o projeto base para as gigantes da indústria farmacêutica atual.

A descoberta de remédios já não seria feita por gênios solitários trabalhando à base de palpites. Seria feita por equipes de cientistas lidando com problemas específicos e usando a estrutura química como um guia. A descoberta das drogas evoluiu de uma arte para uma ciência industrial.

A sulfa não apenas mudou a maneira como as drogas são descobertas, mas também as regulamentações que garantem a segurança dos remédios. O envenenamento em massa do Elixir Sulfanilamida e a lei de 1938, que criou a FDA atual, definiram as bases para o sistema legal de hoje, garantindo que os remédios sejam mais ou menos seguros e eficazes, e estipulando como devem ser rotulados. A legislação de 1938 nos Estados Unidos serviu de modelo para o resto do mundo.

Apenas por esses feitos, a sulfa já seria um dos remédios mais importantes da história. Mas a droga que Klarer descobriu e que Domagk provou ser eficaz fez algo ainda mais profundo. A sulfa e os antibióticos que vieram depois deram ao público uma fé enorme nos fármacos. As drogas, ao que tudo indicava, eram mesmo milagrosas. Podiam-se encontrar drogas capazes de curar qualquer coisa, não apenas espirros e dores de cabeça, mas também as doenças mais letais da humanidade. Antes da sulfa, as drogas eram relativamente fracas, em grande parte paliativas, limitadas em seu escopo, e vendidas em qualquer farmácia de esquina sem receita. Pouquíssimas eram capazes de curar qualquer coisa. Tudo mudou após a recuperação milagrosa de FDR Jr. Depois da sulfa e dos antibióticos, instalou-se um clima de otimismo farmacológico, como se a humanidade fosse capaz de encontrar drogas que curariam *tudo*.

Mas nem todas as notícias eram boas. Os antibióticos funcionam contra infecções bacterianas, mas, em geral, não contra vírus (vacinas ainda são o que temos de melhor para evitar doenças virais) nem parasitas (bichos muito diferentes, que causam doenças como malária; ainda buscamos uma droga antimalárica que se torne divisora de águas). Então o alcance é limitado.

Há outro problema que talvez seja ainda mais importante: os alvos combatidos pelos antibióticos, ou seja, as bactérias causadoras de doenças, são muito bons em achar meios de contra-atacar. Algumas podem criar substâncias que neutralizam antibióticos, outras conseguem se camuflar, e quando encontram uma defesa eficaz, são ótimas em passá-la adiante para outras bactérias, até mesmo para aquelas com as quais não possuem relação próxima. O processo chama-se "resistência a antibióticos". E nisso também a sulfa foi pioneira.

Médicos perceberam isso inicialmente entre soldados, muitos dos quais recebiam sulfa antes de saírem de folga, como maneira de prevenir a gonorreia. Se a contraíssem, receberiam mais sulfa quando retornassem. Funcionava muito bem. No final da década de 1930, a droga interrompia a gonorreia em 90% das vezes. Mas, por volta de 1942, a taxa caiu para 75%, e continuou despencando. O Exército alemão passava pelo mesmo problema, muitas vezes causado por soldados que tomavam o remédio só até os sintomas desaparecerem, interrompendo a medicação antes de eliminar toda a bactéria. As poucas bactérias sobreviventes eram as mais resistentes à sulfa. Elas se multiplicavam de novo e se espalhavam. A resistência à sulfa começou a aparecer também em casos de estreptococo; em 1945, uma série de testes da Marinha dos Estados Unidos com a sulfa para a prevenção de infecções por estreptococos foi interrompida porque muitos soldados estavam adoecendo. A sulfa ia perdendo o impacto à medida que as bactérias encontravam formas de derrotá-la.

Esses primeiros sinais de alerta foram ignorados em meio à euforia generalizada que acompanhava a penicilina e outros antibióticos. Se um antibiótico parasse de funcionar, os pacientes eram simplesmente direcionados para outro — até que a resistência começasse a aparecer ali também. Hoje, a resistência a antibióticos é um problema enorme, pois há um punhado de bactérias que resistem a todos os antibióticos comuns. Os médicos sabiamente passaram a receitar cada vez menos antibióticos e monitoram com cautela o seu uso. Presta-se mais atenção na utilização ampla de antibióticos para prevenir doenças e acelerar o crescimento de animais na pecuária. Ainda estamos aprendendo a lição de que o abuso e o uso equivocado dessas drogas maravilhosas resultam num preço alto a se pagar.

E quanto à sulfa? Ela ainda está por aí — várias formas dela são usadas para tratar infecções no ouvido e nas vias urinárias, além de outras doenças. Recentemente, vem passando por uma espécie de renascimento, por causa da resistência a antibióticos. Como a sulfa já era antiga na década de 1950, passou a ser usada cada vez menos. Como resultado, a resistência a ela diminuiu. Por isso, com frequência funciona, e se usada cuidadosamente, ainda é uma ferramenta valiosa para enfrentar infecções — embora agora tenha se tornado apenas um antibiótico mediano no meio dos mais de cem disponíveis no mercado.

6.
O território menos explorado do planeta

Sirocco

Henri Laborit alcançou a superfície e recuperou o fôlego. O *Sirocco* o puxara para baixo e ele quase afundara, mas conseguiu se desvencilhar e começou a bater as pernas, rasgando a escuridão. Era um dos poucos afortunados que estavam de colete salva-vidas. O mar estava agitado por causa dos homens aterrorizados. Chamas do petróleo vazado iluminavam a superfície. Ele teve que passar por três soldados, "idiotas infelizes", como ele os chamou, que, pelo jeito, não sabiam nadar. Estavam em pânico, agitando os braços, agarrando-se em qualquer coisa que flutuasse, tentando usar Laborit como bote salva-vidas. "Tive de me livrar deles", escreveu mais tarde, embora nunca tenha explicado como fez isso. Laborit manteve distância dos moribundos, do fogo, dos corpos que se sacudiam, ficou de costas na água — truque de nadador — e olhou para as estrelas.

Era pouco mais de uma da manhã da noite de 30 de maio de 1940. Henri Laborit era um médico júnior no pequeno destróier francês *Sirocco*. Eles estavam ajudando na grande evacuação das tropas de Dunquerque, após os nazistas terem esmagado três exércitos Aliados e encurralado os sobreviventes num pequeno canto junto ao porto, com as costas viradas para o Canal da Mancha. Todos os barcos dos Aliados a um dia de distância correram até a área para resgatar os soldados franceses. O destróier de Laborit chegou no auge da ação, avançando em zigue-zague rumo à margem, atravessando nuvens de fumaça preta e os detritos de barcos semiafundados. Os soldados formavam uma fileira na praia; alguns estavam até a cintura na água, com os rifles erguidos acima da cabeça. Os alemães tentavam matar qualquer coisa que se movesse. "Não havia dúvidas na mente da tripulação de que os seus dias estavam contados", lembrou-se Laborit. Mas o *Sirocco* conseguiu resgatar oitocentos fuzileiros franceses, amontoou-os no convés e partiu enquanto escurecia. Tudo o que precisavam fazer agora era chegar à Inglaterra.

Dover ficava a menos de oitenta quilômetros de distância, mas as águas de Dunquerque eram rasas e traiçoeiras, e havia aviões alemães por toda parte. Portanto, tiveram que se deslocar com calma ao longo da costa por vários quilômetros, esperando o sol se pôr e aguardando uma oportunidade. Todos estavam alertas. Por volta da meia-noite, justo quando estavam prestes a partir em direção à Inglaterra, alguém viu surgir um torpedeiro alemão. Laborit avistou dois torpedos vindo em sua direção e quase acertando a proa, com rastros que reluziam no escuro. Então, uma segunda rodada de torpedos os atingiu em cheio. O *Sirocco* tremeu; Laborit sentiu a popa se levantar. Bombardeiros alemães viram as chamas, e uma segunda explosão rasgou o destróier. Laborit pensou que tinham acertado o armazenamento de munição. Viu corpos de fuzileiros voando pelo ar. E de repente estava dentro da água.

O navio afundou rapidamente, os bombardeiros seguiram voando em busca de outros alvos, e Laborit ficou flutuando de costas. Com o passar das horas, viu homens ao seu redor perderem lentamente a força. Estava com muito frio; sua mente começou a devanear. Ele tinha se formado como médico pouco antes da guerra e sabia o que estava acontecendo. O mar congelante estava tirando o calor de seu corpo, e a hipotermia vinha se estabelecendo. Se continuasse ali por muito tempo, morreria. Quanto tempo? Começou a perder a sensação dos dedos e dos pés, as pernas se moviam devagar. Se a temperatura do corpo cair demais, você entra em choque, sua pressão despenca, a respiração enfraquece, o corpo fica branco e inerte. Quanto tempo demoraria? Uma hora? Várias?

Laborit viu isso acontecer à sua volta. Noventa por cento dos fuzileiros resgatados em Dunquerque morreram naquela noite, assim como metade da tripulação do *Sirocco*.

Ele se forçou a continuar se mexendo. Notou que ainda estava de capacete, algo estúpido, e mexeu na alça até que se soltasse. Viu o capacete se encher lentamente de água do mar. Deve ter um buraco nele, pensou. Ficou olhando fixo até o capacete afundar. Sua mente estava desacelerando.

De alguma maneira, ele aguentou até o nascer do sol, quando viu algumas luzes fracas e escutou chamados distantes. Um pequeno navio de guerra britânico buscava sobreviventes. Viu homens se agitando, desesperados, com o que lhes restava de força, implorando para subirem a bordo. Marinheiros no convés jogavam cordas e os nadadores se agarravam uns aos outros para chegar até elas. Era uma loucura. Os sobreviventes do *Sirocco* estavam tão fracos que alguns não conseguiam escalar as cordas — sem forças, acabavam soltando e caindo em cima dos outros. Homens se afogavam. Laborit se forçou a aguardar, esperando o caos diminuir. Então, com um enorme esforço, foi nadando pela lateral, pegou uma corda e começou a subir. Chegou à grade, foi puxado e desmaiou no mesmo instante. Recuperou a consciência numa banheira de água quente com alguém dando tapas em seu rosto e dizendo: "Vamos lá, doutor, faz uma força aí!".

Laborit, sofrendo pela exaustão e exposição às intempéries, foi levado a um hospital militar francês. Enquanto se recuperava, mergulhou numa estranha e flutuante espécie de depressão. Hoje chamamos isso de estresse pós-traumático. Tudo o que Laborit sabia é que estava se sentindo desequilibrado, como se o chão embaixo dele tivesse virado areia movediça. "Eu me sentia perturbado com a ideia de ter de continuar vivendo", lembrou-se. Ele tinha 26 anos.

Mais uma vez, contudo, lutou para escapar. A atenção pública ajudava a distraí-lo. Ele era um dos heróis do *Sirocco*, como a imprensa os chamou. Ganhou uma medalha. Encontrou conforto em suas tarefas médicas. Desenvolveu um senso de humor sombrio. Mas tudo ainda parecia um pouco distante, como se ele observasse a vida através de uma janela.

Quando o Exército francês achou que ele já tinha se recuperado o suficiente, os comandantes decidiram que lhe faria bem uma mudança de cenário. Assim, foi enviado para uma base naval em Dakar, capital do Senegal, no norte da África. No sol e na areia, praticava a medicina geral pela manhã e passava o resto do dia pintando, escrevendo e cavalgando. Era franzino, mas bem-apessoado, de uma beleza quase de estrela de cinema, com seu cabelo escuro e grosso; também era inteligente, ambicioso, acostumado a ter dinheiro — o pai era médico e a mãe vinha de uma família aristocrática —, e um pouco esnobe. Detestava estar exilado com a esposa e os filhos pequenos no sufocante "fim de mundo" africano, e desejava desesperadamente retornar à França. Para lidar com o tédio, decidiu se especializar em cirurgia. Encontrou mentores entre os médicos de Dakar e foi treinado na arte de cortar e costurar, usando cadáveres do necrotério local. Tinha mãos habilidosas, mas pouca paciência.

Apesar de suas habilidades e de seus esforços sinceros, as coisas com frequência davam errado quando tentava operar pacientes vivos. Com regularidade, sem nenhum motivo aparente, no meio de uma cirurgia, a pressão sanguínea de um soldado ferido despencava, a respiração ficava fraca e o coração disparava. Mau sinal. Com frequência o paciente morria na mesa de cirurgia, não por causa da operação em si, mas por algo chamado "choque cirúrgico". Ninguém sabia o que causava aquilo, e na época pouca coisa podia ser feita para lidar com isso. Ninguém sabia por que alguns pacientes entravam em choque e outros não. Nada parecia alterar as probabilidades.

Laborit decidiu buscar respostas. Pelo resto da guerra, enquanto se deslocava de um posto a outro, pesquisou sobre o choque cirúrgico em todos os livros de medicina que pôde encontrar. E começou a juntar as peças. A maioria dos especialistas achava que o choque era uma resposta do corpo aos ferimentos (incluindo os causados pelo bisturi do cirurgião na mesa de operação). Pesquisadores estavam começando a aprender que os animais feridos reagiam a isso liberando uma grande quantidade de substâncias no sangue, moléculas como a adrenalina, que disparavam uma resposta do tipo fugir-lutar-ou-paralisar. A adrenalina aumenta os batimentos cardíacos, acelera o metabolismo e altera o fluxo sanguíneo. Laborit acabou se convencendo de que o segredo do choque cirúrgico se encontrava nas substâncias que o corpo liberava no sangue quando estava ferido.

Essa era uma abordagem possível, mas não a única. Alguns pesquisadores achavam que o choque fosse mais mental do que físico. Afinal, uma reação de choque podia ser desencadeada tanto por medo quanto por um ferimento. Ameace alguém com uma faca — convença pessoas que você irá machucá-las —, e o coração delas dispara, elas ficam resfolegantes e suam. Em outras palavras, o estresse mental, por si só, pode causar uma resposta de choque. Laborit tinha visto isso com os próprios pacientes, que, horas antes de uma cirurgia, às vezes ficavam tão tensos, tão ansiosos com a dor futura, que começavam a demonstrar sinais de choque muito antes de o bisturi encostar na pele. Talvez o choque cirúrgico fosse apenas uma extensão disso — uma reação natural que ia longe demais, que saía do controle.

Laborit combinou as duas ideias. Seu raciocínio foi o seguinte: a ansiedade do paciente e o medo que ele tem da dor antes de uma operação desencadeavam a liberação de substâncias no seu corpo. Isso atingia um novo patamar pelo choque físico da cirurgia. O estresse mental e as reações físicas estavam vinculados.

Portanto, a solução talvez fosse interromper esse processo, atenuando o medo antes da operação. Baixando a ansiedade, você podia bloquear ou desacelerar as substâncias do sangue que causam o choque fatal.

Mas quais eram essas substâncias? Quase nada se sabia de moléculas como a adrenalina, pois eram liberadas em pequenas quantidades, e rapidamente se diluíam, atingindo níveis praticamente impossíveis de detectar no sangue, e desapareciam em poucos minutos. Novas descobertas sobre a adrenalina surgiam o tempo todo, mas ela não era a única molécula do tipo — outras ainda precisavam ser identificadas. Laborit leu tudo o que pôde sobre o assunto, tornando-se assim um desses raros cirurgiões que compreendem profundamente a bioquímica e a farmacologia, e passou a brincar com a ideia de como moderar as substâncias estressantes no corpo.

Seus pacientes viraram cobaias. Quando a guerra acabou, Laborit ainda estava no norte da África. Mas agora a sua monotonia tinha desaparecido, porque ele se envolvera com a pesquisa, testando maneiras de acalmar seus pacientes e relaxá-los antes da operação. Misturava várias drogas em coquetéis químicos feitos para atenuar a ansiedade. Era difícil encontrar a mescla certa. Médicos no passado haviam tentado várias coisas para deixar os pacientes quietos, desde doses de uísque a pílulas para dormir, de morfina a gotas de nocaute (ver p. 96). Mas

147

todos esses métodos, para Laborit, eram imperfeitos. Todos tinham efeitos colaterais, alguns perigosos. Além de acalmar, enfraqueciam os pacientes. Faziam com que adormecessem. Laborit queria que eles estivessem fortes e tranquilos, sem preocupações antes da operação, mas não inconscientes, apenas quando estivessem na mesa de cirurgia. Os gregos tinham uma palavra para o que ele buscava: "ataraxia", o estado mental de uma pessoa sem estresse e ansiedade, mas que ao mesmo tempo é forte e virtuoso. Ele queria criar a ataraxia através das drogas. Então, continuou buscando e testando.

A isso acrescentou outra ideia, talvez motivada pelo tempo que passou na água depois que o *Sirocco* afundou. Decidiu tentar resfriar seus pacientes. Se fosse capaz de desacelerar seu metabolismo, pensou, talvez pudesse ajudar a atenuar a reação do choque. Laborit foi pioneiro num procedimento que chamou de "hibernação artificial", usando gelo para resfriar os pacientes junto com as drogas.

Essa abordagem, como um historiador mais tarde escreveu, era francamente revolucionária. Outros pesquisadores estavam no caminho oposto, tentando reverter o choque, após seu início, através de doses de adrenalina — a coisa errada a se fazer, pensou Laborit. Ele tinha certeza de que sua hibernação artificial, junto com os remédios certos, resolveria o problema.

RP-4560

Por volta de 1950, Laborit começou a publicar uma série de resultados positivos nos jornais médicos. Seu trabalho chamou tanta atenção que seus chefes decidiram resgatá-lo daquele fim de mundo e trazê-lo de volta ao centro de tudo: Paris.

Ah, Paris! Paris era o lar de qualquer francês (ou francesa) ambicioso. Os líderes políticos e as sedes das empresas ficavam lá; a elite religiosa e militar também; os melhores escritores, compositores e artistas; a principal universidade da nação (Sorbonne) e os mais importantes intelectuais (a Academia Francesa); as melhores casas e a mais bela música, moda e comida; as melhores bibliotecas e centros de pesquisa, museus e centros de treinamento. Se você era francês e um líder na sua área, seu coração ansiava por um posto em Paris.

E agora Laborit tinha chegado. Foi transferido para o hospital militar mais prestigioso do país, o Val-de-Grâce, a poucas quadras da Sorbonne. Lá, com acesso a uma vasta gama de especialistas e recursos, ampliou sua pesquisa.

Ele precisava de um especialista em remédios, e o encontrou na figura de um entusiasmado pesquisador, Pierre Huguenard. Laborit e Huguenard decidiram aperfeiçoar a técnica de hibernação artificial, junto com coquetéis que misturavam atropina, procaína, curare, diferentes opioides e pílulas para dormir.

A histamina, outra substância que o corpo libera em resposta a um ferimento, chamou a atenção deles. Histaminas estavam envolvidas em todas as coisas do corpo. Não eram liberadas apenas no caso de um ferimento, mas também em reações alérgicas, cinetose e estresse. Talvez a histamina tivesse um papel na reação de choque. Então Laborit jogou outro ingrediente no seu coquetel: um anti-histamínico, um novo remédio que estava sendo intensamente desenvolvido para tratar alergias. E foi assim que as coisas começaram a ficar interessantes.

Anti-histamínicos pareciam ser a próxima grande família de drogas milagrosas. Eram eficazes para tudo, de rinite alérgica a enjoo marítimo, do resfriado comum ao mal de Parkinson. Indústrias farmacêuticas trabalhavam com afinco para descobrir tudo e criar versões que pudessem ser patenteadas.

Mas, como todas as drogas, essas também tinham efeitos colaterais. Um deles se mostrou especialmente preocupante em termos de propaganda: anti-histamínicos muitas vezes causavam o que um observador chamou de "sonolência perturbante" (os anti-histamínicos de hoje, que não causam sono, ainda estavam há décadas de serem descobertos). Não era como a sonolência causada por sedativos ou pílulas para dormir. Os anti-histamínicos não freavam tudo do corpo. Em vez disso, pareciam estar dirigidos a uma parte específica do sistema nervoso: o que os médicos na década de 1940 chamavam de nervos simpáticos e parassimpáticos (o que hoje se chama sistema nervoso autônomo). Eles compõem o sistema nervoso visceral do corpo, sinais e respostas que operam abaixo do nível da mente consciente; são nervos que regulam a respiração, a digestão e os batimentos cardíacos, por exemplo. E é entre esses nervos, pensou Laborit, que os segredos da reação de choque vão ser encontrados. Ele queria uma droga que agisse especificamente sobre esses nervos, sem afetar muito a mente consciente. Anti-histamínicos pareciam ser o caminho.

Então ele e Huguenard começaram a fazer testes. Descobriram que, ao aplicar a dose certa de anti-histamínico algumas horas antes da cirurgia, os pacientes, embora conscientes, "não sentiam dor, ansiedade, e muitas vezes não se lembravam da cirurgia", como escreveu o próprio Laborit. E havia um benefício a mais: Laborit descobriu que os pacientes precisavam de menos morfina para a dor. Os seus coquetéis enriquecidos com anti-histamínicos, acompanhados pela hibernação artificial, resultavam em menos choques cirúrgicos e menos mortes.

Mas havia muito mais a fazer. Ele não queria, de fato, um anti-histamínico no seu coquetel — afinal, não estava tratando alergias ou cinetose —, e sim um dos efeitos colaterais do remédio. Estava buscando a redução da ansiedade, a quietude eufórica que vira em alguns pacientes. Ele queria um anti-histamínico que tivesse *só* esse efeito colateral. Então, escreveu para a maior empresa farmacêutica da França, a Rhône-Poulenc (RP), explicando aos pesquisadores do que precisava.

Por sorte, falou com as pessoas certas na hora certa. A RP estava procurando ativamente novos e melhores anti-histamínicos, e como todas as empresas farmacêuticas, tinha passado por vários fracassos — drogas que se mostraram muito tóxicas ou com excesso de efeitos colaterais. Começaram a testá-las outra vez.

Alguns meses depois, na primavera de 1951, a firma entregou a Laborit um remédio experimental chamado RP-4560. Haviam parado de trabalhar com a droga porque ela não tinha quase nenhuma utilidade como anti-histamínico. Mas provocava um efeito forte no sistema nervoso. Testes com animais mostraram que era relativamente segura. Podia muito bem ser o que Laborit buscava.

No fim das contas, aquele foi o melhor ingrediente de seus coquetéis. Era muito poderoso; uma pequena quantidade já bastava. E cumpria sua função: ministrado antes de vários tipos de cirurgias, desde o tratamento de feridas até operações menores, o RP-4560 diminuía a ansiedade dos pacientes, melhorava o humor e reduzia a necessidade de outras drogas. Os pacientes que recebiam o remédio ficavam despertos e conscientes, mas pareciam tolerar mais a dor e exigir menos anestesia para ficarem inconscientes. Era realmente estranho. A dor não desaparecia. Eles notavam estar sentindo dor, mas pareciam não se preocupar com isso. Sabiam que estavam entrando na cirurgia, mas não se importavam. Laborit descobriu que eles apresentavam um desinteresse — estavam "distanciados" do estresse.

Suas descobertas viraram o assunto do momento no Val-de-Grâce. Entusiasmado, Laborit passou a difundi-las. Certo dia, durante o almoço da equipe no refeitório, ouviu um amigo — chefe da ala psiquiátrica — reclamar da necessidade de usar camisas de força em pacientes com doenças mentais severas, uma reclamação antiga de várias gerações de cuidadores dos insanos. Como era triste que, em muitos casos, os loucos ficassem tão agitados, maníacos e perigosos que, para tratá-los, era preciso contê-los. Gritavam e se reviravam, às vezes atacando aos outros ou machucando a si mesmos. Então tinham que ser dopados ou presos à cama, ou postos em camisas de força. Uma pena.

Isso deu uma ideia a Laborit. Ele contou aos colegas que, em vez de algo que restringisse os movimentos, podiam experimentar dar aos pacientes maníacos uma dose de RP-4560 e resfriá-los com gelo.

Bedlam

Toda manhã, viam-se loucos na sala de espera em Sainte-Anne, trazidos na noite anterior pela polícia ou pelos membros da família. Eram "cérebros fervilhando de fúria, tomados pela angústia, ou em estado de torpor", contou um médico. Eram os maníacos, os enlouquecidos, os que alucinavam e ouviam vozes, os abatidos, os perdidos.

Quando a situação ficava inviável, eles acabavam no Sainte-Anne, único hospital psiquiátrico de Paris. Toda grande cidade tinha a sua versão do Sainte-Anne, um manicômio financiado pelo governo, um hospício para remover os loucos da sociedade, para ajudá-los e para mantê-los em segurança — e fora do campo de visão.

Eles eram chamados de "asilos mentais" por um bom motivo: os doentes mentais precisavam de um refúgio. Ao longo de boa parte da história, os loucos foram deixados à mercê das famílias, que, com raras exceções, escondiam os mais perturbados nos quartos dos fundos ou os trancavam no porão. Alguns eram tratados com gentileza, outros eram acorrentados, espancados e deixados sem comida.

Isso mudou com a Revolução Industrial e o crescimento das cidades. Com o aumento do estresse e a dispersão das famílias, os loucos acabavam indo parar nas ruas. Viraram responsabilidade dos outros — ou de ninguém.

Organizações de caridade foram criadas, e movimentos sociais reivindicavam para eles um tratamento mais humano. Eles precisavam de camas, alimentos e cuidado médico. Nos Estados Unidos, a resposta no século XIX foi construir grandes hospícios, projetados como modelos de cura avançada, com pátios semelhantes a parques, oficinas bem ventiladas e terapia profissional supervisionada por médicos treinados especificamente no tratamento de doenças mentais. A arquitetura do lugar permitia a separação entre homens e mulheres, violentos e não violentos, curáveis (que ficavam em geral à frente, nos quartos mais visíveis) e incuráveis (trancados nos fundos, onde os gritos e os cheiros incomodariam menos os visitantes). As dietas deveriam ser saudáveis e simples, a punição, rara, e, como disse um escritor, "eles aos poucos recobrariam a sanidade graças aos efeitos salutares do ambiente".

Haveria benefícios para a ciência médica também. Com todo tipo de loucura reunida num só lugar, médicos da mente poderiam estudar melhor uma gama de condições em circunstâncias mais ou menos controladas, permitindo uma compreensão mais profunda da doença mental e aumentando a chance de encontrar uma cura.

Em todo caso, isso era o ideal. E, em muitos sentidos, foi um plano bem-sucedido.

Na Grã-Bretanha, por exemplo, alguns milhares de pacientes eram mantidos — muitas vezes aprisionados — em vários hospícios, como o infame Bethlem Royal Hospital, fora de Londres, mais conhecido como Bedlam. No século XVIII, o Bedlam se tornou célebre por permitir que visitantes entediados pagassem para dar um passeio por lá, a fim de observar os

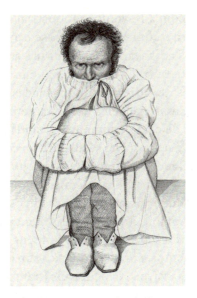
Homem numa camisa de força.
Hospício francês, 1838.

prisioneiros, transformando a loucura numa tarde de diversão. Um século mais tarde, havia dezesseis grandes manicômios só na região de Londres. O número médio de pacientes por hospício aumentou de menos de sessenta em 1820 para dez vezes mais em poucas décadas. Nos Estados Unidos, o número aumentou com igual velocidade. Por volta de 1900, hospícios americanos estavam lidando com a lotação máxima, abrigando 150 mil pacientes.

A maioria desses locais era financiada pelo Estado, através do orçamento federal e municipal, ou por organizações de caridade. O resultado é que o cuidado nesses hospitais públicos custava pouco para as famílias. Os números continuaram aumentando à medida que, por uma barganha, cada vez mais famílias abandonavam nos hospícios seus avós senis, tios alcoólatras e crianças com deficiências mentais. A polícia fazia o mesmo com os viciados em drogas, os desorientados e com quem perturbasse a ordem pública. Abrigos para pobres, *workhouses*, hospitais e cadeias também mandavam para lá seus excedentes. Os hospícios enormes ficaram lotados.

Muitos desses prisioneiros eram curáveis. Os hospícios eram mais adequados para casos em que o paciente sofria um colapso nervoso temporário, ou estava lidando com um trauma, e depois de poucas semanas de paz e descanso, poderia ser liberado.

Mas muitos eram considerados incuráveis. Esses casos incluíam os idosos "senis" (hoje diríamos que desenvolveram uma espécie de demência, como o Alzheimer), deficientes e aqueles que tinham perdido por completo a conexão com a realidade e não conseguiam mais voltar. Este último grupo — os que ficavam agachados num canto e não se mexiam por

Bethlem Royal Hospital [Bedlam], em Moorfields, Londres: visto do lado norte, com pessoas andando à frente.

meses a fio, ou que falavam coisas sem sentido o tempo todo, viam coisas que não estavam lá, ou ouviam vozes lhes dizendo o que fazer — é hoje, em geral, denominado esquizofrênico. Mais uma vez, como ninguém tinha certeza do que causava essas doenças, ninguém podia tratá-las. Como um especialista afirmou: "Em 1952, os quinze centímetros entre uma orelha e outra representam o território menos explorado do planeta". O que se sabia era isto: quando esses "incuráveis" entravam num hospício, o mais provável é que nunca mais saíssem de lá. Permaneceriam o resto da vida nos fundos, acompanhados por mais pessoas como eles a cada ano. O número total de pacientes não parava de subir, e a proporção de casos impossíveis de curar — que só podiam ser cuidados — aumentava anualmente. No início do século XX, quase todo hospício estava lotado e com falta de pessoal. De lugares de descanso e recuperação, tinham se transformado em jaulas barulhentas e lotadas, "gaiolas de doidos", em que a maior preocupação não era a cura, mas a segurança e a sedação. Os hospícios viraram, nas palavras de um especialista, "latas de lixo para casos sem esperança".

Além disso — e este detalhe acabou se mostrando importante —, viraram um crescente escoadouro de dinheiro para os orçamentos governamentais. Os grandes hospícios, em geral, eram financiados com impostos estatais e municipais, e à medida que iam crescendo, consumiam uma parte cada vez maior do orçamento. Toda tentativa de corte levava a um tratamento menos humano. Aumentaram os relatos de abusos de pacientes. Os contribuintes estavam fartos daquilo.

E a ciência? Também nessa área nada de bom parecia estar acontecendo. O triste fato é que as chances de ser curado num hospício em 1950 eram quase as mesmas que em 1880. Houve uma grande expectativa com as possibilidades de um cuidado melhor através da lobotomia e do eletrochoque quando esses métodos sugiram no começo do século XX, mas depois disso, o entusiasmo minguou, e cada novo avanço se mostrou mínimo. Em relação aos casos mais severos, especialmente a esquizofrenia, os médicos do hospício progrediram pouco. Apesar de estarem colhendo uma base de conhecimento impressionante e cada vez maior, os psiquiatras eram, na maior parte das vezes, incapazes de ajudar os doentes mais graves.

Impotência

A rotina matinal no hospital de Sainte-Anne em Paris era mais ou menos assim em 1952:

Os chefes das principais alas do hospital, bem-vestidos, visitavam a sala de espera e examinavam o que a noite tinha trazido à sua porta. A sala de espera apresentava uma rica variedade de tudo o que podia dar errado com a mente humana. Médicos encontravam exemplos de todo tipo de loucura e identificavam os que se encaixassem no tema de alguma pesquisa em andamento. Essa análise matinal, escreveu um médico de Sainte-Anne, era "como ir às compras no mercado da doença mental".

Os casos mais interessantes eram separados para os pesquisadores que sabidamente mais os estudavam. Os casos menos severos, com mais chance de serem tratados, eram levados ao Departamento Livre para pacientes voluntários ("voluntários" era um termo equivocado; poucos iam por conta própria, a maioria era levada pela polícia ou pela família). Os casos mais difíceis acabavam em departamentos mais restritivos, um para homens, outro para mulheres, as alas com portas trancadas, onde poderiam ser cuidadosamente monitorados e, se necessário, contidos.

Em algum outro lugar do hospital, nessas manhãs do início dos anos 1950, caminhando pelos corredores ou marchando pelo campo, seguido por um séquito de subalternos, encontrava-se o diretor do Sainte-Anne, Jean Delay. Ele era uma figura baixinha, mas que sabia se impor, um verdadeiro intelectual nos moldes da metade do século XX, perspicaz em muitos sentidos, interessado em várias coisas e cético até não poder mais. "Dos psiquiatras franceses, era o mais brilhante, o que mais guardava segredos, o mais discreto, o mais sensível e o mais rigoroso", escreveu um colega após a sua morte. Delay era um verdadeiro "artista da medicina".

Quando jovem, queria ser escritor, e além de trabalhar com saúde mental, escreveu catorze obras literárias, incluindo romances e biografias bem recebidas pela crítica, um esforço que o levaria a ser eleito para o ápice intelectual da literatura e do pensamento, a Academia Francesa.

E assim Delay, uma figura vigorosa, trajando um terno escuro e elegante, supervisionava o Sainte-Anne, avaliando a cena como quem observa à distância, analisando, medindo e transformado o fluxo intenso de pacientes em fatos objetivos, guardando os sentimentos para si, concentrando-se nas pesquisas nas quais podia ajudar, buscando resultados mensuráveis.

Delay era correto, cuidadoso e preciso em tudo. Freud e seus seguidores haviam criado a moda da psicanálise e a cura pela fala, e neuróticos endinheirados agora podiam se aliviar falando sobre seus sonhos e sua vida sexual, mas Delay sabia que essas coisas nada significavam num hospício. Seus pacientes tinham problemas mais profundos, com uma raiz provável nas disfunções físicas do seu cérebro. Delay acreditava que casos severos de doença mental vinham da biologia, não da experiência pessoal. Ele era, em seu tempo, um revolucionário que queria libertar a psiquiatria do pensamento pouco nítido de Freud e de suas teorias não comprovadas, procurando torná-la uma ciência de verdade, com base em medições e estatísticas, capaz de ocupar orgulhosamente um lugar ao lado de campos aceitos da medicina. Ele acreditava que as chaves seriam encontradas nos tecidos e nas substâncias do cérebro.

Mas o seu brilhantismo e suas crenças não tiveram muito resultado em termos de cura. Esse fracasso vinha do mesmo problema que todos os psiquiatras encaravam: afinal, ninguém sabia o que causava a loucura. Encontrar curas, portanto, era quase impossível. Os psiquiatras acabavam tentando quase qualquer terapia na esperança de encontrar algo que funcionasse, mas nada parecia alterar a trajetória da loucura profunda. Muitos diretores de hospício e membros da equipe desanimaram depois de anos batendo a cabeça na parede; era comum que enfermeiros ficassem deprimidos, e houve até casos de suicídio. Eram resultado da incapacidade de ajudar quem mais precisava de auxílio. Um dos principais assistentes de Delay sentia-se assim após uma década trabalhando no Sainte-Anne: "O que aprendi em quase dez anos não me ajudou em nada a tratar as doenças mentais [...]. Eu era apenas um observador impotente".

Bela tranquilidade

O jovem agitado, que se jogava de um lado para outro, já tinha entrado e saído duas vezes no Val-de-Grâce, e nas duas circunstâncias os médicos do hospital militar de Laborit fizeram tudo o que podiam: ministraram sedativos, tratamentos anestésicos e de coma insulínico, e 24 horas de sessões de eletrochoque. "Jacques Lh", como era chamado nos relatórios, respondia aos tratamentos, se acalmava e recebia alta. Poucas semanas depois, ele estava de volta, descontrolado, violento e ameaçador. Dessa vez, em janeiro de 1950, resolveram tentar algo novo: a droga experimental de Laborit, o RP-4560. Ninguém sabia o quanto devia ser ministrado. Para os pacientes de cirurgia, Laborit descobriu que cerca de cinco a dez miligramas funcionavam bem. Então os psiquiatras do Val-de-Grâce deram a Jacques dez vezes essa dose. Em poucas horas, o jovem caíra no sono. Quando acordou, para a surpresa do médico, o rapaz permaneceu calmo por dezoito horas antes de retornar à mania. Deram mais uma dose da droga de Laborit, e outra, com a frequência que julgaram necessária, em níveis que esperavam que fizessem efeito. Incluíram alguns sedativos e mais alguns medicamentos que achavam que poderia ajudar. E então, algo estranho aconteceu. Os períodos de calma de Jacques ficaram mais longos. Ao final de três semanas, a sua condição tinha melhorado de forma tão radical que, conforme os relatos, ele se mostrava racional o bastante para jogar bridge. Então recebeu alta.

Quando um relato desse caso incomum envolvendo um remédio experimental foi publicado mais tarde naquele ano, causou um pequeno frisson nos círculos psiquiátricos. Alguns médicos estavam ansiosos para testar a droga de Laborit. Mas outros ficaram profundamente desconfiados — tanto em relação à ideia geral de que houvesse uma terapia com remédios para a doença mental (havia uma longa e ininterrupta história de remédios fracassados, e o único método que parecia funcionar era pôr os pacientes para dormir) quanto em relação ao próprio Laborit. Ele podia ser brilhante, mas também era visto como um pouco arrogante e cheio de si. Andara publicando os seus sucessos com o RP-4560 nas cirurgias, promovendo a sua abordagem de hibernação artificial. Sugerira de forma bastante contundente que a droga podia ser usada no campo da saúde mental. Porém, Laborit não era psiquiatra, não tinha treinamento na área, e estava longe de ser um especialista. Para os principais psiquiatras da França, ele era um cirurgião com umas ideias esquisitas. E o que os cirurgiões sabem da mente humana?

Ainda assim, resultados interessantes foram produzidos. O RP-4560 chegou pouco a pouco à comunidade médica, sendo avidamente distribuído pelo fabricante, Rhône-Poulenc, aos médicos interessados. Ao longo de 1951, o RP-4560 foi experimentado em vários pacientes com diversos problemas, e um número surpreendente dava sinais de melhora. Ajudou a aliviar a coceira e a ansiedade num paciente com eczema. Conteve o enjoo de uma grávida. E parecia funcionar numa vasta gama de doentes mentais: foi testado em neuróticos, psicóticos, deprimidos, esquizofrênicos e catatônicos — até mesmo em pacientes que supostamente tinham problemas psicossomáticos. As doses eram estabelecidas por tentativa e erro; a duração do tratamento era incerta. Às vezes o remédio não causava efeito nenhum. Mas muitas outras vezes ajudava.

E em alguns casos os efeitos pareciam ser milagrosos.

Agora, o necessário era realizar testes em grande escala, conduzidos por especialistas de boa reputação. Era o começo de um ano que um historiador da psicologia batizou de "Revolução Francesa de 1952".

Jean Delay, assim como Laborit, interessava-se pela ideia geral do choque. Mas muito mais pelos efeitos mentais benéficos de vários tipos de choque. Os tratamentos com choque eram a moda da vez nos hospícios. Em 1952, o foco era o eletrochoque (mais conhecido como eletroconvulsoterapia, ou ECT). Mas havia outras técnicas que usavam drogas ou até mesmo induziam febres para criar o efeito de choque. Em certos casos, por motivos que ninguém de fato entendia, esses tratamentos levavam a melhoras consideráveis. Mas só em alguns casos. Com frequência, o choque não trazia nenhum bem.

Delay queria algo melhor. Ele foi um dos primeiros a propor a ECT. Vira alguns pacientes com doenças mentais graves emergindo de sessões de ECT com claros sinais de melhora e mais funcionais. Mas até sob as condições mais cuidadosas, ainda havia muitos problemas. No início, a ECT era quase bárbara, e muitas vezes perigosa. Os pacientes se sacudiam e agonizavam enquanto a eletricidade os atingia. Alguns tinham espasmos tão fortes que quebravam ossos. Alguns morriam.

Delay, sempre em busca de tratamentos biológicos, também estava mais disposto que a maioria dos psiquiatras a experimentar as drogas. A sua equipe testou várias substâncias para tratar depressão e catatonia. O próprio Delay teve experiências com LSD logo depois que a droga foi descoberta, e no início da década de 1950 sua equipe testou os efeitos da mescalina tanto em pacientes normais quanto em doentes. As drogas eram ferramentas úteis, pensava Delay.

Sainte-Anne era um bom lugar para testar coisas novas. Um dia, no final de 1951, um dos principais assistentes de Delay, Pierre Deniker, chegou contando que seu cunhado, um cirurgião, ouvira falar de novos métodos para prevenir o choque que estavam sendo testados no hospital militar. O sujeito responsável pelos testes, um tal Laborit, dizia que pacientes ficavam calmos e passivos após serem resfriados com gelo e receberem um coquetel de drogas. O cunhado disse a Deniker: "Você pode fazer o que quiser com eles". E Deniker, assim como Laborit, pensou em tratar doentes mentais com a droga. Talvez pudesse acalmar os mais agitados, confusos e violentos. O Sainte-Anne começou a experimentar o remédio de Laborit, o RP-4560. O primeiro paciente foi Giovanni A., um trabalhador de 57 anos trazido pela polícia em março de 1952, delirante e incoerente. Estava perturbando as ruas e os cafés de Paris, usando um vaso de flores na cabeça e gritando coisas sem sentido para as pessoas. Parecia ser esquizofrênico, ou seja, incurável.

Sob a supervisão de Deniker, ele recebeu uma dose do RP--4560, foi deitado e resfriado com pacotes de gelo. Giovanni parou de gritar. Ficou calmo, pareceu cair num estado de estupor, como se estivesse vendo tudo de longe. Adormeceu. No dia seguinte, repetiram o procedimento. Ele permaneceu tranquilo enquanto recebia doses regulares da droga. E gradualmente melhorou. Seus surtos de gritaria diminuíram. Depois de nove dias, ele era capaz de ter uma conversa normal com os médicos. Após três semanas, recebeu alta.

Ninguém no Sainte-Anne nunca vira nada parecido. Era como se Giovanni tivesse recuperado a sanidade perdida — como se Giovanni, o incurável, estivesse curado. Deniker rapidamente experimentou a droga nova em mais pacientes. De início, imitou a abordagem de resfriamento de Laborit, baixando a temperatura dos pacientes com pacotes de gelo após a injeção, usando tanto gelo que os serviços de farmácia tiveram dificuldades com o estoque. Mas as enfermeiras, irritadas com a atenção constante exigida pelo gelo, sugeriram testar o RP-4560 sem o resfriamento. Descobriram que não precisavam do gelo; com pacientes mentais, só a droga já funcionava bem.

As enfermeiras adoraram o RP-4560. Uma ou duas injeções transformavam até o paciente mais difícil e perigoso num cordeirinho tranquilo. Deniker e Delay as respeitavam; eles sabiam que tinham deparado com algo especial quando a enfermeira-chefe se aproximou deles, impressionada, e perguntou: "Mas que droga nova é essa?". Não dava para enganar as enfermeiras.

Delay ficou pessoalmente interessado no trabalho do colega, e muitas vezes postou-se ao lado de Deniker. Expandiram os testes. Cada caso era cuidadosamente acompanhado e os resultados registrados com meticulosidade.

E padrões passaram a emergir. Sim, o RP-4560 ajudava pacientes a dormir, mas não como um sonífero tradicional. Não os derrubava. Deixava-os "mergulhados numa doce indiferença", como disse Delay — conscientes, mais capazes de se comunicar, porém distantes da loucura. Com esse distanciamento, também vinha a capacidade de raciocinar: com o tempo, a droga deixava os pacientes menos confusos e mais coerentes.

Começaram a experimentar em casos mais severos no Sainte-Anne, incluindo os incuráveis, pacientes que estavam trancafiados havia anos, sofrendo de depressão profunda, catatonia (condição na qual os pacientes paravam de se mover ou responder), esquizofrenia e muitos tipos de psicose que não respondiam a outras terapias. Em todos os casos, notou-se que a droga tinha "um efeito calmante poderoso e seletivo".

Um grande problema com os profundamente loucos era que os médicos simplesmente não conseguiam falar com eles. Sem essa comunicação, as terapias eram limitadas. A verdadeira revolução começou quando vários pacientes do Sainte-Anne — não todos, mas muitos — passaram a falar com seus médicos. Eles recobraram a razão. O RP-4560 fazia mais do que apenas acalmar os pacientes, ele "dissolvia delírios e alucinações", contou impressionado um médico. "Ficamos impressionados e cheios de entusiasmo com os resultados", lembrou-se outro.

Quase tão importante quanto o efeito nos pacientes foi o efeito na equipe. Médicos e enfermeiras dos hospícios, habituados ao ruído constante nas alas dos fundos, pontuado por surtos e gritos, viram-se num novo mundo, muito mais silencioso e calmo, onde o progresso era possível. Acostumados a aceitar que vários pacientes nunca seriam curados, os membros da equipe de repente se viram capazes de se comunicar, de progredir em diversos casos, de dar esperança aos pacientes.

Os casos mais tocantes envolviam incuráveis que haviam ficado anos trancafiados, destinados a morrer no hospício. Quando receberam suas primeiras doses do RP-4560 e começaram a recuperar a consciência, era como se Rip Van Winkle estivesse acordando. Ao recuperarem a capacidade de fala, pela primeira vez em anos, e ao ouvirem a pergunta "Em que ano nós estamos?", eles respondiam com a data que deram entrada no Sainte-Anne. Agora, de volta ao mundo, compreendiam o que lhes tinha acontecido, passavam a se comunicar, a ouvir algo além de vozes em sua cabeça, a participar da terapia ocupacional, a falar de seus problemas. Começaram a sarar.

Esses efeitos eram tão impressionantes que ninguém fora do Sainte-Anne teria acreditado se Delay não os anunciasse como algo real. A eminência intelectual de Delay e sua reputação como pesquisador cuidadoso exigiam atenção. Ele mostrou os primeiros resultados com o RP-4560 num belo dia de primavera de 1952, na mansão elegante da Académie Nationale de Chirurgie, na Rue de Seine. Havia uma curiosidade intensa, e na plateia estavam os mais importantes psiquiatras e psicólogos da França. Delay deu uma palestra clara e elegante que impressionou os ouvintes e desencadeou uma tempestade de interesse.

Estranhamente, porém, Delay deu crédito a vários outros pesquisadores, mas não mencionou o nome de Laborit. Laborit e seus colegas no hospital militar ficaram ofendidos pelo menosprezo, e isso foi o começo de uma pequena batalha pessoal e profissional por crédito científico que duraria anos. O fato é que ambos mereciam crédito: Laborit estimulou a criação do RP-4560 e sugeriu o seu valor; o trabalho de Delay o legitimou no tratamento psiquiátrico e o apresentou ao mundo.

Entre maio e outubro de 1952, Delay e Deniker publicaram seis artigos detalhando seus primeiros testes em dezenas de pacientes que sofriam de mania, psicose aguda, insônia, depressão e agitação. Um retrato ia tomando forma: esse foi um avanço importante no tratamento de alguns distúrbios mentais, mas não todos. Era valioso sobretudo no tratamento de mania, confusão e possivelmente esquizofrenia. Mas não funcionava para a depressão. E, como todos os remédios, tinha efeitos colaterais: se fosse ministrado em excesso, os pacientes ficavam muito sonolentos, indiferentes, sem emoções — a droga podia transformá-los em zumbis.

Mais e mais médicos passaram a pedir amostras da droga experimental, e a Rhône-Poulenc ficou feliz em atendê-los. Foi testada em toda a França, e então se espalhou pelo resto da Europa. Apareceram relatórios falando de uma vasta gama de efeitos, muitos fora da área da psiquiatria. Como Laborit descobrira, era útil para preparar pacientes para a cirurgia e parecia amplificar os efeitos dos anestésicos, permitindo que as doses fossem reduzidas. Auxiliava na terapia do sono, diminuía a cinetose, além da náusea e dos vômitos das grávidas. E todos concordavam que, aparentemente, era muito segura.

Rhône-Poulenc não sabia o que fazer com todas essas boas notícias. O RP-4560 fazia tantas coisas que a empresa não conseguia se decidir como comercializá-lo. Então o colocaram à venda no outono de 1952, anunciando algo vago, "um novo modificador do sistema nervoso", um pouco como um narcótico, um pouco como um hipnótico, um sedativo, um analgésico e um antivomitivo, e um amplificador de anestésico, tudo no mesmo pacote. Isso sem contar os efeitos positivos nas doenças mentais. Era bom para cirurgiões, obstetras e psiquiatras. Que nome comercial se escolhe para um remédio como esse? Algo vago, algo que sugerisse grandes coisas. Então foi lançado como Megaphen na França e Largactil (*large action*, grande ação) no Reino Unido. Mas a maioria dos médicos o chamava pelo seu novo nome químico, clorpromazina (CPZ).

Psiquiatras e outros profissionais da saúde mental esperaram décadas por uma droga milagrosa, algo que fizesse pela doença mental o que o antibiótico fazia em relação às infecções, os anti-histamínicos em relação às alergias, e a insulina sintética em relação à diabetes. A CPZ parecia ser o que tanto eles aguardavam.

Isso tudo aconteceu antes da realização de testes com animais adequados, antes de qualquer conhecimento de como a CPZ funcionava no corpo, e sem saber também se a longo prazo se mostraria segura.

Êxodo

A Rhône-Poulenc vendeu os direitos americanos do remédio para uma indústria farmacêutica agressiva e em ascensão, a Smith, Kline & French (SKF), que o preparou para ser testado pela FDA. "Eles eram muito espertos", disse um pesquisador a respeito do trabalho da empresa. A SKF enviou o remédio à FDA para tratamento de náusea e vômito, e não disse nada sobre a saúde mental. Isso fez com que o remédio fosse aprovado com facilidade; a FDA deu sinal positivo poucas semanas depois de receber o material, na primavera de 1954. Após a aprovação da FDA, a CPZ foi considerada segura, e os médicos podiam receitá-la para o que quisessem (essa prática de prescrever algo para uma doença à qual não é dirigida se tornou uma parte importante da comercialização de outros medicamentos). A SKF deu ao remédio o nome um tanto vago: Thorazine. E começaram a promover agressivamente o seu uso em hospitais psiquiátricos.

Agora o trabalho da SKF era vender o remédio não ao público, mas aos médicos americanos. Eles se esforçaram ao máximo nisso, lançando uma campanha de marketing que se tornou lendária. Trouxeram Delay e Deniker de avião da França para dar palestras; criaram uma força-tarefa com cinquenta membros, que organizaram encontros médicos, fizeram lobby com administradores de hospitais e montaram eventos para legislaturas estatais, destacando o uso possível da droga para diminuir a lotação dos hospícios. Garantiram que cada novo artigo apontando os efeitos positivos da CPZ teria muitos leitores, encorajaram pesquisas e até produziram um programa de TV, *The March of Medicine*, no qual o próprio presidente da SKF falava dos efeitos do novo remédio.

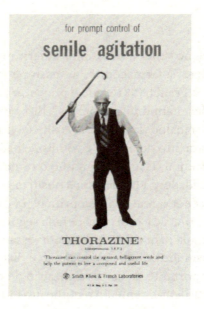

Propaganda do Thorazine.

O Thorazine "decolou como um foguete", de acordo com a lembrança de um diretor da SKF. O departamento de relações públicas da empresa estava a todo vapor, divulgando a droga para jornais e revistas. "Droga-prodígio de 1954?", perguntava uma matéria da *Time*. O entusiasmo era movido por experiências reais. As histórias passavam de médico para médico. Havia um doente mental que não tinha falado uma palavra em trinta anos e, depois de duas semanas de Thorazine, disse aos seus cuidadores que a última coisa da qual se lembrava era estar no alto de uma trincheira na Primeira Guerra Mundial. E então ele perguntou ao médico: "Quando vou sair daqui?".

"Isso", comentou o médico, "foi um verdadeiro milagre."

Havia o caso de um médico que leu a história nos jornais, viu o remédio fazendo efeito e fez uma segunda hipoteca da casa para investir todo o dinheiro em ações da SKF. Era um bom investimento: o novo remédio foi um sucesso. Em 1955, o Thorazine foi responsável por um terço das vendas da empresa, que teve de contratar mais funcionários e montar novas instalações de produção para lidar com a demanda.

Era apenas uma amostra do que viria a seguir. Em 1958, a revista *Fortune* classificou a SKF como a segunda empresa mais lucrativa nos Estados Unidos com base no capital investido. A receita da firma aumentou seis vezes entre 1953 e 1970, com o Thorazine representando a maior fatia do capital. A SKF tornou a investir boa parte desse lucro no setor de pesquisa, construindo um laboratório de ponta para descobrir outros remédios para a mente. Outras empresas fizeram o mesmo.

E de repente, por todos os lados, havia drogas para a mente. A expressão "drogas para a mente", usada neste livro, não abrange toda substância que pode afetar o humor ou o estado mental, o que incluiria tudo, desde o seu café matinal até o seu drinque à noite, junto com praticamente qualquer outra droga que possa ser comprada na rua. Os novos medicamentos psiquiátricos, que apareceram pela primeira vez na década de 1950, são remédios legais, desenvolvidos por indústrias farmacêuticas especificamente para tratar distúrbios mentais.

A CPZ foi a primeira, em 1952, e virou o primeiro remédio da família que agora chamamos de "antipsicóticos". Depois dela, em 1955, veio o Miltown, o primeiro tranquilizante de uso contínuo para tratar de ansiedade leve. Miltown foi descoberto por acaso, quando um pesquisador procurava algo para preservar a penicilina e notou que os seus ratos de laboratório pareciam bem relaxados. Virou uma sensação nos Estados Unidos, um "martíni em pílula" que tirava o estresse, e logo foi adotado pelas estrelas de Hollywood — poucos anos depois, Jerry Lewis fazia piadas sobre o Miltown ao apresentar o Oscar —, além de executivos e donas de casa nos subúrbios.

Outros "tranquilizantes leves", como Librium e Valium, vieram na sequência, dando início a uma moda popular que os Rolling Stones chamaram de "Mother's Little Helper" [O ajudante da mãe].

Então, um pesquisador suíço, trabalhando no início da década de 1950 para tratar a tuberculose, notou que alguns dos seus pacientes acamados e deprimidos pela doença estavam dançando pelos corredores depois de ingerir uma de suas drogas experimentais. Chamava-se iproniazida, e virou um dos primeiros antidepressivos, chegando ao mercado no final da década de 1950 e abrindo as portas para o Prozac e uma avalanche de outros antidepressivos nos anos 1980 e 1990.

Os psiquiatras, que até poucos anos atrás não tinham drogas para os piores sintomas das doenças mentais, de repente dispunham de várias famílias de medicamentos para escolher. Surgiu uma nova área de pesquisa, a psicofarmacologia. Movidos pelo tipo de marketing agressivo dirigido a médicos que a SKF aperfeiçoara com o Thorazine, todos esses novos remédios tiveram seu momento de destaque ao passar pelo ciclo Seige — tranquilizantes viraram as drogas mais associadas aos anos 1960 e 1970; antidepressivos se tornaram os remédios do momento na década de 1980 e 1990; e a família cada vez maior de antipsicóticos, que hoje incluem Seroquel, Abilify e Zyprexa, está entre os remédios mais vendidos dos Estados Unidos.

Por que todos esses remédios psiquiátricos apareceram de repente na década de 1950? Talvez tivesse alguma coisa a ver com a necessidade da sociedade de lidar com a dor e o estresse da Segunda Guerra Mundial, ou o desejo de escapar do conformismo da era Eisenhower. Fosse qual fosse o motivo, as novas drogas mentais mudaram a atitude americana em relação à ingestão de comprimidos. Agora os fármacos não eram mais algo que você só tomava para enfrentar um problema sério de saúde: você podia tomá-los depois do trabalho para relaxar, ou ao longo do tempo para mudar sua capacidade de lidar com a realidade cotidiana. As drogas mentais da década de 1950 prepararam o palco para a chegada das drogas recreativas da década de 1960, quando alucinógenos mais coloridos, que expandiam a consciência, viraram uma febre. As drogas mentais mudaram a cultura norte-americana.

E com certeza revolucionaram a saúde mental. A intensidade da propaganda da SKF para o Thorazine ajudou a transformar essa droga num sucesso em hospitais públicos. De início, os psiquiatras demoraram a aceitar que um comprimido fosse capaz de resolver problemas mentais, pois achavam que o caminho para a saúde mental era através da terapia da fala de Freud, e não dos remédios. Muitos psiquiatras argumentaram que o Thorazine simplesmente mascarava os problemas subjacentes, não os corrigia. Começou uma divisão na comunidade da saúde mental, com psicoterapeutas — seguidores de Freud, muitas vezes atendendo em particular, lidando com um paciente por vez, muito bem remunerados — de um lado, e médicos de hospícios — muitas vezes em hospitais públicos, não tão bem pagos, lidando com dezenas ou centenas de pacientes — do outro. Os freudianos estavam encarregados de boa parte da infraestrutura profissional da psiquiatria na década de 1950, e "posso afirmar que os pioneiros da psicofarmacologia eram vistos como fraudes e charlatões", contou um dos pioneiros das drogas. "Fui acusado de não ser muito diferente daqueles sujeitos que vendiam óleo de cobra no Velho Oeste." Era inacreditável a ideia de que um comprimido pudesse ser usado para tratar um órgão tão complexo e misterioso, de ajuste tão fino, quanto o cérebro humano. Aqueles que promoviam tais curas químicas inconcebíveis não pareciam melhores do que os velhos vendedores que anunciavam seus produtos em shows de medicina em cidades pequenas.

Foram os psiquiatras dos hospícios que puderam avaliar de fato o que a CPZ era capaz de fazer. Foi uma droga revolucionária, algo realmente novo, que dava esperança. À medida que pacientes profundamente enfermos iam recuperando a capacidade de fala, pela primeira vez desde o início da doença, diziam aos seus cuidadores: "Agora consigo lidar melhor com as vozes" e "isso me fez recuperar o foco". Alguns ainda ouviam vozes e sofriam de alucinações, mas esses sintomas já não os incomodavam tanto. Podiam conversar sobre o que estavam vivenciando. Eram pessoas funcionais.

À medida que o uso da CPZ se espalhava, as camisas de força iam sendo guardadas nos armários. Pacientes antes incapazes de se comunicar começavam a se abrir. Um médico recordou o caso de um homem catatônico que passara anos em silêncio, todo curvado numa postura que lembrava uma coruja. Poucas semanas depois de tomar o remédio, cumprimentou normalmente o médico e pediu bolas de bilhar. Quando as recebeu, começou a fazer malabarismos.

"Olha, não dá para imaginar", disse outro, que adotou o remédio logo que surgiu. "Era o impensável — alucinações eliminadas por um comprimido! [...] Era tão novo e maravilhoso." Em 1957, alguns hospitais psiquiátricos passaram a gastar 5% do seu orçamento em CPZ.

E então houve o êxodo.

Por dois séculos, o número de pacientes subira de forma inexorável. Mas, no final da década de 1950, para a surpresa de quase todos, pela primeira vez na história o número passou a diminuir.

Os dois motivos eram: remédios e política. Os remédios, claro, eram a CPZ e todos os antipsicóticos que a imitaram depois. Graças a eles, médicos podiam controlar os sintomas dos pacientes, para que eles pudessem sair dos hospitais e voltar para as famílias e comunidades. Muitos conseguiam até se manter nos empregos. Ao contrário dos opiáceos ou soníferos, era quase impossível ter uma overdose com essas novas drogas. Ninguém gostaria de ter uma overdose, de qualquer maneira, porque antipsicóticos não provocavam euforia. Simplesmente permitiam que os pacientes atenuassem os seus sintomas o bastante para terem vidas funcionais. Não eram drogas de abuso. Então, em vez de ficar anos num hospício, agora os pacientes podiam ser diagnosticados, tratados, recebiam uma receita e eram liberados.

A política veio dos responsáveis pelo orçamento estatal e municipal, que estavam havia muito tempo preocupados com os custos cada vez maiores dos hospitais psiquiátricos. Tirar os pacientes dos hospícios era uma situação positiva para todos: os pacientes podiam viver suas vidas e os contribuintes se livravam de uma conta altíssima. Se houvesse menos hospícios, o peso no imposto seria menor e sobraria dinheiro para outros programas. Parte do dinheiro seria direcionada para conselhos comunitários, que acompanhariam pacientes que tinham recebido alta havia pouco, a fim de garantir que eles continuassem usando o remédio e (esperava-se) de observar o sucesso deles em se reintegrar à sociedade. O resto poderia ser usado em outras prioridades, como a educação.

A era da saúde mental com base na comunidade tinha começado, e os velhos hospícios ficaram vazios. Milhares de pacientes recebiam alta a cada ano, muitos com uma receita de CPZ. Em 1955, havia mais de meio milhão de pacientes nos hospitais estaduais e municipais dos Estados Unidos. Em 1971, o número tinha sido cortado quase pela metade. Em 1988, já era de um terço. Os gigantescos hospícios, com suas áreas verdes, foram derrubados ou transformados em hotéis de luxo.

Os primeiros anos dessa mudança foram estranhos. Médicos que achavam que nunca poderiam ajudar pacientes esquizofrênicos agora os viam voltar para as suas vidas. Pacientes esquizofrênicos que nunca se imaginaram saindo do hospício de repente tentavam reconstruir a vida que tinha sido despedaçada anos antes.

Não era nada fácil. Segundo relatou um médico, pacientes repentinamente liberados descobriam que seus maridos e esposas estavam casados com outras pessoas, que estavam desempregados e que sua capacidade de lidar com situações difíceis, embora melhorada pelo tratamento, não era a mesma de antes da internação. Tudo dependia da ingestão dos remédios; se não tomassem, voltariam às ruas, o que de fato aconteceu com vários deles. Enquanto muitos pacientes de alta conseguiam se reintegrar aos seus lares e comunidades, outros não eram capazes. A situação piorava quando agências governamentais não ofereciam orçamentos adequados para o tratamento da saúde mental na comunidade.

O êxodo se intensificou após 1965, quando os novos programas do sistema de saúde, Medicare e Medicaid, ofereceram cobertura para lares de idosos, mas não para cuidado psiquiátrico especializado em manicômios estatais. Isso significava que dezenas de milhares de idosos com doenças mentais, muitos deles com Alzheimer, foram transferidos de hospitais para lares de idosos, e o custo foi transferido do orçamento estatal para o federal. O uso de antipsicóticos nesses lares disparou. Assim como o custo do Medicare.

O sonho de reintegrar pacientes à sociedade começou a ruir. Um número cada vez maior de pacientes jovens, especialmente aqueles que se viam incapazes de viver com as famílias, acabaram na cadeia. Hoje, mais da metade dos prisioneiros do sexo masculino, de acordo com uma pesquisa recente, foi diagnosticada com doença mental, junto com três quartos das pacientes do sexo feminino. Moradores de rua mentalmente enfermos podem ser vistos em quaisquer cidades americanas, grandes ou pequenas.

Ainda estamos lidando com as consequências. O número de leitos nos hospitais psiquiátricos públicos — criados para ajudar os pobres — diminuiu radicalmente. Ao mesmo tempo, o número de leitos em locais privados — para os ricos — disparou.

A CPZ mudou a natureza do tratamento da saúde mental. Em 1945, cerca de dois terços dos pacientes na clínica Menninger, em Houston, faziam psicanálise ou psicoterapia. Em 1969, apenas 23% o fizeram. Na década de 1950, a maioria das faculdades de medicina americanas tinha poucos psiquiatras de meio expediente no corpo docente, e estes eram com frequência vistos como feiticeiros malucos pelos demais professores. Hoje, toda faculdade de medicina nos Estados Unidos tem um departamento completo de psiquiatria.

Não que muitas pessoas frequentem ainda um psiquiatra. Você não precisa disso para conseguir uma receita para uma droga mental. Em 1955, praticamente qualquer pessoa que procurasse um clínico com um problema mental grave era logo encaminhada para um psiquiatra (que provavelmente a colocaria para fazer análise). Hoje, a maioria dos clínicos gerais está disposta (e muitas vezes é capaz) de diagnosticar eles mesmos os problemas e receitar um comprimido. Na década de 1950, botavam a culpa nos pais pela esquizofrenia, em mães que eram emocionalmente frias e no ambiente doméstico. Atualmente, a doença é vista como uma disfunção bioquímica que tem pouco a ver com os pais. Em 1955, esperava-se que as pessoas com ansiedade e depressão leves, preocupações comuns ou disfunções comportamentais, dificuldade em prestar atenção, ou qualquer outro dos milhares de problemas mentais menores, resolvessem seus transtornos com a ajuda da família e dos amigos. Agora a maioria toma remédios.

Para o bem ou para o mal, a CPZ mudou tudo.

Dez anos depois de chegar ao mercado, a CPZ era consumida por 50 milhões de pacientes. Mas hoje quase não é usada.

Foi ultrapassada por novas fórmulas que dominaram o mercado, uma evolução motivada pelo lado negativo da CPZ. Quanto mais o remédio era usado nas décadas de 1950 e 1960, mais pacientes apareciam com efeitos colaterais estranhos. Havia o problema das "pessoas roxas", quando a pele de pacientes que recebiam doses altas ganhava uma cor cinza-violácea. Outros ficavam com feridas na pele ou sensíveis ao sol. Em alguns, a pressão caía bastante. Outros desenvolviam ainda icterícia ou enxergavam as coisas fora de foco.

Esses problemas eram relativamente pequenos. Esperavam-se efeitos colaterais de qualquer novo medicamento, e a maior parte dos efeitos da CPZ podia ser corrigida com uma dosagem mais adequada. Porém, algo mais perturbador surgiu. Médicos ao redor do mundo descobriram que alguns dos seus pacientes de longa data, talvez um em cada sete — a maioria tomando doses elevadas —, passavam a sofrer de espasmos frequentes. Suas línguas saíam para fora, os lábios batiam, as mãos tremiam, o rosto se contorcia. Não conseguiam parar quietos, se sacudindo de um lado para outro. Caminhavam tremelicando. Para alguns médicos, esses sintomas pareciam indicar encefalite ou mal de Parkinson. A condição, chamada de discinesia tardia, era muito grave. Mesmo quando os médicos reduziam a dosagem, os sintomas persistiam por semanas ou meses. Em alguns pacientes, não cessavam nem quando a droga era interrompida por completo.

Então as indústrias farmacêuticas passaram a buscar o próximo grande antipsicótico, algo que fizesse o mesmo que a CPZ, mas com mais benefícios e menos efeitos colaterais. Em 1972, havia vinte no mercado. Mas nenhuma droga dessa primeira leva era melhor que a usada por Laborit e Delay.

Na década de 1960, Jean Delay estava no ápice da carreira. O seu trabalho com a CPZ mudara o mundo da medicina. Ele era amplamente respeitado e recebia um número cada vez maior de honrarias.

Então, no dia 10 de maio de 1968, tudo desabou. A Revolução de Maio em Paris levou milhares de estudantes às ruas, e alguns decidiram invadir o escritório de Delay no Sainte-Anne. Eles acreditavam que a loucura não era biológica, como pensava Delay, mas uma construção social usada para impor a conformidade. Delay simbolizava o establishment, os poderes que usavam a CPZ como uma camisa de força química para controlar quem julgassem indesejável. Delay representava tudo que havia de errado com a psiquiatria e a sociedade. Os estudantes invadiram o escritório do homem célebre e gritaram suas ideias para ele, esvaziaram suas gavetas, jogaram seus papéis para o alto e se recusaram a ir embora. Ocuparam os espaços de Delay por um mês. De acordo com alguns rumores, chegaram a arrancar os diplomas das paredes e os venderam como butim de guerra na quadra da Sorbonne (na verdade, uma das filhas de Delay foi ao escritório e convenceu um dos guardas estudantis a deixá-la levar a maioria dos diplomas para casa). Quando Delay tentava dar uma aula, eles ocupavam a sala, jogando xadrez e fazendo comentários grosseiros. Era um repúdio público humilhante ao trabalho de sua vida.

Isso o derrubou. Delay abandonou seu posto e nunca retornou.

Laborit floresceu à sua própria maneira. Nunca superou o ressentimento por Delay ter diminuído a sua participação na criação da CPZ, um rancor que guardou pelo resto da vida. Mas recebeu muitas honrarias por conta própria — incluindo um prêmio Lasker de medicina, o mais prestigioso depois do Nobel —, e se tornou uma espécie de herói sem papas na língua. Seus cabelos compridos, de acordo com a moda da época, seus indomáveis comentários sobre a psiquiatria e o belo visual gaulês lhe renderam um momento de estrela de cinema, quando interpretou a si mesmo no filme de Alain Resnais, *Meu tio da América*, de 1980.

Os antipsicóticos não apenas esvaziaram os hospícios e mudaram a prática da psiquiatria. Também abriram as portas para estudos do cérebro que continuam a abalar as nossas ideias sobre quem somos.

A grande questão que percorreu a década de 1950 era: como a CPZ faz o que faz? Foram necessárias uma década de pesquisa e uma grande mudança na maneira como vemos o funcionamento do cérebro para encontrar a resposta.

Antes da CPZ, a maioria dos pesquisadores enxergava o cérebro como um sistema elétrico, uma central telefônica muito complexa, com mensagens piscando sobre os fios (os nervos). As coisas davam errado quando os fios se enrolavam. Tratamentos como a ECT reiniciavam o sistema. As lobotomias podiam cortar uma seção defeituosa do cabeamento.

Depois da CPZ, os cientistas perceberam que o cérebro era menos uma central telefônica e mais um laboratório químico. O truque era manter as moléculas da mente bem equilibradas. As doenças mentais foram redefinidas como "desequilíbrios químicos" do cérebro, com escassez ou excesso de uma substância ou outra. As drogas mentais funcionavam restaurando o equilíbrio químico.

Muitos anos de pesquisa intensiva mostraram que a CPZ alterava os níveis de um tipo de moléculas chamadas neurotransmissores, que são essenciais para levar impulsos de uma célula nervosa à outra. Ao usar drogas como a CPZ como ferramentas para estudar a química cerebral, pesquisadores já identificaram mais de cem neurotransmissores diferentes; a CPZ afetava níveis de dopamina e vários outros. Pesquisadores de outras indústrias farmacêuticas começaram a achar mais antipsicóticos que afetavam diferentes conjuntos de neuro-transmissores em graus variáveis.

No fim da década de 1990, uma nova leva de antipsicóticos começou a aparecer no mercado com nomes como Abilify, Seroquel e Zyprexa. Esses antipsicóticos "de segunda geração" não eram assim tão diferentes dos de primeira, incluindo a CPZ, mas ofereciam um risco menor de discinesia tardia. Foram comercializados de forma eficaz como uma grande revolução. E por serem um tanto mais seguros, mais médicos se sentiram confortáveis para prescrevê-los a mais pacientes, às vezes indicando-os para tratar doenças para as quais nunca foram aprovados pela FDA, como estresse pós-traumático em veteranos de guerra, problemas alimentares em crianças, ansiedade e agitação em idosos. Lares de idosos, prisões e orfanatos começaram a usar as drogas para manter as pessoas quietas e sob controle. Por volta de 2008, antipsicóticos deixaram de ser remédios específicos, usados quase exclusivamente em doentes mentais graves, e entraram na lista dos medicamentos mais vendidos do mundo.

Quanto mais se estudam drogas como a CPZ, mais elas revelam os mistérios químicos do cérebro. E quanto mais aprendemos sobre o cérebro incrivelmente complexo que carregamos conosco, menos parecemos entendê-lo. O cérebro humano é o único órgão no corpo que faz o sistema imunológico parecer simples. Mal começamos a longa jornada para compreender a consciência.

Talvez mais importante do que isso, de um ponto de vista cultural, é como as drogas mudaram o sentido de quem somos e como nos relacionamos com a medicina. Se os nossos humores, emoções, capacidades mentais são apenas coisas químicas na natureza, bom, então podemos mudar tudo a partir da química. Com as drogas. Os nossos estados mentais deixaram de ser quem somos. São sintomas que podem ser tratados. Se estamos ansiosos, podemos tomar um remédio para isso. Se estamos deprimidos, outro remédio. Problemas para se concentrar? Outro.

É claro que as coisas não são tão simples. Mas muitas pessoas agem como se fossem.

INTERLÚDIO
A era de ouro

"O médico que acabava de se formar e que começaria a praticar medicina na década de 1930 contava com mais ou menos uma dúzia de remédios de eficácia comprovada que tinham de ser usados para tratar uma multiplicidade de diferentes doenças que ele encontrava todos os dias", escreve o historiador da medicina James Le Fanu. "Trinta anos depois, quando o mesmo médico estava para se aposentar, essa dúzia de remédios tinha virado mais de 2 mil medicamentos."

Esses trinta anos, que vão mais ou menos da metade da década de 1930 até meados da década de 1960, marcaram o que os historiadores chamam de "era de ouro" do desenvolvimento farmacêutico. Foram nesses anos que muitos dos gigantes da indústria farmacêutica surgiram, contratando batalhões de químicos, toxicologistas e farmacologistas, construindo enormes laboratórios de ponta, montando vários escritórios repletos de especialistas em marketing e advogados de patentes. Dessas empresas que cresciam com rapidez, vinha um fluxo de curas aparentemente milagrosas: antibióticos, antipsicóticos, anti-histamínicos, anticoagulantes, drogas antiepilépticas, remédios para o câncer, hormônios, diuréticos, sedativos, analgésicos — as possibilidades pareciam ser infinitas.

Graças aos antibióticos e às vacinas, cientistas médicos dominaram muitas das doenças infecciosas que assombraram a humanidade desde o começo dos tempos, e continuavam trabalhando para enfrentar outras. Os antipsicóticos e a nova pesquisa sobre neurotransmissores abriram novas áreas de estudo e abordagens sobre a questão da saúde mental. Agora os cientistas se preparavam para atacar os últimos grandes assassinos: as doenças cardíacas e o câncer.

Mas foi então, no ápice do sucesso, que as indústrias farmacêuticas começaram a ficar preocupadas. Muitos dos avanços revolucionários da era de ouro surgiram mais ou menos por acaso, por exemplo, quando o anti-histamínico malsucedido foi usado para prevenir o choque cirúrgico e acabou, de forma inesperada, levando ao surgimento de antipsicóticos, ou quando um conservante de penicilina se revelou um bom tranquilizante. Esses golpes de sorte — historiadores gostam de usar a palavra "serendipity", uma feliz descoberta do acaso — levaram a um lucro de bilhões de dólares, e, na sequência, essas empresas criaram centenas de remédios similares, aumentando ainda mais o lucro. Então, elas tornaram a investir boa parte desse lucro em pesquisa e desenvolvimento, com a noção de que uma pesquisa mais direcionada e bem organizada poderia levar a novos grandes avanços. Esses golpes de sorte do passado dariam espaço a um tipo de pesquisa mais racional e dirigida, não baseada em experimentações com substâncias, na espera de que algo de bom saísse dali, mas de uma compreensão muito maior do corpo e do que ocorre quando surge uma doença. Você descobre o que há de errado no corpo, identifica os processos envolvidos em nível molecular, e então desenvolve remédios para combater isso. Essa seria a abordagem que abriria a nova era de ouro e, nos anos 1960, parecia que ela estava logo ali no horizonte.

No entanto... havia indícios de que as coisas não ocorreriam como se esperava. Tome, por exemplo, o caso dos antibióticos. Todas as maravilhas realizadas por esse tipo de remédio pareciam ter atingido uma espécie de limite natural. As bactérias que os antibióticos enfrentavam eram criaturas relativamente simples. Elas só podiam atacar certo número de alvos: a parede celular (onde a penicilina agia), o sistema de processamento de alimentos (onde a sulfa atuava) e assim por diante. Para criar mais antibióticos, seria necessário descobrir mais pontos de ataque. E estes não eram infinitos. Mesmo quando se encontrava um, a bactéria tinha uma habilidade enlouquecedora de encontrar maneiras de enfrentar os antibióticos, levando à resistência. Será que haveria um fim dos antibióticos?

Sim, houve. Durante os trinta anos entre a descoberta da sulfa e o fim da década de 1960, doze novas *classes* de antibióticos chegaram ao mercado, cada uma contendo muitas variantes de nomes comerciais. Cinquenta anos depois disso, só duas novas classes foram acrescentadas. E pouco dinheiro está sendo investido no desenvolvimento de novos antibióticos. Isso parece algo trágico, levando em conta o problema crescente de resistência a antibióticos, e é — mas também há bons motivos para isso.

Por um lado, é porque todas as frutas mais baixas da árvore já foram colhidas — todos os alvos fáceis foram identificados e resolvidos. E por outro, o motivo é financeiro. Encontrar novos antibióticos é caro, e o benefício é relativamente baixo. Uma aplicação do antibiótico certo remove em poucas semanas as bactérias causadoras da doença, e depois disso o paciente não precisa de mais remédios. Isso significa que as vendas acabam e que as indústrias farmacêuticas têm poucos incentivos para continuar procurando novos antibióticos.

O mesmo conceito de um número limitado de alvos se aplica também ao corpo humano. Somos muito mais complexos que as bactérias, é claro, às vezes de maneira impressionante (como no cérebro e no sistema imunológico). Mas a complexidade não é infinita. Quanto mais os cientistas aprenderam sobre as operações moleculares do corpo, mais puderam ver que aqui, também, o número de alvos para as drogas tem um limite. Podem estar longe de atingir esses limites, mas de qualquer maneira eles existem. E quando todos os alvos das doenças sérias forem identificados e os remédios para tratá-los forem desenvolvidos, por que alguém precisaria de novas drogas?

Ao mesmo tempo, o custo crescente para desenvolver novos medicamentos significa que as gigantescas indústrias farmacêuticas precisam mais do que nunca de remédios que vendam bastante. Então começou a ocorrer uma leve mudança em direção a drogas que não salvavam vidas — como tranquilizantes, por exemplo —, mas as deixavam mais confortáveis. A próxima grande era do desenvolvimento, a mais rica na história farmacêutica, seria menos focada na quantidade de vida e mais na sua qualidade.

7.
Sexo, drogas e mais drogas

Existem milhares de drogas disponíveis, mas só uma é conhecida universalmente como "a Pílula". É uma droga estranha: não alivia sintomas, como os analgésicos, nem salva vidas, como o antibiótico. O seu desenvolvimento tem raízes tanto no ativismo social como na pesquisa médica, e sua importância para a saúde não é nada perto do seu enorme impacto cultural. A Pílula revolucionou os hábitos sexuais, abriu uma vasta gama de oportunidades para as mulheres e — de formas que vão muito além de praticamente qualquer outro remédio — mudou o nosso mundo.

Antes da Pílula, os prazeres do sexo eram quase inevitavelmente ligados à concepção. A criação da vida ainda era vista por muitas pessoas como algo ligado tanto à esfera divina quanto à medicina. Isso não impediu que, ao longo da história, pessoas tentassem romper a ligação entre fazer sexo e ter filhos. Na China antiga, as mulheres bebiam soluções de chumbo e mercúrio para tentar impedir a gravidez. Na Grécia clássica, sementes de romã eram usadas como anticoncepcional (prática ligada à deusa Perséfone, que comeu uma semente de romã quando estava aprisionada no submundo, o que a obrigou a retornar ao Hades durante seis meses por ano, gerando os meses inférteis do inverno). Mulheres europeias na Idade Média penduravam testículos de doninha nas coxas, grinaldas de ervas, amuletos de ossos de gatos; experimentavam fermentações e óleos com sangue menstrual; caminhavam três vezes ao redor de um lugar onde uma loba grávida houvesse urinado — tudo na esperança de impedir a gravidez. Não apenas porque a gravidez e o parto fossem as principais causas de ferimento e morte entre as jovens, ou porque a gravidez fora do casamento fosse um pecado. Engravidar significava o fim da independência, uma restrição de oportunidades e o começo da responsabilidade doméstica que duraria a vida toda. Tudo que pudesse evitar isso, não importa quão absurdo, valia a pena.

Mesmo depois de os cientistas se envolverem no assunto, a situação não melhorou muito. Nos séculos XVIII e XIX, a biologia da gravidez — tudo o que ocorria dentro do ventre da mulher durante os nove meses entre a concepção e o parto — era uma caixa-preta, um mistério quase absoluto. A gravidez em si podia ser evitada pela abstinência de sexo, é claro. Mas, fora isso, os únicos êxitos em prevenir a concepção vinham ao equipar homens com formas iniciais de camisinhas, profiláticos pouco confiáveis, feitos de tudo, desde intestinos picados de ovelha a sacos de linho amarrados ao redor do pênis com fitas coloridas.

Em 1898, Sigmund Freud escreveu: "Teoricamente, um dos maiores triunfos da humanidade seria elevar a procriação a um ato voluntário e deliberado". Ele falou em nome de um número cada vez maior de especialistas que, na virada do século XX, via bons motivos para o controle da natalidade: a ameaça crescente de fome em massa devido ao excesso populacional, um movimento cada vez maior a favor da igualdade de direitos para as mulheres, e um desejo de muitos líderes de racionalizar e dominar o que pareciam ser impulsos incontroláveis, com resultados indesejados — e isso incluía o sexo.

Entre as pessoas deste último grupo estavam os representantes da Fundação Rockefeller nos Estados Unidos, que na década de 1930 começaram a investir parte dos seus enormes recursos financeiros na nova área de biologia molecular. Um dos motivos pelos quais esse esforço atraía tanto os empresários quanto os cientistas era que prometia uma melhor compreensão da relação entre biologia e comportamento. "Psicobiologia" era uma das palavras do momento.

Havia muitas razões para fazer esse investimento. Os anos entre as duas Guerras Mundiais foram de agitação política e social, depressão econômica e uma preocupação crescente com a ameaça comunista, a criminalidade urbana, o declínio moral e o desgaste dos laços sociais. Os representantes da Fundação Rockefeller queriam compreender melhor o papel da biologia, encontrar as raízes genéticas da criminalidade e da doença mental, tornar claras as ligações entre moléculas, ações e emoções. O que estava em jogo era mais que pura ciência; os homens poderosos que dirigiam e aconselhavam a Fundação também queriam usar o que aprenderam para criar um mundo mais racional e menos impulsivo, menos apto a desmoronar — e, como benefício adicional, um mundo mais favorável aos negócios. Os primeiros passos no mundo do controle biológico e social — passos um tanto quanto desconcertantes — foram incluídos pela Fundação num programa que batizaram de "A ciência do homem", no final dos anos 1920. Como escreve a historiadora da ciência Lily Kay: "A motivação por trás do investimento enorme na agenda política [da Fundação Rockefeller] era desenvolver ciências humanas como uma moldura compreensiva, explicativa e aplicada de controle social com base nas ciências naturais, médicas e sociais".

Entre as muitas coisas que a Fundação financiou estavam as investigações sobre a biologia do sexo. Hormônios sexuais apenas começavam a ser compreendidos. Todos sabiam que, na puberdade, o corpo humano passava por grandes mudanças, adquiria pelos em novos lugares, tornava-se fértil e desenvolvia um fascínio pelo sexo. Muitas dessas transformações pareciam ser moderadas por moléculas no sangue que transportavam mensagens das glândulas para outros sistemas orgânicos. Essas moléculas — hormônios — começavam a se infiltrar na puberdade, e então viravam uma baderna absoluta nas mulheres durante a gravidez. Nas décadas de 1920 e 1930, os pesquisadores apenas começavam a entender por que e como isso tudo acontecia, e quais eram os principais agentes.

Uma dica importante veio de Ludwig Haberlandt, um fisiologista austríaco magro, intenso e bigodudo que usou os fundos da Fundação Rockefeller para financiar o seu trabalho de pesquisa sobre os hormônios. Por exemplo: nos anos 1920, era bem sabido que, após engravidar, uma mulher não engravidaria de novo até que desse à luz. Em termos científicos, ela ficava temporariamente estéril. Quando grávidas, fêmeas param de ovular (de liberar ovos para serem fertilizados). Haberlandt descobriu que podia fazer isso acontecer no laboratório, sem a gravidez, ao transplantar para cobaias fêmeas, que não estavam prenhes, pedaços de ovários das grávidas. Esses pedaços de tecido pareciam liberar algo, uma espécie de mensageiro químico — Haberlandt achou que fosse provavelmente um hormônio — que impedia a ovulação. Ele fez com que as cobaias fêmeas ficassem temporariamente estéreis. E ele sabia muito bem qual era seu objetivo: isolar aquele hormônio, purificá-lo e produzir uma pílula anticoncepcional.

Mas ele era um homem à frente do seu tempo. Os laboratórios relativamente primitivos e as tecnologias químicas disponíveis no final da década de 1920 não estavam aptos a estudar biomoléculas no nível de sofisticação necessário; essa falta de boas ferramentas e o estágio inicial da pesquisa científica sobre a química da gravidez diminuíram a velocidade do processo. Mas isso não o impediu de publicar suas ideias. Em 1931, ele escreveu um livro curto que delineava, "em detalhes incomuns", de acordo com um especialista, "a revolução anticoncepcional de cerca de trinta anos mais tarde". Haberlandt é frequentemente chamado de "o avô da Pílula".

Naquele tempo, seu trabalho gerou uma tempestade de críticas na Áustria. "Acusado de um crime contra a vida dos nascituros", escreveu sua neta, "foi pego no fogo cruzado das ideias morais, éticas, eclesiásticas e políticas da época." Virou alvo daqueles que acreditavam que a procriação era trabalho de Deus, não algo que os humanos devessem tentar controlar. Apenas um ano após a publicação de seu livro tão presciente, Haberlandt se suicidou.

Outras pessoas deram continuidade ao seu trabalho. Dentro de poucos anos, nada menos do que quatro grupos de pesquisa isolaram a molécula que ele buscara, o hormônio progesterona. Outros pesquisadores deram prosseguimento a essa descoberta, tentando compreender como esse hormônio agia no corpo. Durante a década de 1930, cientistas entenderam como a progesterona e outros hormônios sexuais como a testosterona e o estradiol são gerados. Estão todos relacionados. Fazem parte da família química dos esteroides, e são todos formados por anéis de carbono de cinco e seis lados, com diferentes cadeias laterais encaixadas. Químicos dos esteroides chamam os anos 1930 de a "Década dos Hormônios Sexuais". Então veio a Segunda Guerra Mundial, deslocando as prioridades de pesquisa para as necessidades militares. O investimento diminuiu e a pesquisa foi freada. No período imediatamente posterior à guerra, o importante era ter muitos filhos, não impedir nascimentos. Um dos poucos cientistas que continuaram trabalhando bastante com a questão química da contracepção foi Gregory Pincus, um dos fundadores de um grupo de pesquisa privado, a Worcester Foundation for Experimental Biology, em Massachusetts, em 1944. Assim como Haberlandt, Pincus e seu colega, Min Chueh Chang, um imigrante chinês, estavam fascinados pelos hormônios que podiam interferir na ovulação.

No início da década de 1950, seus esforços receberam um grande impulso de energia e dinheiro graças ao trabalho de uma ativista social chamada Margaret Sanger. Essa figura lendária conquistou notoriedade mundial por sua luta pelos direitos das mulheres, especialmente pelo direito ao voto e o controle de natalidade. Ela fora presa após abrir a primeira clínica de controle de natalidade nos Estados Unidos em 1916, defendeu o caso no tribunal, fundou a organização que se tornaria, mais tarde, a Planned Parenthood, e incentivou outras mulheres a se unirem à causa. O trabalho dela recebeu apoio de uma velha amiga, Katharine McCormick, igualmente dedicada aos direitos das mulheres e herdeira da imensa fortuna da International Harvester. McCormick, uma das mulheres mais ricas do mundo, destinou boa parte do seu dinheiro às causas defendidas por Sanger.

Sanger e McCormick, que estavam na faixa dos setenta anos, entraram em contato com Gregory Pincus em 1951. As duas mulheres sentiam que havia chegado a hora de uma

Margaret Sanger. Bain News Service, 1916.

tentativa final e definitiva de elaborar um anticoncepcional. Seus motivos incluíam um desejo de acabar com os abortos de fundos de quintal; tornar o controle de natalidade seguro, confiável e acessível em termos financeiros; e uma crença de que as mulheres, e não os homens, deveriam decidir se e quando engravidariam.

Não ia ser fácil. Os Estados Unidos eram a terra das leis Comstock, um pacote de medidas elaborado em 1873 com o objetivo de suprimir literatura obscena e "Artigos de Uso Imoral". As leis Comstock tinham sido usadas em 1917 para fechar a primeira clínica de planejamento familiar de Sanger no Brooklyn, apenas dez dias depois de aberta. Por décadas, Sanger e McCormick haviam combatido sucessivos ataques baseados nas leis Comstock, uma paixão legislativa em nível estadual e local que visava erradicar todas as formas de comportamento imoral e obsceno. As leis foram usadas para banir a venda de anticoncepcionais em 22 estados, e para tornar ilegal em trinta estados a exibição de propagandas de controle de natalidade. Em Massachusetts, onde Pincus pesquisava, por causa das Comstock, dar uma só pílula anticoncepcional a uma mulher podia resultar numa multa de mil dólares ou cinco anos de cadeia. E as leis também proibiam a realização de testes de controle de natalidade no país.

Sanger e McCormick foram à guerra contra o sistema. Se fosse preciso, questionavam as leis e buscavam caminhos alternativos. E financiaram a ciência necessária para que o controle de natalidade funcionasse. Depois de alguma discussão com Pincus sobre a possibilidade de controles químicos para a gravidez, Sanger aderiu à sua pesquisa e McCormick passou a apoiar o trabalho dela na Fundação Worcester. O investimento financeiro fez o trabalho de Pincus evoluir mais rapidamente. Ele se reuniu com John Rock, um ginecologista que também pesquisava hormônios sexuais, e passou a se concentrar na progesterona como uma via para desenvolver uma pílula anticoncepcional.

Katharine McCormick, sra. Stanley McCormick. Bain News Service.

Desde o início houve problemas. Um deles era que a progesterona, produzida em pequenas quantidades nos ovários dos animais, era difícil de colher e purificar. Muitas vacas, ovelhas e outros animais tiveram que ser sacrificados para extrair um pouquinho do hormônio, o que tornava a progesterona pura muito cara — mais cara, grama a grama, do que o ouro.

Um segundo problema é que a progesterona não se deslocava de forma muito eficiente do estômago para a corrente sanguínea. Quase nada da substância era absorvida pelo corpo quando ingerida pela boca. Isso significava que seria difícil fazer comprimidos. Se quisessem usar uma pílula de controle de natalidade, teriam que encontrar alguma espécie de substituto químico.

A resposta para a primeira questão — a escassez e o custo da progesterona — veio do México, onde uma pequena empresa farmacêutica chamada Syntex encontrou um meio de purificar esteroides a partir de uma cepa local de inhame gigante. A Syntex tinha sido fundada em 1944 por um pioneiro e imaginativo químico americano de esteroides chamado Russell Marker ("um sujeito valente", como disse certo colega), que estava trabalhando em métodos para transformar esteroides de plantas (plantas também fabricam esteroides, mas estes precisam ser alterados quimicamente para serem ativos nos humanos) em produtos mais valiosos. Ele percorreu o mundo em busca de plantas que produzissem grandes quantidades da matéria--prima de que ele precisava. No final de 1941, encontrou o que procurava num livro de botânica, na forma de uma planta estranha encontrada perto de certo riacho no México. Uma imagem que acompanhava o texto mostrava uma raiz que se projetava acima do solo. Os nativos a chamavam de *cabeza de negro*, uma espécie de inhame mexicano com um tubérculo do tamanho da cabeça de uma pessoa — ou maior. Uma só raiz podia pesar mais de noventa quilos. Marker foi para a Cidade do México, pegou uma série de ônibus lotados e ruidosos até Córdoba, e no caminho cruzou o riacho do qual ouvira falar. Perto do riacho havia uma loja. Marker convenceu o dono a ajudá-lo a encontrar amostras de *cabeza de negro*.

Localizou a raiz, mas o resto foi meio que um fiasco: ele não tinha licença para colher as plantas; mesmo assim, juntou algumas raízes, mas suas amostras foram roubadas; teve de subornar um policial para reaver uma única raiz — uma grande que pesava 22 quilos. Ele a contrabandeou para os Estados Unidos e começou a testá-la. A planta produzia boas quantidades da matéria-prima necessária. Ele descobriu uma maneira nova de transformar esse material em progesterona. E começou a procurar uma empresa farmacêutica grande para financiar seu esquema de produção de progesterona e outros esteroides a partir da *cabeza de negro*.

Ninguém mordeu a isca. Então Marker e outros parceiros abriram a própria empresa, a Syntex, no México. Ele botou o dono da loja para coletar e secar cerca de dez toneladas da raiz. Depois conseguiu pessoas no laboratório para extrair o material que ele desejava. E acabou com três quilos de progesterona — o maior número já produzido até então —, uma pequena fortuna de hormônios.

Com uma abundância de progesterona disponível, abriu-se uma porta para uma pesquisa acelerada.

O passo seguinte foi colocar o hormônio que bloqueia a ovulação na corrente sanguínea. Cientistas da Syntex passaram a fazer experimentos, criando novas versões sintéticas da progesterona. Uma, chamada progestina, agia como a progesterona, impedindo a ovulação, e — isso que mais importava — ela conseguia sair incólume do estômago, o que a tornava muito ativa quando recebida por via oral.

Essa era quase a última peça do quebra-cabeça. Mas ainda faltava algo. Estudos com animais mostraram que a progestina, embora eficaz, também era potencialmente perigosa, porque às vezes desencadeava sangramento uterino anormal. A solução veio de outro desses acidentes que parecem acontecer com frequência na pesquisa de remédios, quando os pesquisadores notam alguma coisa intrigante, e então tentam desvendar o enigma. O paradoxo era o seguinte: quando estavam purificando os hormônios semelhantes à progestina, descobriram que quanto mais puros eram os preparos — ou seja, quando eram mais cuidadosos ao filtrar todas as substâncias contaminantes —, pior era o sangramento. Isso não fazia o menor sentido, a não ser talvez se houvesse um contaminante que inibisse o sangramento. Então voltaram e estudaram as preparações mais antigas e menos puras, e descobriram que elas tinham uma pequena quantidade de outro hormônio, o estrogênio. Testes posteriores provaram que um pouco da molécula de estrogênio junto com a progestina ajudava a controlar o sangramento. Isso virou parte da receita para a Pílula.

Reunindo toda essa informação, Pincus e outros pesquisadores financiados por Sanger em Worcester pensaram ter finalmente encontrado a solução: uma pílula de controle de natalidade que atravessava o intestino e liberava o medicamento na corrente sanguínea, composto em sua maior parte de uma versão da progestina, com um toque de uma variação sintética do estrogênio, que impedia o sangramento. Tinha chegado a hora de realizar os testes clínicos em mulheres.

O último desafio foi de caráter legal. Não podiam testar o anticoncepcional em mulheres nos Estados Unidos por causa das leis contra a administração de contraceptivos. Se Pincus e Rock quisessem fazer testes em humanos, precisariam ir a um local onde as leis Comstock não valessem. Foram a Porto Rico, que oferecia, como um historiador resumiu, "uma mistura perfeita de excesso de população e nenhuma lei proibitiva". Lá, na primavera de 1956, no conjunto habitacional Río Piedras, a primeira versão experimental da Pílula foi distribuída a centenas de mulheres.

Os testes de Porto Rico viraram uma espécie de escândalo. Mulheres receberam o remédio sem as informações adequadas sobre possíveis efeitos colaterais (até porque se sabia pouco do assunto) e sem nenhuma chance real de um consentimento informado. Após o início dos testes, quando as mulheres começaram a aparecer, relatando dores de cabeça, náusea, tontura e coágulos de sangue, muitas dessas histórias pessoais foram descartadas como provenientes de "historiadores não confiáveis". O próprio Pincus deixou de lado muitos relatos de efeitos colaterais menores, considerando-os resultado de "hipocondria". Mas os efeitos colaterais eram verdadeiros. Uma mulher porto-riquenha morreu de ataque cardíaco durante os testes.

Para Pincus e outros pesquisadores, a questão do consentimento era menos importante do que o fato de que a Pílula funcionava de forma brilhante. A FDA foi rápida em aprovar o Enovid (o nome comercial dessa primeira fórmula) em 1957, mas não para a prevenção de gravidez. Para conseguir se desviar das Comstock, a ideia de impedir a gravidez era evitada ou considerada um efeito colateral. O remédio foi oficialmente aprovado para regular a menstruação — uma classificação que era precisa e evitava a menção de controle de natalidade, tornando o remédio disponível nos estados com as leis Comstock. Em 1960, quando a FDA finalmente deu a aprovação oficial para o uso da Pílula como controle de natalidade, centenas de milhares de mulheres já a tomavam. E depois da aprovação completa, a droga realmente disparou. Em 1967, 13 milhões de mulheres ao redor do mundo já haviam consumido alguma forma da Pílula. O número de usuárias hoje, com fórmulas muito mais aprimoradas, ultrapassa 100 milhões.

As atuais versões da Pílula surgiram, em parte, para lidar com o efeito colateral, como os problemas de coração nas mulheres jovens, incluindo um aumento significativo no risco de ataque cardíaco. Embora o número total de mulheres sofrendo de doenças graves no coração ainda seja relativamente pequeno — em boa parte porque, para início de conversa, os ataques cardíacos são raros entre as mulheres jovens —, o aumento do risco era muito real. Doenças cardíacas e com coágulos sanguíneos levaram a Noruega e a União Soviética a banir a venda da Pílula em 1962. O problema, embora menos severo nas novas fórmulas, ainda existe, e ninguém sabe ao certo por quê. Como escreveu recentemente um especialista, "o debate sobre os efeitos precisos de diferentes contraceptivos hormonais no sistema hemostático ainda continua".

Apesar dos efeitos colaterais, o uso da pílula disparou, desencadeando mudanças culturais profundas. Como se esperava, o medicamento desconectou o ato sexual de ter filhos. "A Pílula permitiu que homens e mulheres jovens adiassem o casamento sem precisar deixar o sexo de lado", como observou um artigo de jornal recém-publicado. "O sexo não precisava mais ser empacotado com dispositivos de comprometimento", como alianças de casamentos. Era o começo da Revolução Sexual.

Num nível mais profundo, a pílula abriu novas oportunidades para as mulheres. Assim que puderam controlar a gravidez, começaram a organizar tipos diferentes de vida. Um estudo mostrou que depois que a pílula passou a ser amplamente usada nos anos 1970, o número de mulheres na pós-graduação ou que investiam em carreiras profissionais aumentou radicalmente. A proporção de advogadas e juízas, por exemplo, subiu de 5% em 1970 para quase 30% em 2000. Apenas 9% dos médicos eram mulheres em 1970; o número era de quase 30% em 2000. O mesmo padrão existe para dentistas, arquitetas, engenheiras e economistas.

A Pílula não fez isso tudo sozinha, mas teve um papel importante. Antes de sua aparição, o padrão antigo que as mulheres americanas seguiam era terminar o ensino médio e casar imediatamente ou alguns anos mais tarde, adiando o casamento apenas tempo suficiente para obter um diploma de graduação. Claudia Goldin e Lawrence Katz descobriram em 2002 que, após o advento da Pílula, a idade do primeiro casamento das mulheres começou a subir, acompanhando a taxa de sua participação em programas de pós-graduação.

Em certo sentido, isso completa a ligação entre os homens da Fundação Rockefeller, que pretendiam usar a biologia como uma ferramenta para lidar com as infelicidades da sociedade na década de 1920, e o ativismo pelos direitos das mulheres de Margaret Sanger e Katherine McCormick. Ambos os grupos queriam usar o conhecimento científico cada vez maior do corpo e dos efeitos das drogas para atingir um fim social.

A diferença é que as mulheres queriam liberdade e escolha, enquanto os homens queriam controlar nossos impulsos rebeldes. A Pílula ofereceu às mulheres uma maneira de obterem o que desejavam. Agora, graças a um efeito colateral famoso, tinha chegado a vez dos homens.

Giles Brindley era um desses cientistas meio malucos, magro, de óculos, com o cabelo rareando. Era um pesquisador bem estabelecido e especialista no funcionamento do olho, mas também compositor musical e inventor de um instrumento que ele denominou de "fagote lógico".

Além disso, interessava-se muito por ereções, o que o levou a receber uma das notas de rodapé mais estranhas da história da ciência. Aconteceu em 1983, numa conferência de urologia em Las Vegas, quando Brindley entrou no palco vestindo um agasalho esportivo azul folgado, olhou para a plateia de cerca de oitenta pessoas e mostrou a sua última descoberta.

Seu tópico naquele dia, ele explicou com seu sotaque britânico, era a disfunção erétil, um assunto muito importante entre os urologistas na década de 1980. Na época, ninguém sabia exatamente como as ereções aconteciam, ou exatamente o que fazer quando elas não ocorriam. Ninguém tinha uma imagem clara de quais sistemas interagiam com outros, ou quais substâncias estavam envolvidas.

O que as pessoas sabiam é que muitos homens tinham dificuldades, e que essas dificuldades aumentavam com a idade.

As únicas respostas disponíveis naquela época eram mecânicas: uma gama de bombas, balões, talas de plástico e implantes de metal que precisavam ser inseridos cirurgicamente e depois bombeados, dobrados ou encaixados numa certa posição para criar uma ereção artificial. Pesquisadores iam longe na busca por soluções que fossem confortáveis para todas as pessoas envolvidas. Mas, na maioria das vezes, fracassavam.

Pode parecer divertido agora, mas o assunto não era motivo de riso para os milhões de homens que sofriam de algum grau de disfunção erétil. Para eles, tratava-se de um problema médico sério.

Então aparece Giles Brindley, polímata, tocador de fagote lógico e um dos últimos praticantes da antiga e honrável tradição de autoexperimentação médica. Desde Paracelso, com seu láudano, a Albert Hofmann, o químico suíço que descobriu o LSD, médicos ao longo da história com frequência testaram em si mesmos drogas experimentais antes de envolver pacientes inocentes.

Brindley, que estava na faixa dos cinquenta anos na época, andou fazendo experimentos com seu próprio pênis. Para ser mais específico, andou injetando drogas nele em busca de algo que quimicamente, e não mecanicamente, gerasse uma ereção. E conforme contou à plateia em Las Vegas, conseguiu progredir no projeto. Mostrou mais ou menos trinta slides dos efeitos. Mesmo numa reunião de urologia era algo aventuroso (pelo menos antes das redes sociais) ver um homem mostrar de forma tão tranquila imagens do próprio membro. Mas a plateia levou numa boa.

Até que Brindley se sentiu impelido a demonstrar os resultados. No final da projeção, contou ao público que logo antes de ir para a sala de conferências, ele tinha aplicado uma injeção em si mesmo no quarto de hotel. Ele saiu do palco e, para consternação geral dos presentes, colou a calça contra o corpo para mostrar os resultados.

"Nesse ponto", lembra-se uma pessoa da plateia, "eu, e acredito que todos no local, ficamos ansiosos [...]. Mal podia acreditar no que estava acontecendo no palco."

O professor olhou para baixo, balançou a cabeça e disse: "Infelizmente, isso não mostra direito os resultados". Então baixou as calças.

Não se ouviu um pio na sala. "Todos pararam de respirar", lembrou um participante. Brindley fez uma pausa dramática e disse: "Eu gostaria de dar a oportunidade aos membros da plateia para confirmarem o grau de tumescência". Com as calças na altura dos joelhos ele desceu do palco em direção ao público. Algumas mulheres na primeira fileira levantaram os braços e gritaram.

Os gritos delas pareceram ter despertado Brindley. Percebendo o efeito causado, ele ergueu as calças, retornou ao palco e encerrou a palestra.

A ideia de Brindley de usar uma seringa para injetar drogas no pênis nunca pegou, enquanto os aparatos de plástico e metal difundidos pelos outros pesquisadores sobrevivem, em grande parte, apenas como curiosidade médica. Todos foram substituídos por uma nova geração de remédios, liderados pela famosa pílula azul.

E tudo isso aconteceu — como costuma ocorrer no caso de descoberta de drogas — por acidente.

Sandwich, uma pequena cidade na costa sul da Inglaterra, é principalmente conhecida por sua câmara medieval bem conservada e por alguns agradáveis cafés para turistas. Também é lá que está a sede do centro de pesquisa da Pfizer, uma das maiores indústrias farmacêuticas do mundo. Em 1985, cientistas buscavam uma nova maneira de tratar a angina, a dor excruciante no peito e no braço causada pela redução do fluxo sanguíneo devido a uma doença no coração. A equipe de Sandwich queria encontrar um remédio que pudesse abrir as veias, de modo que o sangue fluísse mais facilmente para aliviar a dor causada pela angina.

Isso se revelou um problema difícil de solucionar. Vasos sanguíneos reagem a várias substâncias diferentes no corpo, e cada uma está ligada a uma série de reações — uma que desencadeia a produção de outra que desencadeia a produção de outra e assim por diante —, e cada acionamento em cascata provocava outros sinais químicos de outras partes do corpo. Mas os funcionários da Pfizer em Sandwich, destemidamente, seguiram em frente, concentrando-se nas reações que eles sabiam que estavam envolvidas, buscando outras que fossem novas, e procurando drogas que pudessem fazer as veias relaxar ao redor do coração, sem provocar efeitos colaterais terríveis.

Em 1988, após observarem milhares de substâncias possíveis, finalmente encontraram uma que parecia boa. Tratava-se da UK-94280, que funcionava bloqueando uma enzima que destruía outra substância, que por sua vez estava ligada ao processo de relaxamento das veias — tudo parte de um sistema impressionantemente complicado —, e parecia valer a pena testá-la em humanos. Então fizeram testes em pacientes com doenças nas coronárias.

E como a maioria dos remédios no início do desenvolvimento, foi um grande desastre. Como disse um pesquisador, a performance clínica inicial "estava abaixo das expectativas" — uma maneira educada de dizer que a droga experimental funcionava de forma errática e tinha efeitos colaterais demais. Doses mais altas provocavam de tudo nos pacientes, de indigestão a dores de cabeça insuportáveis.

E havia outro efeito colateral relacionado ao fluxo sanguíneo que afetava apenas os homens no grupo de testes: o UK-94280 provocava ereções. Poucos dias depois da dose, pacientes do sexo masculino relataram que, embora os sintomas do coração permanecessem iguais, sua vida sexual com certeza melhorara. "Nenhum de nós na Pfizer demos muita atenção a esse efeito colateral na época", conta um pesquisador. "Lembro-me de pensar que mesmo que funcionasse, quem gostaria de tomar um remédio na quarta-feira para ter uma ereção no sábado?"

Então, alguém em Sandwich percebeu que a oportunidade estava batendo à porta. Executivos de indústrias farmacêuticas como a Pfizer sempre estavam à procura do próximo grande sucesso. Era questão de criar a droga certa para o momento certo do mercado. Dava-se bastante atenção na década de 1980 ao maior dos mercados em potencial: os *baby boomers*, que estavam envelhecendo. Membros da geração pós-Segunda Guerra Mundial, responsáveis pelo maior aumento populacional na história, agora estavam na faixa dos quarenta anos de idade, já vislumbrando a aposentadoria. Quando isso acontecesse, os farmacêuticos queriam estar prontos com uma nova leva de remédios para os problemas do envelhecimento.

Ao longo da década, fundos de pesquisa investiram na busca de qualquer coisa que pudesse tratar as maiores enfermidades dos idosos: doença cardíaca, claro, mas também artrite, declínio mental, problemas renais, calvície, rugas, catarata e assim por diante. A ideia não era encontrar uma Fonte da Juventude em forma química, uma cura definitiva para essas condições, mas tratar os sintomas, diminuir a dor, reduzir a severidade, controlá-las, torná-las toleráveis — aumentar a qualidade de vida. Drogas como essas tinham ainda o benefício da longevidade — não tanto para os pacientes quanto para as prescrições. Remédios que atenuassem os sintomas de condições relativas ao envelhecimento não seriam tomados por um curto período, como um antibiótico, mas por um tempo indefinido, como comprimidos de vitamina. Seria possível lucrar por décadas a fio. Essas "drogas de qualidade de vida" eram onde estava o dinheiro de verdade. Um dos grandes problemas da meia-idade tardia era a disfunção erétil. Sessenta por cento dos homens na faixa dos sessenta anos tinham pelo menos um pouco de problema para ter ereção, e a porcentagem aumentava com a idade. Era um grande mercado em potencial. E então apareceu o UK-94280 e seu efeito colateral inesperado.

A Pfizer decidiu continuar trabalhando com o remédio. Só que o interesse da empresa deixara de ser a angina.

Como testar uma droga dessas para ver sua eficácia? Eis uma maneira: reúna um grupo de homens que sofrem de disfunção erétil, amarre um aparelho ao redor do pênis deles para medir comprimento e dureza, dê-lhes várias doses de UK-94280 e os deixe assistindo a filmes de pornografia. Os resultados, no jargão clínico, foram "encorajadores".

Então um pesquisador da Pfizer, Chris Wayman, construiu um "homem modelo" no seu laboratório em Sandwich, com interruptores elétricos no lugar de nervos e, no lugar da genitália, pedaços de tecido extraídos de homens impotentes. Cada pedaço de tecido era estendido entre dois pequenos cabides de metal ligados a um dispositivo que tomava medidas, e suspensos em um líquido. Era possível, dessa forma, medir tensão e relaxamento do tecido. O que Wayman buscava era o relaxamento. Vasos sanguíneos relaxados carregam mais sangue e são mais capazes de inchar o pênis.

Quando se adicionou o UK-94280 à solução e a eletricidade foi ativada, os vasos sanguíneos nos pedaços de tecido relaxaram, como precisariam fazer numa ereção. "Agora estávamos diante de algo que só podia ser descrito como especial", disse Wayman à BBC. A Pfizer deu à sua nova droga experimental o nome científico de sildenafila e continuou desenvolvendo-a para realizar testes em humanos.

Sua eficácia foi algo surpreendente. Ereções não são simples. Um pênis duro surge de uma comunicação entre mente e corpo, muito fluxo sanguíneo, e uma gama impressionante de reações químicas. A própria excitação parece paradoxal: em vez de ativar o pênis, ela abafa os sinais que mantêm o fluxo sanguíneo num mínimo. Em vez de bombear mais sangue, é como se abrissem as comportas de uma represa. Mas isso é só o começo. Você também precisa relaxar os vasos sanguíneos para que possam ser preenchidos e ficar rígidos. O processo de excitação manda sinais aos nervos dos vasos sanguíneos para dar início a uma reação em cadeia química; ao final da cadeia está a cGMP, uma molécula que o corpo produz para relaxar a musculatura lisa vascular e permitir o inchaço.

O sistema também precisa ser reversível, é claro, ou o sujeito, depois de excitado, andaria o dia inteiro com uma ereção tremenda. Algo precisa reverter o processo. O corpo faz isso ao produzir uma enzima que rompe a cGMP; quando o nível fica baixo o bastante, acaba a ereção.

E, descobriu-se, é aí que entra a sildenafila. Ela bloqueia a enzima que rompe a cGMP, permitindo que os níveis dessa substância crítica fiquem altos o suficiente para manter uma ereção. Funciona especialmente bem em homens cuja capacidade de produzir cGMP foi danificada, assim como em alguns pacientes cardíacos. Ela não causa ereções por conta própria — você ainda precisa de estímulos eróticos para isso —, mas as mantém depois que começaram.

Enquanto a Pfizer se preparava para lançar a sildenafila para o público, o Instituto Nacional de Saúde deu à empresa um grande presente. Em uma conferência de 1992 (mais tarde apoiada por um estudo muito influente publicado em 1994), especialistas decidiram expandir a definição médica da disfunção erétil. Ela não seria mais considerada o fracasso completo em atingir uma ereção (a antiga ideia de "impotência"), mas abrangeria qualquer incapacidade de atingir uma ereção adequada para "performance sexual satisfatória". Os detalhes do que isso significava ficavam a cargo dos médicos e seus pacientes. Com essa definição mais subjetiva e expansiva do que seria considerada uma doença diagnosticável, o universo dos homens com disfunção erétil se tornou muito mais amplo. O mercado pré-1992, de cerca de 10 milhões de homens impotentes, triplicou do dia para a noite, e incluía um quarto de todos os homens com mais de 65 anos.

Para a Pfizer, o momento não poderia ser melhor. Eles investiram dezenas de milhões de dólares para acelerar a testagem de sildenafila em milhares de homens. Os resultados "superaram nossas expectativas mais altas", disse um pesquisador. A droga fazia o que precisava ser feito e com um número impressionantemente baixo de efeitos colaterais. Agora era necessário apenas um nome comercial que aumentasse as vendas. A companhia revirou seus arquivos e apareceu com o nome Viagra, que surgira numa sessão de brainstorm algum tempo antes e fora arquivado à espera do remédio certo. Era perfeito, ao insinuar tanto a potência masculina (vigor) e águas que não paravam de correr (Niágara).

A Pfizer patenteou a droga em 1996 e obteve aprovação da FDA em 1998. Desde o início era evidente que a empresa tinha um sucesso nas mãos. O departamento de marketing fez a festa. No dia 4 de maio de 1998, a revista *Time* colocou o Viagra na capa, com um desenho de um homem mais velho (que lembrava vagamente o comediante Rodney Dangerfield) agarrando uma loira pelada enquanto ingeria a distintiva pílula azul de quatro faces da Pfizer. A manchete parecia algo saído do sonho da equipe de marketing e publicidade: "A Pílula da Potência: Sim, o Viagra funciona! E o frisson diz muito sobre os homens, as mulheres e o sexo". Na matéria, repórteres perguntavam: "Seria possível a existência de um produto mais adequado à psique americana, tão apaixonada por soluções fáceis, e sexualmente tão insegura?". É isso o que chamam de publicidade gratuita.

Impulsionadas por histórias entusiásticas e um tanto lúbricas da mídia, as vendas dispararam. No primeiro dia em que o Viagra ficou disponível, um urologista de Atlanta redigiu trezentas receitas para os pacientes. Alguns médicos aceleraram o processo, prescrevendo a droga em troca de cinquenta dólares, após exames por telefone com pacientes que eles jamais encontraram pessoalmente. Mais empresas de seguros de saúde começaram a cobrir os custos. O *New York Times* descreveu a situação como

A peculiar pílula do Viagra.

"a mais bem-sucedida apresentação de um remédio na história dos Estados Unidos". As ações da Pfizer subiram 60%.

E só melhorava. Dois anos depois de chegar ao mercado, o Viagra foi disponibilizado em mais de cem países; médicos faziam 30 mil prescrições por dia; mais de 150 milhões de pílulas foram vendidas no mundo todo, e o Viagra rendia 2 bilhões de dólares em vendas por ano. A "pílula azul" agora fazia parte do equipamento padrão da noite de um idoso.

Outras empresas viram o sucesso da Pfizer e entraram imediatamente no jogo. Os remédios Cialis e Levitra apareceram em 2003. Eram moléculas levemente diferentes que funcionavam mais ou menos da mesma maneira, com o mesmo objetivo, mas variavam em termos de efeitos colaterais e tempo de ação. O Cialis, por exemplo, fica mais tempo no corpo, permitindo que os homens tivessem mais de um dia de eficácia, em comparação com as cerca de quatro horas do Viagra.

Mas o Viagra continuou sendo o rei dos medicamentos para disfunção erétil, mudando padrões de comportamento sexual entre os idosos e dando origem a milhões de piadas — além de levantar algumas questões importantes. Uma delas dizia respeito à cobertura do seguro-saúde. Quando apareceu, o Viagra era coberto pela maioria dos planos de saúde (fato que não passou despercebido entre as mulheres: as pílulas anticoncepcionais não eram, em grande parte, cobertas pelos planos). Por que a saúde sexual dos homens era mais importante do que a das mulheres? Em 2012, a Secretaria de Saúde e Serviços Humanos do presidente Barack Obama respondeu a essa pergunta ao definir por lei que a maioria dos empregadores deveria cobrir os anticoncepcionais das mulheres nos planos de saúde com o Affordable Care Act. E alguns planos de saúde pararam de bancar o Viagra (embora muitos ainda o cubram).

Próxima pergunta: por que não havia um Viagra para mulheres também — algo que elas pudessem tomar para ter mais prazer sexual? As empresas farmacêuticas gastaram milhões em busca de um remédio assim, mas não encontraram nada até agora. A questão para as mulheres não é de disfunção erétil, mas frequentemente uma condição chamada de distúrbio de interesse/excitação sexual feminina (FSIAD, no inglês), que tem menos relação com o fluxo sanguíneo e mais com o desejo. Muitas das mulheres que sofrem disso (e até um quinto de todas as mulheres tem o distúrbio) não sentem desejo sexual nem fantasiam com sexo. Pesquisadores acreditam que isso esteja ligado a redes hormonais e de neurotransmissores no cérebro, e buscam soluções que serão menos parecidas com o Viagra e mais com antidepressivos.

Essas drogas levantam questões que existem há muito tempo da relação entre mente e corpo. Seria a disfunção sexual algo do corpo ou da mente? A impotência masculina — vista antes de 1990 como um problema psicológico difícil, enraizado na maneira como os pais criaram o garoto e nos traumas de infância — agora é considerada, em muitos casos, como um simples problema de bio-hidráulica corporal. É mais mecânico do que psicológico. A resposta sexual feminina parece ser um problema mais complexo, com uma ligação mais forte com a mente.

Tire suas próprias conclusões. Mas quando se trata de sexo, por enquanto, parece que homens são simples e mulheres, difíceis.

No início dos anos 2000, o Viagra continuou dominando o mercado. Homens continuavam comprando a pílula, sem se importar com o preço, que por sinal decolou. Uma pílula custava sete dólares quando o remédio foi lançado, e agora é aproximadamente cinquenta dólares. Por ser tão popular e caro, surgiu um mercado negro, com dezenas de farmácias clandestinas oferecendo as pílulas azuis sem receita e com desconto. Um estudo da Pfizer estimou que cerca de 80% dos sites que afirmam vender Viagra, na verdade, oferecem remédios falsificados, produzidos em fábricas sem licença para operar. Essas pílulas falsas continham, junto com uma quantidade variável de sildenafila, de tudo, desde talco e detergente até veneno para rato e tinta para estrada. Em 2016, autoridades polonesas atacaram um suposto local de produção para o mercado negro; atrás de um armário falso, investigadores descobriram passagens secretas e cômodos contendo mais de 1 milhão de dólares em máquinas para fabricar e empacotar remédios, além de 100 mil pílulas azuis falsificadas. Fecharam o lugar, mas outros surgiram. O Viagra falso é um grande negócio. Os compradores que se cuidem.

Demorou uma década para que a loucura do Viagra passasse. Muitos usuários perceberam que, apesar da pílula funcionar, ela também causava dores de cabeça, priapismo ocasional (ereções que continuavam por horas além do que deveria) e outros efeitos colaterais menores. Remédios rivais foram disponibilizados. E a novidade começou a desaparecer. Homens descobriam que uma ereção instantânea não era necessariamente a cura para todos os seus problemas sexuais. A química numa pílula pode ser ótima para a autoconfiança, mas não substituía a química numa relação.

Em 2010, quase metade dos homens que tinha receita para Viagra deixou de solicitá-la. As vendas de remédios para disfunção erétil começaram a diminuir um pouco naquele ano; o ápice foi em 2012, com mais de 2 bilhões de dólares em venda de Viagra, e então entrou em queda. A lua de mel chegara ao fim. Por volta da mesma época, acabou a validade da patente para o remédio fora dos Estados Unidos (e irá expirar nos Estados Unidos em 2020). Uma patente tradicional para um novo remédio nos Estados Unidos dura vinte anos a partir do momento em que a empresa a solicita, embora as firmas estejam virando especialistas em encontrar maneiras de estender esse período. Depois que acaba, no entanto, o remédio cai num "abismo de patente", como as pessoas da indústria chamam, e outras empresas ficam livres para fabricar a mesma droga. Versões genéricas surgem, a competição fica mais acirrada e os preços caem. Isso pode significar bilhões a menos em lucro para a empresa que deteve a patente original para o remédio.

A ascensão e queda do Viagra ensinam algumas lições. A primeira é que as indústrias farmacêuticas precisam de grandes sucessos como o Viagra para sobreviver. Uma droga bem-sucedida é algo raro: só uma pequena fração dos remédios testados em humanos acaba sendo aprovada pela FDA, e apenas um a cada três que chega ao mercado lucra o suficiente para pagar os custos de desenvolvimento. O custo de desenvolvimento é a chave do negócio: um novo remédio hoje demora uma ou duas décadas para ir da descoberta ao mercado, e engole, em média, mais de meio bilhão de dólares em investimento para conseguir chegar à farmácia, um custo que aumentou dez vezes desde a década de 1970. (Há uma discussão sobre como as empresas calculam e relatam esses valores, e se os números são tão altos quanto elas afirmam. Os números que apresentei aqui estão no meio do caminho.) Não importa como você calcule, é absurdamente caro encontrar um novo medicamento de sucesso. Os fabricantes precisam se concentrar em poucos grandes sucessos em potencial que possam pagar os custos de todos os que fracassam. O Viagra foi um desses casos. Assim como o próximo grande êxito da Pfizer, o remédio para artrite Celebrex — que também teve como alvo de marketing os *baby boomers* na terceira idade —, que gerou lucros ainda maiores. Empresas precisam de grandes sucessos para seguir lucrando e deixar os acionistas felizes.

A segunda lição é que a melhor maneira de obter um sucesso que dure bastante tempo é garantir que ele não cure nada. Nenhum dos grandes êxitos da Pfizer que acabo de mencionar curou a condição subjacente. Tanto a disfunção erétil quanto a dor nas juntas são dolorosas, de maneiras diferentes, porém nenhuma delas representa um risco à vida. Viagra e Celebrex tratam sintomas, não doenças.

Drogas de qualidade de vida que tratam sintomas podem ser prescritas constantemente; se um paciente para de tomá-las, os sintomas voltam. Então, lucra-se para sempre. Levando em conta os altos custos do desenvolvimento de remédios, é fácil compreender por que fabricantes buscam esse tipo de recompensa. A necessidade do lucro limita o tipo de drogas desenvolvido. Isso explica por que as indústrias farmacêuticas se esforçam muito pouco para encontrar antibióticos, dos quais necessitamos desesperadamente, e investem tanto dinheiro para encontrar drogas que tratam os sintomas do envelhecimento.

Não é como se as gigantes da indústria não estivessem procurando remédios que salvam a vida dos pacientes. Estão sim, especialmente no tratamento do câncer. Mas elas precisam de drogas de sucesso como o Viagra para financiar o processo.

E, afinal, salvar vidas não é tudo. "Mais do que qualquer outro remédio, o Viagra atiçou os desejos da cultura americana: juventude eterna, proezas sexuais, sem contar o anseio por uma solução rápida", opinou um ensaísta. "É a droga perfeita para a nossa época."

8.
O anel encantado

A busca das gigantes farmacêuticas pelo cálice sagrado do controle da dor — uma droga com todo o poder dos opiáceos mas sem o vício — não nos levou a um controle analgésico perfeito, mas a alguns dos mais altos níveis de vício e a pior epidemia de overdoses na história dos Estados Unidos.

A diferença é que nos deslocamos dos opiáceos naturais — baseados na seiva da papoula — para substâncias totalmente novas e sintéticas, criadas em laboratórios. Essas drogas novas (que se enquadram na categoria de opioides em vez de opiáceos extraídos da papoula) são muito mais poderosas e potencialmente mais viciantes do que qualquer opiáceo usado por nossos avós. Desenvolvidas em parte para curar o vício em opiáceos, elas apenas agravaram o problema.

A primeira foi descoberta, mais uma vez, na Alemanha, nos laboratórios da Hoechst no final dos anos 1930, pouco antes da Segunda Guerra Mundial. A empresa não estava procurando essa droga; foi encontrada, de novo, por acaso. E o motivo foi o rabo de um rato.

Em vez de um analgésico, os químicos da Hoechst procuravam uma droga capaz de aliviar os espasmos musculares. O ponto de partida foi uma família de moléculas que não tinham nada em comum com o ópio. Os químicos estavam imersos no trabalho duro de sempre, começando com uma molécula possível e criando uma variação atrás da outra, testando cada uma delas em camundongos para ver o que acontecia. Foi então que um pesquisador perspicaz notou algo estranho: os camundongos que receberam uma dessas drogas experimentais erguiam seus rabos formando um S. A maioria dos cientistas teria ignorado aquilo. Mas esse pesquisador em particular tinha trabalhado com drogas relacionadas ao ópio, e ele sabia o que os camundongos faziam quando estavam chapados de opiáceos. Eles levantavam os rabos num S. Se ele não soubesse que a droga era outra, acreditaria que morfina havia sido injetada nos ratos.

Então a equipe de Hoechst realizou mais testes. E logo ficou claro que eles tinham descoberto algo completamente novo: um analgésico poderoso que não se parecia, em termos de estrutura molecular, com a morfina, a codeína ou qualquer outro alcaloide. Era bem verdade que a nova droga não era tão forte quanto a morfina, mas fornecia um alívio da dor significativo. Em vez de manter as cobaias no estado sonhador do opiáceo comum, essa substância parecia deixá-los ligadões, como a cocaína. O mais importante — e é nessa parte que os pesquisadores da Hoechst provavelmente cruzaram os dedos: os testes iniciais indicaram que era muito menos viciante que a morfina.

Talvez tivessem deparado com o cálice sagrado. Deram-lhe o nome de petidina (nos Estados Unidos é mais conhecida como meperidina), realizaram testes rápidos em humanos, viram que era bom, e a puseram no mercado na Alemanha. A propaganda afirmava que aquele era um analgésico poderoso, com menos efeitos colaterais que a morfina e sem risco de vício.

Descobriu-se, mais tarde, que eles estavam errados em ambas as afirmações. A petidina — vendida depois da guerra sob o nome de Demerol — apresentava vários efeitos colaterais, podia ser perigosa por causa de interações medicamentosas, e é tudo, menos não viciante. Era atraente como droga de abuso não apenas porque acabava com a dor, mas também porque deixava os usuários energizados. Devido à combinação de efeitos colaterais com o potencial de abuso — além do surgimento de novos analgésicos —, a petidina não é muito usada atualmente.

No entanto, ela abriu a porta para algo novo: a promessa de moléculas completamente diferentes da morfina ou da heroína que, com um pouco de esforço, podiam ser transformadas em substâncias não viciantes. Isso teve o que um historiador chamou de "um efeito muito estimulante na pesquisa por remédios".

Os anos em torno da Segunda Guerra Mundial foram ótimos para os negócios do ramo farmacêutico. Novos remédios chegavam numa velocidade recorde. Houve vários motivos para o rápido desabrochar da indústria farmacêutica logo depois da guerra. O governo tinha investido muito dinheiro em pesquisa médica durante o conflito, buscando maneiras melhores de tratar ferimentos e prevenir doenças entre os soldados, de compreender como as altitudes elevadas afetavam os paraquedistas, como as altas pressões afligiam a tripulação dos submarinos, como os níveis de oxigênio poderiam ser medidos com maior exatidão e como o plasma sanguíneo poderia ser produzido num laboratório. Todo esse dinheiro ajudou os cientistas a desenvolver novas ferramentas e métodos aprimorados para testagem e análise do corpo humano. A vitória sobre a Alemanha trouxe ainda mais investimento para a pesquisa, abrindo laboratórios, liberando patentes e levando cientistas alemães aos Estados Unidos. O boom econômico do pós--guerra ajudou a financiar uma expansão enorme da pesquisa científica nas universidades e nos laboratórios públicos, promovendo mais avanços na química. Libertada das prioridades da guerra e com um belo financiamento, a ciência das drogas deu um salto adiante.

Boa parte da empolgação com a pesquisa médica girava em torno da biologia molecular, a nova capacidade de estudar a vida em detalhes cada vez mais ínfimos, chegando ao nível das moléculas individuais envolvidas na digestão, em processos hormonais ou na condução nervosa. Essa mudança de foco, aprofundando-se no funcionamento de células individuais, alcançou o auge, de certa forma, em 1953, quando um trio improvável — composto de um estudante americano de pós-graduação, James Watson, um jovem pesquisador britânico muito tagarela, Francis Crick, e a pesquisa elaborada por uma cientista chamada Rosalind Franklin — revelou a estrutura molecular do DNA, abrindo uma nova era de pesquisa genética.

Quanto mais se sabia a respeito das moléculas da vida, mais oportunidades surgiam para encontrar remédios eficazes. Isso gerou a esperança de que talvez houvesse uma droga para doenças. Tudo o que precisávamos era entender as enfermidades bem o suficiente em nível molecular, e então elaborar as drogas certas para tratá-las.

Em primeiro lugar, portanto, havia novas e poderosas ferramentas; em segundo, uma crescente compreensão das moléculas da vida; e em terceiro, muito dinheiro. A cada nova droga bem-sucedida vinha outra infusão de dinheiro na indústria. As empresas farmacêuticas cresciam rapidamente. Esse crescimento do setor privado foi complementado depois da guerra por um influxo massivo de financiamento nos Estados Unidos por parte do governo federal, que começou a direcionar dezenas de milhões de dólares à pesquisa médica básica através dos novos Institutos Nacionais de Saúde. As indústrias farmacêuticas que melhor compreenderam a nova dinâmica — as mais atualizadas, com os melhores lobistas, e as mais inovadoras em suas pesquisas internas — prosperaram. Firmas menores, sem recursos para competir, afundaram ou foram adquiridas.

A Hoechst prosperou. Depois da petidina, criou mais variações de seu analgésico sintético ao longo dos anos de guerra. E após centenas de fracassos, finalmente encontrou outro analgésico eficaz — cinco vezes melhor que a petidina —, que parecia não ser viciante. Deram à droga o nome de amidona. Mas ela também tinha problemas, principalmente uma tendência a provocar náusea. Nunca foi muito usada.

Até que a Segunda Guerra Mundial acabou e a droga chegou aos Estados Unidos, onde se tornou mais conhecida sob o nome de metadona.

Era um opioide um tanto incomum: um analgésico decente, mas não ótimo; podia ser consumido por via oral; de ação lenta, demorava bastante até começar a se espalhar pelo corpo; e gerava menos euforia do que as outras variantes. Além disso, deixava muitos pacientes com náusea. Os primeiros testes nos Estados Unidos pareciam confirmar a descoberta dos alemães de que não era viciante. Mas quando passou a ser usada de forma mais ampla, ficou claro que os pacientes de metadona, assim como os de morfina, precisavam de doses cada vez maiores para sentir alívio, e muitos desenvolveram dependência química. Em 1947, entrou na lista de drogas controladas dos Estados Unidos.

A metadona nunca rendeu muito dinheiro como analgésico. Mas havia algo mais: por ser mais desagradável do que eufórica, e porque podia ser consumida sem uma seringa, os médicos começaram a brincar com a ideia de usar metadona como um meio para os viciados em heroína largarem a droga. Os viciados não gostaram muito, mas ela arrefecia um pouco a fissura da abstinência. Em 1950, alguns hospitais passaram a usar a metadona para tratar o vício em heroína.

A heroína tinha desaparecido das ruas americanas durante a Segunda Guerra Mundial porque as vias de fornecimento de ópio tinham sido interrompidas. O número de viciados no país caiu 90%, indo de 200 mil pessoas antes da guerra para cerca de 20 mil em 1945. Como apontou a *Time*, "a guerra foi provavelmente a melhor coisa que aconteceu aos viciados".

Mas, terminada a guerra, restabeleceu-se o comércio com a Ásia (a rota mais famosa saía da Turquia, passava pela França e chegava aos Estados Unidos — a "conexão francesa"), e a heroína voltou com sede de vingança. Na década de 1940, a droga se deslocou de bairros negros para subúrbios de brancos ricos, de clubes de jazz para festas na piscina. A heroína era cool, perigosa... e lucrativa. "É o produto ideal", escreveu William S. Burroughs em 1959, "o objeto de consumo final. Não precisa de papo do vendedor. O cliente vai rastejar pelo esgoto implorando para comprar."

Quanto mais crescia o problema da heroína (e quanto mais atingia gente branca), mais o governo se preocupava. Pessoas que defendiam uma atitude dura no combate às drogas argumentavam que a resposta estava em leis mais rígidas, tolerância zero e mais tempo de cadeia, enquanto médicos e ativistas advogavam pela desintoxicação e pelo tratamento compassivo. Uma Comissão de Conselho Presidencial Sobre Narcóticos e Abuso de Drogas de 1963 buscou uma posição intermediária, recomendando tanto mais tratamento para viciados quanto sentenças mais pesadas para traficantes. A ênfase estava em tirar os viciados das ruas e da droga, fosse para levá-los à prisão ou à clínica de desintoxicação. O pensamento era de que, assim que estivessem sóbrios, eles conseguiriam ficar longe das drogas.

Só que não conseguiam. Cerca de três quartos dos viciados em heroína, ao saírem da desintoxicação e terem acesso à droga, recaíam em poucos meses. É muito, muito difícil se livrar do grave vício em heroína.

Então chegaram os anos 1960, década que valorizou as drogas, e tudo piorou. Entre 1960 e 1970, o número de viciados nos Estados Unidos saltou de 50 mil para cerca de 500 mil.

Foi quando a metadona retornou. Embora muitos médicos tenham se afastado do tratamento de viciados durante a década de 1950 — talvez recordando como, após a Lei Harrison, muitos médicos foram presos por receitar morfina para tratar os viciados —, alguns ainda lidavam com a questão como um problema de saúde. Hospitais públicos do país, por exemplo, mantiveram com firmeza os tratamentos. E havia um número cada vez maior de médicos experimentando a metadona.

Trocar a heroína pela metadona oferecia várias vantagens: a droga sintética durava mais tempo que a morfina, então em vez de se injetar quatro vezes por dia, os viciados recebiam apenas uma dose; não havia necessidade de agulhas; e muitas vezes atenuava o desejo físico de opiáceos, sem o surto eufórico da heroína.

Em 1963, um médico durão e atarracado de Nova York, Vincent Dole, recebeu uma bolsa para estudar tratamentos com drogas usadas para enfrentar o vício em heroína. A simples obtenção da bolsa já foi uma tarefa difícil, porque as drogas que ele queria estudar — morfina e metadona — eram controladas. Como lhe disse um agente federal dos Narcóticos, Dole já estava violando a lei só por estudá-las, e se persistisse naquilo, provavelmente teriam de fechar seu negócio. Dole não recuou, e insistiu que os agentes tentassem fechar seu laboratório, para que ele pudesse processá-los e obter uma permissão legal.

Dole, sua esposa, a psiquiatra Marie Nyswander, e uma médica recém-formada, Mary Jeanne Kreek, começaram a trabalhar. Logo descobriram que a morfina não servia de substituto para a heroína; os viciados simplesmente queriam mais morfina. O mesmo não ocorria com a metadona. Em primeiro lugar porque os pesquisadores faziam os pacientes tomarem uma dose adequada, o suficiente para atenuar a abstinência e o desejo de heroína, e então os mantinham naquela posição. Os viciados não pediam mais. E, em segundo lugar, os pacientes com metadona, ao contrário dos que tomavam morfina, não ficavam chapados ou sentados passivamente enquanto aguardavam a próxima dose. Tornavam-se ativos e dispostos. Podiam até arranjar um emprego.

A equipe de Dole tentou reduzir aos poucos a dose de metadona, vendo se os pacientes paravam de usar a droga e ficavam completamente sóbrios. Mas não deu certo. Conseguiram abaixar a dose até certo ponto, e ali tinham de parar. Passando do limite crítico, os sintomas da abstinência voltavam.

A resposta era manter os pacientes tomando metadona por anos — talvez pelo resto da vida. Era uma troca, uma droga pela outra. E a metadona era a melhor escolha. Os viciados em metadona não estavam violando a lei quando arranjavam dinheiro para uma dose, não se injetavam com seringas sujas e não tinham overdoses. Podiam construir uma vida.

Em 1965, quando Dole e Kreek apresentaram os resultados pela primeira vez, o tratamento da heroína entrou em uma nova era. A mídia acompanhou a história, começaram a surgir demandas de outros médicos, e um Tratamento de Manutenção de Metadona (MMT) foi promovido como a resposta para a epidemia.

Mais uma vez se repetia o ciclo Seige — entusiasmo selvagem seguido por desconfiança profunda. Dole lembrou-se dos anos entre 1965 e 1970 como o período da lua de mel. Médicos imploravam para testar o MMT. Toda cidade grande queria aquilo. Nem mesmo o Departamento de Narcóticos — que "criticou, infiltrou-se e tentou desacreditar o programa", de acordo com Dole — era capaz de deter aquela onda.

Então o MMT se tornou vítima da própria popularidade. No início dos anos 1970, o tratamento com metadona se disseminou de tal forma, com tamanha rapidez, que fugiu do controle. Foi adotado por centros demasiado vorazes, e às vezes era prescrito por médicos sem as qualificações necessárias, até chegar a um ponto em que, nas palavras de Dole, "as coisas ficaram caóticas". Programas demais tratavam pacientes demais com pouca supervisão ou disciplina. Nessa atmosfera, logo ficou claro que o MMT não era a resposta perfeita. Uma reação contrária à metadona foi desencadeada, não apenas por parte de sujeitos radicalmente contrários às drogas, mas também por parte dos próprios viciados. Eles não gostavam da náusea. Nem do controle estatal. Os viciados até criaram lendas em torno do fato de que a metadona fora desenvolvida na Alemanha durante o nazismo; apelidaram a droga de "adolfina"; e criaram teorias da conspiração sobre ela. Muitos junkies se recusavam a tomar metadona, e muitos deles tiveram recaídas, voltando para a heroína.

Mas aí os anos 1960 já tinham terminado, e era novamente tempo de ser duro com as drogas. O tratamento com metadona passou a ser cada vez mais supervisionado pelo governo. A burocracia aumentou. O financiamento diminuiu. A ênfase se deslocou da manutenção por tempo indefinido para o controle a curto prazo, usando a metadona como uma escada, um método para tirar os viciados de sua droga preferida, para que passassem a usar terapias benéficas: psicoterapia, terapia comportamental, programas de doze passos, orações. O novo objetivo era interromper por completo o consumo de drogas, em vez de distribuí-las para serem usadas pelo resto da vida. Por volta da década de 1980, o MMT tinha saído de moda. Mas retornou recentemente. Preocupações com a transmissão do vírus da aids levaram a uma valorização do seu papel em diminuir o uso de seringas sujas. O financiamento foi liberado mais uma vez. Um relatório do Instituto Nacional de Saúde de 1997, baseado no consenso dos pesquisadores, delineou os benefícios comprovados: diminuição do uso geral de drogas; redução da atividade criminosa; arrefecimento de doenças associadas ao uso de seringas; e um aumento de pessoas obtendo empregos vantajosos. O comitê do Instituto recomendou que todas as pessoas dependentes de ópio sob jurisdição legal deveriam ter acesso ao MMT, e o tratamento hoje é aprovado pela FDA, e seu uso é crescente. Como registrou um especialista, "hoje a segurança, a eficácia e o valor de um MMT aplicado corretamente não são algo mais controverso do que o fato de que a Terra é redonda".

Mas ninguém está dizendo que seja um método perfeito. Muitos viciados e suas famílias ainda entram no tratamento com metadona com a ideia de que serão "curados", no entanto, mais da metade dos que passam pelo programa acabam usando opiáceos de novo após receberam alta, ou voltam a se tratar para pegar mais metadona — que, vale lembrar, é um opioide sintético. Taxas de sucesso permanente (se você define como sucesso nunca mais tomar um opioide) ficam em torno de 10% ou menos.

E essa é a dura realidade para todos os filhos do ópio. Depois que começou o vício, é excruciantemente difícil interrompê-lo. Isso é com certeza verdade quando se fala de heroína, e provou-se ser verdade também ao se falar de opioides sintéticos.

Demerol e metadona foram apenas o começo. Na década de 1950, um dos grandes descobridores de remédios de todos os tempos decidiu criar um analgésico ainda melhor. Seu nome era Paul Janssen. E ele foi tão bem-sucedido que seu trabalho ainda tem impacto em nossa sociedade.

Filho de um médico belga, ele seguiu os passos do pai, formando-se em medicina na Universidade de Ghent, com planos de lecionar. Mas era apaixonado por química e por novas ideias quanto ao desenvolvimento de remédios. Por isso abandonou o ensino, pegou dinheiro emprestado do pai e abriu uma pequena empresa farmacêutica.

Janssen, a quem até os amigos chamavam de "dr. Paul", era um talento raro. Tinha o coração de um velho alquimista; seu objetivo era sempre o de destrinchar as moléculas até restar apenas o menor componente ativo possível, atingindo o espírito da molécula, e então construir algo em torno dessa essência purificada, acrescentando elementos para criar variações cada vez melhores. Janssen era um pensador capaz de se concentrar intensamente, de focar em certo problema, sem desistir, até encontrar a solução. Mas era mais do que um rato de laboratório. Também era um empresário determinado, fundador de empresas, um homem que combinava a criatividade de um artista/químico com a meticulosidade financeira de um executivo.

Notou, por exemplo, que quando você comparava a estrutura molecular de opiáceos naturais como a morfina com sintéticos novos como a petidina, sempre havia um pedaço compartilhado, uma estrutura dentro de suas estruturas em comum. Era um anel de átomos de seis lados chamado piperidina. Dada a similaridade da ação entre essas duas famílias de analgésicos, ele achou provável que essa estrutura relativamente simples — esse "anel encantado", como passou a ser chamado — fosse o espírito das drogas similares ao ópio.

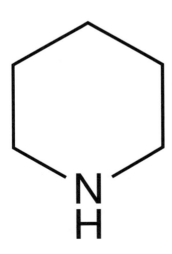

Piperidina, o "anel encantado".

Janssen decidiu aprimorá-lo. Sabia que os analgésicos mais antigos funcionavam mais lentamente do que o necessário, e às vezes perdiam em eficácia porque tinham dificuldades para chegar ao sistema nervoso central. Eram freados porque não conseguiam atravessar com facilidade as membranas das células, que são em grande parte feitas de gordura. Então Janssen decidiu criar um opioide solúvel em gordura.

Com esse objetivo em mente, seu laboratório começou a produzir drogas experimentais, tendo ao centro o anel encantado, cercado por estruturas laterais desenvolvidas para serem solúveis em gordura. Imediatamente descobriram dezenas de novas drogas. Em 1957, logo após o aniversário de treze anos de sua empresa farmacêutica, que crescia depressa, ele descobriu um novo opioide, 25 vezes mais forte que a morfina e cinquenta vezes mais poderoso que o Demerol, que agia mais velozmente e era eliminado do corpo com mais rapidez. Era a fenoperidina, como sua empresa o nomeou, substância que segue sendo usada hoje como anestésico geral.

E isso foi apenas o começo. Em 1960, o grupo de Janssen sintetizou outra droga, com mais de cem vezes a potência da morfina. Era, na época de sua descoberta, o opioide mais poderoso do mundo. Deram à substância o nome de fentanil, e a partir dela passaram a produzir uma família inteira de novos analgésicos.

A Janssen Pharmaceuticals descobriu muitas outras drogas também — um novo antipsicótico revolucionário, remédios para anestesia, outro para diarreia, usado por astronautas no programa Apollo, antifúngicos, medicamentos para alergia... No total, encontraram mais de oitenta novas drogas que tiveram bastante êxito, e quatro delas estão na lista de remédios essenciais elaborada pela Organização Mundial da Saúde. Quando o dr. Paul morreu, em 2003, sua empresa empregava mais de 16 mil trabalhadores ao redor do mundo, e o próprio

Janssen, nas palavras de um colega, era conhecido como "o inventor de remédios mais prolífico do globo".

A empresa de Janssen colocou o fentanil e suas drogas irmãs em vários comprimidos, emplastros e até mesmo pirulitos usados para controlar diferentes níveis de dor em diversos pacientes. Continuam sendo ferramentas-padrão para o controle da dor. E todas são drogas altamente viciantes e legalmente controladas. Em tempos recentes, os médicos e as autoridades policiais restringiram ainda mais seu uso, e o fenantil desceu ao submundo: passou a ser produzido de forma clandestina em outros países, e então contrabandeado para os Estados Unidos. É cada vez mais comum nas ruas, em formas que podem ser cheiradas, engolidas, postas em papel mata-borrão, usadas para apimentar a heroína. Por ser muito forte, o número de overdoses também tem aumentado com o uso.

A disseminação de drogas sintéticas cada vez mais poderosas deu aos médicos formas cada vez melhores de controlar a dor em pacientes no pós-operatório, com câncer e com outras dores severas impossíveis de tratar. E também abriu as portas do vício para mais pessoas.

Se a ciência não ia resolver a questão, então a lei ficaria responsável por isso.

Em 1971, o presidente Richard Nixon anunciou sua Guerra às Drogas, incluindo uma ofensiva de grande escala contra os produtos do ópio e seus traficantes. Havia várias forças em atividade: uma reação contra o uso explícito de drogas dos anos 1960; preocupações com o vício em heroína que os veteranos traziam do Vietnã; o apelo cada vez maior de uma política baseada em lei e ordem; e a percepção crescente de que programas como metadona só atingiam um sucesso limitado. Sua base de eleitores, a "maioria silenciosa", preocupada com o que as crianças estavam se envolvendo, com os crimes relacionados a drogas nas ruas, e com as drogas nas escolas, queriam que as drogas ilegais sumissem de cena. Grande parte das pessoas deixou de considerar o vício em drogas uma doença. Cada vez mais o público tendia a concordar com o escritor Philip K. Dick, que afirmou: "O abuso de drogas não é uma doença, é uma decisão, como a decisão de passar na frente de um carro em movimento. Você não chamaria isso de uma doença, mas de uma escolha equivocada".

Uma escolha, não uma doença. Partindo dessa perspectiva, a dura Guerra às Drogas de Nixon fazia sentido.

E até deu ao presidente uma chance de mostrar como ele era "descolado" ao levar celebridades como Elvis Presley para dentro da Casa Branca a fim de promover esse projeto. Ironicamente, Elvis consumia muitas drogas naquela época. Nixon caiu logo em seguida, mas o Partido Republicano sabia reconhecer uma boa estratégia política, e tornou a Guerra às Drogas um dos pilares de sua plataforma. "Apenas diga não", lema difundido por Nancy Reagan, virou o mantra antidrogas dessa época.

Ao mesmo tempo, um avanço científico permitiu que cientistas finalmente descobrissem como funciona o ópio no corpo. E com esse conhecimento surgiu uma nova esperança de acabar com o vício.

No início dos anos 1970, estava ficando cada vez mais claro que muitos processos no corpo se comunicavam com outros, e que essa comunicação era feita por moléculas liberadas por uma célula e percebidas por outra. Para transmitir a mensagem, moléculas específicas tinham que se encaixar em receptores específicos na superfície das células. A maneira antiga de pensar era imaginar uma chave entrando na fechadura. Não é bem assim no corpo: é mais como tentar encaixar diferentes pedaços de madeira em buracos de tamanhos distintos. Talvez você não consiga colocar um grande pedaço quadrado num buraco redondo, mas dá para encaixar frouxamente um pedaço quadrado pequeno. Ou você poderia lapidar um pedaço grande demais. No corpo, o sistema receptor pode ser um pouco frouxo, reconhecendo e se ligando não apenas a uma molécula perfeita, mas também a outras similares. Quando a molécula se liga ao receptor, desencadeia uma reação na célula.

Lá pelo fim do século XIX, o grande médico/pesquisador Paul Ehrlich teorizara que a comunicação no corpo humano ocorria dessa forma. Mas ele e as duas gerações seguintes de pesquisadores tiveram dificuldades em provar isso, porque, no corpo, muitas das moléculas que ativam os receptores são produzidas em quantidades ínfimas e logo em seguida se desintegram e desaparecem, dando lugar ao próximo conjunto de reações. Isso era muito difícil de estudar até as décadas de 1950 e 1960, quando equipamentos muito mais sofisticados e sensíveis de laboratório — métodos de raio X e difração de elétrons para estudar a estrutura dos cristais; microscópios de elétrons para analisar a arquitetura das células; ultracentrífugas, configurações de eletroforese e equipamento de cromatografia para separar moléculas umas das outras; técnicas para etiquetar moléculas com a radioatividade — possibilitaram estudos mais sofisticados.

Isso inclui estudos sobre opiáceos e outras drogas. Descobriu-se que muitas drogas, mas não todas, funcionavam ativando receptores na superfície das células. É por isso que certas drogas podiam ter um efeito específico em algumas células, mas não em outras. Se uma célula não tivesse um receptor para a droga, nada acontecia. Se tivesse, reações eram desencadeadas. As drogas podiam ser usadas para encontrar receptores e estudá-los. Também podiam ser alteradas, provocando pequenas mudanças nas suas estruturas para ver o que acontecia, permitindo assim que os cientistas fizessem mais descobertas sobre a forma como as drogas se encaixam nos receptores.

Era evidente que devia haver receptores para a morfina e outros alcaloides do ópio. Mas só foram descobertos em 1973, por Solomon Snyder e uma estudante de pós-graduação, Candace Pert. Snyder era um chefe de departamento muito interessado em psicologia clínica; ele se matou estudando LSD e outros alucinógenos em meados dos anos 1960, tentando, como todo mundo, descobrir como era possível que quantidades ínfimas dessas drogas produzissem efeitos tão profundos na mente. Ele se tornou um especialista em experimentos com moléculas marcadas por átomos radioativos. Ao acompanhar a radioatividade, ele podia seguir as moléculas no corpo. Ele descobriu que o LSD, por exemplo, se concentrava em partes do cérebro depois de ingerido. Por que ia para certas partes mais do que para outras? Porque era lá que estavam os receptores do LSD. O laboratório de Snyder no hospital Johns Hopkins virou o mais avançado no país em pesquisa de receptores de drogas.

Pert era uma mulher dinâmica e determinada. Pouco antes de entrar no Johns Hopkins, quebrou a coluna num acidente de equitação; no período em que passou hospitalizada, teve experiências com as maravilhas da morfina. Como a droga fazia aquilo? Continuava interessada no assunto quando começou a trabalhar no laboratório de Snyder como estudante de pós-graduação. Como às vezes ocorre em laboratórios, houve atrito entre professor e aluna: Pert afirmou que Snyder queria que ela trabalhasse com receptores de insulina e a proibia de pesquisar a morfina; mas ela ficou tão fascinada com a substância que passou a estudar os receptores de morfina por conta própria, até levando às escondidas seu filho de cinco anos para o laboratório para que pudesse cuidar dele enquanto trabalhava à noite. Snyder a via como mais outra estudante que deveria estar fazendo o que precisava ser feito no laboratório. Na sua lembrança, isso incluía estudos com opioides. Seja como for, deu certo — juntos, encontraram o receptor cerebral onde os opioides se encaixavam. Em seguida, com a ajuda de mais pesquisadores, descobriram outro receptor. E mais outro. Quanto mais pesquisavam, mais receptores de opioides encontravam — até agora, foram localizados três grandes tipos, além de muitas variações (ainda se discute se o total é três ou nove). Isso levantou uma questão: por que diabos, ao longo de nossa evolução, nossos cérebros desenvolveram receptores para moléculas que vêm da papoula? Como disse Pert: "É de presumir que Deus não tenha colocado receptores de ópio nos nossos cérebros só para um dia descobrirmos como ficar chapados de ópio".

E, no final das contas, não foi esse o caso. Em 1975, uma dupla de pesquisadores escoceses descobriu que o próprio cérebro produzia uma substância natural que deveria se encaixar nesses receptores. Denominada de encefalina, era a primeira de uma família cada vez maior de moléculas relacionadas, todas produzidas pelo nosso próprio corpo, que agora chamamos de endorfinas (nome derivado de *endógena morfina*). Você pode pensar nelas como o ópio do nosso próprio corpo. Têm um papel crucial no controle da dor, além de nos acalmar e fazer com que nos sintamos felizes. São a recompensa que o nosso corpo nos dá quando fazemos algo legal: as moléculas que fazem com que nos sintamos bem quando recebemos uma massagem, transamos ou sentimos aquele barato após uma corrida. São liberadas até quando rimos. Produzimos várias delas — estímulos diferentes fazem com que fluam em quantidades diferentes e em momentos distintos, e reagem de maneiras diversas com esses diferentes receptores. O resultado é uma variedade de efeitos que tornam possível que os nossos corpos sintam uma impressionante gama de prazeres naturais.

Alcaloides da papoula e opiáceos feitos da planta, além de todos os sintéticos, acionam esses mesmos receptores. Não é de estranhar que sejam drogas tão sedutoras.

Os primeiros estudos de Snyder e Pert foram crescendo até se transformar em áreas de pesquisa. Agora temos ferramentas muito mais refinadas para estudar os receptores nas nossas células e as maneiras como podem ser estimulados ou bloqueados. Boa parte da produção de remédios gira em torno desses estudos. Drogas existentes costumam ser usadas para encontrar os receptores; depois de localizados, os receptores podem ser estudados para se descobrir o que os ativa ou desliga, resultando tanto em novos remédios quanto numa compreensão melhor de como funciona o corpo. É uma espécie de ciclo virtuoso, com novos medicamentos levando a uma nova leva de remédios melhores. Estamos falando de um trabalho caro, árduo e muito importante. E que levou ao surgimento de centenas de novos fármacos.

A descoberta dos receptores de opioides e das moléculas com as quais interagem também abriu uma nova porta para o controle da dor. Assim como, setenta anos atrás, químicos orgânicos sonharam que alguma manipulação da estrutura da morfina levaria a um substituto não viciante, agora os biólogos moleculares sonham com outro caminho, que passa por receptores de opiáceos recentemente descobertos. Os receptores são ativados por moléculas chamadas "agonistas" — morfina, heroína, oxicodona e fentanil, por exemplo —, mas podem ser desligados por "antagonistas", moléculas que se grudam aos receptores, bloqueando-os sem ativá-los. Quando um antagonista bloqueia um receptor, este não pode ser ativado por mais nada. Pesquisadores encontraram uma maneira de fazer isso com receptores de opioides, desenvolvendo antagonistas como naloxona (vendido como Narcan). A substância se gruda nos receptores de opioides, mas não os ativa. De acordo com uma comparação feita por um website, tomar Narcan é como grudar uma fita no leitor de impressão digital do seu telefone; você pode colocar o dedo em cima do leitor o quanto quiser, mas a fita impede o aparelho de receber a mensagem.

O Narcan se encaixa tão bem nos receptores de opioides que pode, de fato, tirar as drogas reais à força dali, ocupando o seu lugar, colando-se intensamente no receptor, impedindo que qualquer outra droga o ative. Por isso, uma dose de Narcan é capaz de salvar a vida de um viciado. O opioide ainda está presente em excesso na corrente sanguínea, procurando um receptor onde pousar, mas não consegue encontrá-lo. O resultado pode ser ao mesmo tempo horrível para os usuários e quase milagroso para os cuidadores que tentam salvar suas vidas; o Narcan não apenas pode tirar toda a euforia do opioide, levando os viciados a uma forma de abstinência instantânea, mas também consegue interromper uma overdose, resgatando a vítima do limiar da morte.

Pesquisadores continuaram inventando novas drogas capazes de modular os receptores de opiáceos, novos agonistas e antagonistas, agonistas parciais e agonistas-antagonistas (que possuem algumas propriedades de ambos), moléculas específicas para certos receptores e que não se encaixam em outros, moléculas que agem de maneiras diferentes com doses diferentes, moléculas que funcionam mais rápido ou mais devagar, moléculas que são rapidamente eliminadas do corpo e outras que duram um bom tempo, um baú cheio de novos remédios que podem ativar ou desativar receptores de forma seletiva sem usar opiáceos.

Nas décadas de 1970 e 1980, havia mais uma vez esperança de que a ciência em rápida expansão pudesse resolver todo esse problema de vício em heroína/opioides.

Mas não.

Um respeitado especialista dá uma palestra num encontro de médicos, relatando que os Estados Unidos estão no centro mundial de uma crise emergente de uso de drogas. Os Estados Unidos consomem quinze vezes mais opiáceos que a Áustria, a Alemanha e a Itália juntas; apenas 20% das drogas são tomadas por motivos médicos legítimos. Há provas de que quase um quarto dos profissionais que trabalham com medicina tem algum nível de vício em opiáceos.

Essa informação foi extraída de uma matéria de jornal que circulou em 1913. Desde então, tivemos mais de um século de pesquisa científica, programas sociais e pronunciamentos do governo. E o problema apenas piorou.

Hoje, os Estados Unidos, com menos de 5% da população mundial, consomem 80% dos opioides do mundo. O número de receitas para drogas do gênero — tanto sintéticas como não sintéticas — mais do que dobrou entre 1992 e 2015; o número de mortes por overdose no país subiu quase cinco vezes no mesmo período. Atualmente, overdoses de opioides matam mais americanos que acidentes de carro e homicídios com arma de fogo juntos.

Como isso aconteceu? A ciência tem um papel. Indústrias farmacêuticas continuam buscando a mistura mágica de analgésicos que não viciam, e prosseguem fracassando na tentativa. Enquanto faziam essas pesquisas, as empresas foram encontrando outras coisas — opioides mais poderosos, mais dirigidos —, de modo que o número total de opioides e drogas relacionadas disponíveis foi aumentando ano após ano: fórmulas especializadas que agem de modo rápido ou lento, comprimidos que vão sendo liberados aos poucos e outros com um revestimento para evitar o abuso, remédios feitos sob medida para todos os níveis de dor. No rastro dessas substâncias, vêm todas as drogas que não são opioides mas que foram desenvolvidas para ajudar a tratar o vício nesse tipo de substância (como metadona e buprenorfina); para reverter a ação de opioides (como naloxona e outros); para tratar a constipação associada aos opioides; para dar energia aos pacientes viciados em opioides, para que consigam sair da cama; para tirar o excesso de energia dos pacientes de modo que consigam dormir; e a lista continua.

Outro grande fator que alavancou a epidemia de opioides foi o dinheiro. Opioides receitados geram 10 bilhões de dólares por ano; em 2017, em números de vendas, os analgésicos em geral ficaram atrás somente dos remédios para câncer, com mais de 300 milhões de receitas prescritas por ano. Isso sem mencionar a renda advinda das drogas auxiliares, o dinheiro ilegal obtido através de drogas vendidas nas ruas, os dólares dos programas de governo e o dinheiro que flui nos negócios efervescentes de reabilitação, desintoxicação e tratamento.

É uma indústria imensa. E a maioria dos envolvidos tem um interesse velado em manter seus negócios. Então, como ocorre há mais de um século, farmacêuticos continuam promovendo a próxima variante contra o vício, centros de reabilitação continuam prometendo programas mais eficazes, e o governo segue anunciando novos esforços na guerra contra as drogas. A maioria desses esforços parece estranhamente familiar para quem já estudou a história dessas drogas. A ideia recente do presidente Donald Trump de matar traficantes, por exemplo, é a mesma que foi usada — e que até certo ponto funcionou — pelos comunistas na China da década de 1950. Esses tipos de programa eram muito mais fáceis de implementar em ditaduras centralizadas do que em democracias ocidentais. Não importa quais sejam os benefícios prometidos pelas novas fórmulas das empresas farmacêuticas, os novos programas de reabilitação de drogas ou as iniciativas recém-anunciadas do governo, praticamente nenhum desses programas funciona. E o dinheiro segue fluindo.

Isso talvez soe cínico, e é mesmo. Muitas, muitas pessoas realmente querem acabar com essa ameaça, e outras tantas organizações estão comprometidas em controlar mais os opioides e acabar com a praga do vício e da overdose. Mas não dá para contornar o fato de que o dinheiro motiva muitos dos envolvidos.

E isso inclui médicos. As indústrias farmacêuticas são muito habilidosas em promover seus produtos, e boa parte do esforço está em convencer os médicos a receitarem os lançamentos. Antigamente, fabricantes de remédios anunciavam aos gritos seus produtos, pagavam um almoço ao médico, ofereciam um charuto. Hoje lhes oferecem algum pagamento como consultor, ou por alguma pesquisa; convidam-no para uma conferência de inverno num resort tropical, onde outros médicos — especialistas que apoiam as indústrias farmacêuticas — destacam os resultados de estudos científicos que corroboram as pesquisas das empresas. Esses estudos podem também ter um financiamento, de modo que os resultados às vezes são feitos sob medida, e os artigos publicados são escritos com auxílio das companhias. Elas fazem o necessário para que as informações certas cheguem aos periódicos certos. Também podem garantir que os resultados experimentais negativos — do tipo capaz de afundar um remédio promissor — sejam atenuados ou apagados. É tudo muito "científico" e persuasivo. E lucrativo.

Os médicos também estão sujeitos à moda do momento. Nas décadas de 1980 e 1990, por exemplo, alguns grandes especialistas no gerenciamento da dor argumentaram que os pacientes que tomavam opioides por motivos legítimos dificilmente se viciariam. A mensagem da época era: receite até a dor estar sob controle, mesmo se as doses forem altas. As indústrias farmacêuticas seguiram a cartilha, inventando variações cada vez mais poderosas, amplificando a popularidade de semissintéticos mais fortes como Oxycontin e sintéticos como fentanil, tornando-os mais e mais comuns na prática médica.

Os opioides eram perfeitos para médicos com cada vez menos tempo, especialmente para tratar pacientes com dor crônica, muitos dos quais tinham históricos complicados de saúde e cuja dor às vezes era difícil de ser explicada e diagnosticada. Pacientes desse tipo podem gastar muito tempo falando de sua condição; as verdadeiras respostas podem ser difíceis de encontrar. Uma receita para um opioide é uma solução fácil.

Mas está longe de ser uma solução perfeita. Os pacientes começavam com uma dose relativamente baixa, sentiam alívio, e então descobriam que precisavam aumentar a dose para ter o mesmo efeito. Desenvolviam tolerância ao remédio. Sua dor original era muitas vezes substituída ou ampliada pela dor da abstinência, apenas por não estarem recebendo uma dose suficiente da droga. Em outras palavras, era muito fácil que pacientes com dor se tornassem viciados.

Mas quando essa lição ficou clara, na primeira década do século XXI — e, lembre-se, é a mesma lição que os médicos aprenderam na década de 1840 com a morfina e em 1900 com a heroína legalizada —, as receitas de opioides já tinham chegado à estratosfera, e a isso se seguira uma onda de dependência e vício. Quanto mais oxy e fentanil eram prescritos, mais essas drogas acabavam indo parar na rua, ou eram vendidas por pacientes com receitas legítimas ou por traficantes que descobriam métodos ilegais de conseguir caixas dos remédios. Alguns viciados são especialistas em "ir fazer compras no consultório": vão de um médico a outro reclamando de dor; alguns os expulsam do consultório, outros lhes dão uma receita. Então os viciados levam suas receitas duplicadas para várias farmácias. Pegam alguns remédios para si e vendem os demais. Há um enorme mercado negro para opioides.

Por volta de 2010, a mídia e o público despertaram para o fato de que estamos passando por outra crise de opioides. E a sociedade pisou no freio. Nos últimos anos, o consumo diminuiu um pouco. Médicos estão receitando menos, distanciando-se da ideia da década de 1980 de que "é preciso controlar a dor, não importa como" para uma mentalidade que avalia melhor os riscos e os benefícios. Controles do governo na distribuição de opioides também ajudaram. Muitos fabricantes de remédios estão ansiosos para cooperar com estratégias que enfrentem a epidemia, por isso buscam maneiras de conter o abuso, acompanhando de perto o fluxo de drogas do fabricante ao usuário final e elaborando novas formas de impedir o abuso de opioides, com revestimentos de cera e fórmulas de liberação por tempo que tornam mais difícil atingir o barato da droga.

Mas acontece que os viciados são tão inovadores quanto os fabricantes de remédios. Assim que surge um novo modelo de opioide com o intuito de impedir o abuso, alguém descobre como esmagar, descascar, botar no micro-ondas, cheirar, mastigar ou dissolver a droga para conseguir o barato.

E este é o problema: o barato está sempre lá. Não importa quão protegido esteja, no coração de todo analgésico opioide está o próprio opioide. Tomar o comprimido leva o remédio cedo ou tarde para os receptores no cérebro. A droga se gruda ao receptor, que dispara — e sente-se o alívio. A dor se atenua, o ânimo da pessoa aparece, o desejo diminui por um tempo. Sempre haverá drogas assim disponíveis nas ruas enquanto a papoula for colhida, os laboratórios elaborarem versões sintéticas e os médicos receitarem os remédios. E eles continuarão receitando, porque os opioides ainda são, de longe, a melhor coisa que temos para combater a dor.

Por fim, se os viciados não conseguirem oxy ou fentanil, ou algum outro opioide farmacêutico, sempre podem usar a heroína. Enquanto as restrições aumentam no mercado negro de opioides controlados, o consumo de heroína está nas alturas. Muitos viciados, vendo que está mais difícil conseguir uma dose legal com seus médicos por causa do endurecimento na vigilância, acabam mudando para o antigo clássico. Hoje a heroína está em todas as ruas; é barata e fácil de conseguir. O preço nas ruas de um opioide forte, como Oxycontin ou algo melhor, é de trinta a cem dólares. Um saco de heroína, por sua vez, custa cerca de dez dólares, dependendo da cidade. Em muitos lugares, você pode conseguir um pico de heroína por um valor menor que o de um maço de cigarros. E a heroína pode ser mais forte do que nunca, impulsionada por uma pitada de fentanil ou algum outro sintético poderoso. Quando você a compra na rua, nunca sabe quão forte será. Como previsto, o número de overdoses também disparou. O único vencedor nessa história parece ser a indústria farmacêutica. De tantos em tantos anos, as empresas lançam alguma variação de opioide, alguma versão novíssima antiabuso que promete um resultado diferente, assim como a heroína iria consertar o problema da morfina. Enquanto as drogas continuam falhando, uma após a outra, sempre surge uma nova opção para ajudar os viciados a largar as drogas mais pesadas, e quantidades incalculáveis de dinheiro são gastas na tentativa de conquistar avanços mínimos.

Por que isso ocorre nos Estados Unidos? Por que os opioides são um problema específico no país, mais do que em qualquer outro lugar? Especialistas refletiram sobre essa questão por décadas e se concentraram em alguns suspeitos principais. Parte da resposta está na estrutura do nosso sistema médico, que dá prioridade a consultas rápidas para os pacientes, é dependente de tecnologias poderosas, e geralmente quer encontrar uma pílula para cada problema. Outra parte deriva do nosso sistema econômico, com sua insistência em aumentar as vendas e o lucro. Somos uma sociedade rica, e podemos bancar um uso elevado de fármacos. Outra parte ainda vem da nossa mentalidade entranhada de que drogas são um problema criminoso, não médico. Isso desvia muito dinheiro para a justiça criminal, a polícia, o Departamento de Narcóticos e as prisões, reduzindo o financiamento para abordagens médicas — programas de agulhas limpas, aconselhamento para viciados, legalização de certas drogas —, que parecem funcionar em outros países. Também há algo relacionado ao nosso caráter nacional peculiar. Nós, americanos, adoramos a liberdade para fazer o que quisermos, quando quisermos, e isso inclui usar as drogas que quisermos.

E algo perturbador é o fato subjacente de que somos atraídos pelos opioides pelos mesmos motivos que os chineses há quase dois séculos: é uma forma de escape. Como disse um especialista no assunto: "Pensamos que o grande problema com essas drogas é o vício. Agora percebemos que o problema está nos pacientes que tomam essas drogas e basicamente desistem da vida".

E talvez seja porque somos fracotes. Como afirmou um médico num simpósio recente, "americanos acham que nunca devem sentir dor". Esse é o contraponto ao nosso jeito aventureiro e arriscado. Em parte graças à qualidade das nossas drogas, ficamos desacostumados com a dor e somos incapazes de suportá-la. E não apenas a dor física. Também reduzimos nossa tolerância para qualquer desconforto psíquico, desde ansiedade até a depressão leve.

Cada vez mais, quando sofremos alguma espécie de desconforto, atormentamos nossos médicos em busca de remédios, e eles nos dão as receitas. Isso não equivale a dizer que milhões de americanos não sofram com dores fortes de longa duração, ou depressão severa, ou ansiedade paralisante, e que não precisem de opiáceos, antidepressivos ou tranquilizantes para lidarem com suas doenças. Mas, na teoria, uma proporção similar de pacientes em todas as outras culturas ou países deveria se encaixar na mesma categoria. A pergunta é: por que o uso americano, tanto legalmente como nas ruas, é, de modo geral, tão mais elevado? Sentimos mais dor que as outras nações? Sofremos mais doenças mentais? Há poucas evidências nesse sentido.

Essas questões são obviamente complicadas — tão complicadas quanto o funcionamento do corpo humano — e muito difíceis de resolver. Opioides representam o caso mais extremo, porque, como concluiu um especialista:

> a dependência em opiáceos não é um hábito, nem uma busca por algo emocional. É tão fundamental para a existência de um viciado como água e comida; trata-se de um fato fisioquímico: o corpo de um viciado está quimicamente dependente da sua droga, pois os opiáceos de fato alteram a química do corpo, de modo que ele não pode funcionar direito sem ser acionado periodicamente. Uma sede pela droga se forma quando a quantidade no sangue fica abaixo de certo nível, e o viciado fica ansioso e irritado. Caso o corpo não seja alimentado, ele se deteriora e a fome pela droga pode fazê-lo definhar até morrer.

Leia outra vez: sem a sua dose, os viciados não ficam apenas desconfortáveis. Eles definham.

Apesar de todos os programas do governo, dos estudos médicos, das forças-tarefas policiais e dos esforços dos assistentes sociais, o número de viciados não parou de subir. A previsão é de que os americanos continuarão tomando opioides cada vez mais fortes à medida que vão envelhecendo. As indústrias farmacêuticas seguirão lucrando. E a história de mais de mil anos do ópio será reescrita para uma nova era.

9.
Estatinas: Uma história pessoal

Parecia uma daquelas propagandas baratas que chegam pelo correio. Normalmente eu apenas a descartaria, mas o endereço do remetente era do meu plano de saúde, então abri o envelope. Dentro havia uma carta de um médico do qual nunca tinha ouvido falar. Ele me oferecia um conselho que eu não tinha solicitado: como o meu histórico médico indicava que eu corria um risco acima do normal de ter doenças cardíacas, eu deveria levar em conta a possibilidade de tomar estatinas. Ele até incluiu uma lista útil de nomes de estatinas populares. Ele não estava me dizendo o que fazer, mas quase.

Opa. Como assim? O meu plano de saúde me aconselhava a tomar um remédio sobre o qual eu não sabia nada, para prevenir uma doença que eu não sabia que tinha? Meu clínico geral nunca me falou de estatinas durante meus exames anuais. Então por que recebi aquela carta?

Minha busca por uma resposta a essa pergunta virou uma odisseia de seis meses, explorando uma área nova e estranha da atual indústria de fármacos rentáveis. E acabou me revelando muita coisa sobre uma grande mudança na forma como a medicina é praticada nos Estados Unidos. Ajudou-me a entender melhor o cenário dos remédios receitados, me deu alguns truques úteis para me esquivar da euforia das propagandas de remédios, e me mostrou como podem ser ínfimos os benefícios de algumas terapias altamente recomendadas. Fiquei surpreso com o que aprendi.

***

Começando pelo começo: as estatinas, como vim a descobrir, são drogas incríveis. Seu surgimento na década de 1980 representou uma verdadeira revolução na medicina. Reduzem de forma radical a quantidade de colesterol no sangue e podem ajudar a tratar e prevenir algumas das doenças mais devastadoras dos dias de hoje. São consumidas por dezenas de milhões de pessoas ao redor do mundo. Foram mais estudadas, em mais pacientes e artigos, do que quase qualquer outro tipo de droga. Salvaram dezenas de milhares de vidas. Comparadas com outros medicamentos receitados, as estatinas têm efeitos colaterais bastante leves. E por que muitas não têm patentes e são disponíveis como genéricos, saem barato.

Não à toa viraram sucessos de venda internacionalmente. E, no entanto...

Como escreveu um cardiologista renomado, num artigo recente sobre estatinas, "com mais de 1 milhão de anos de informações de pacientes e publicações nos periódicos mais prestigiosos, é impressionante que ainda haja tanta discussão quanto ao seu lugar nos cuidados com a saúde". Pelo jeito, quanto mais dados coletamos, menos claras ficam as conclusões.

Isso, com o enorme sucesso de vendas, levou a questões perturbadoras. Serão as estatinas tão excelentes que todos acima dos 55 anos devem tomá-las, como aconselham alguns profissionais da saúde? São relativamente novas — será que há algo que ainda não sabemos sobre os efeitos colaterais de longo prazo? Tomar estatinas encorajaria pessoas a desenvolver maus hábitos (do tipo: "estou tomando estatina, posso comer o que quiser")? E, num nível mais simples, se baixar o colesterol é tão bom para você, por que os especialistas ainda estão discutindo sobre a droga?

Quanto mais descobri a respeito das estatinas, com mais dúvidas fiquei.

***

A história da estatina começou em meados da década de 1960, quando um estudante universitário japonês chamado Akira Endo leu um livro que mudou a sua vida, uma biografia do famoso cientista Alexander Fleming, o homem que descobriu que a penicilina era liberada a partir do mofo da família *Penicillium*. O que impressionou Endo era a ideia de que o mofo pudesse criar remédios. O mofo, assim como os cogumelos, é um tipo de fungo, e na Ásia os fungos eram usados havia séculos em alimentos saudáveis e remédios. Que outros medicamentos importantes o mofo seria capaz de criar?

Endo passou a vida respondendo a essa pergunta. Quando ele dava seus primeiros passos na pesquisa de drogas, passou um tempo na Faculdade de Medicina Albert Einstein, em Nova York, onde, na efervescência cultural do fim da década de 1960, sofreu um caso moderado de choque cultural. Parte disso veio da riqueza e do poderio dos Estados Unidos — os arranha-céus, o agito, o dinheiro, a música.

E outra parte veio da comida. "Fiquei surpreso pelo grande número de pessoas obesas e idosas, e pelos hábitos alimentícios pesados dos americanos quando comparados com os dos japoneses", escreveu. "Na área residencial do Bronx, onde vivi, havia muitos casais idosos morando sozinhos, e muitas vezes vi uma ambulância transportando ao hospital uma pessoa idosa que sofrera um ataque cardíaco."

Endo conectou as três coisas — dieta, gordura e doenças cardíacas —, assim como fizeram muitos especialistas em medicina da época. Os médicos sabiam que muitos dos seus pacientes cardíacos tinham gordura entupindo as artérias, diminuindo o fluxo de sangue ao coração. Quando olhavam mais de perto essas artérias, viam que esse acúmulo era, em grande parte, composto de colesterol. Estudos mostraram as ligações entre os níveis de colesterol no sangue e o desenvolvimento de doenças cardíacas, e entre dietas ricas em gordura saturada (o tipo que você ingere a partir de carnes gordurosas, laticínios e banha) e os níveis de colesterol no sangue. Um quadro mais completo começou a emergir: uma dieta com muita gordura saturada levava a um nível alto de colesterol no sangue, o que, por sua vez, levava a artérias entupidas, que provocavam ataques cardíacos.

Se isso fosse verdade, você não ia querer ter um colesterol alto demais. Mas níveis muito baixos também eram ruins. O colesterol na quantidade certa é fundamental para a saúde. Você o encontra em todos os lugares do corpo, em todos os órgãos, e é um componente central de toda membrana celular, incluindo o revestimento das células nervosas. Boa parte do nosso cérebro é feito de colesterol. Nosso corpo também o utiliza para produzir outras coisas, como a vitamina D e o ácido biliar. É absolutamente essencial, por isso nosso corpo o produz em grandes quantidades: três quartos do colesterol necessário ao corpo são produzidos pelo fígado. O resto vem da dieta.

Era a parte da dieta que estava sendo relacionada à doença cardíaca. E a doença cardíaca era — e ainda é — a maior assassina nos Estados Unidos. A década de 1960 representou o ápice dos problemas de coração nos Estados Unidos, e a taxa de mortalidade estava nas alturas. Talvez fosse por culpa do cigarro, da bebida, ou do estresse, ou de passar horas sentado na frente da televisão ou à mesa do escritório. E talvez a culpada fosse a comida gordurosa com muito colesterol.

Se o colesterol alto *fosse* de fato o culpado, pensou Endo, talvez o mofo produzisse um remédio capaz de enfrentá-lo. Uma droga mágica para baixar o colesterol. Algo como a penicilina para a doença cardíaca.

Depois de retornar a Tóquio e conseguir um emprego numa empresa de pesquisa de remédios, Endo começou a sua busca. Coletou vários fungos, cultivou mofos no laboratório e testou a sopa de substâncias químicas que produziam. Passou por quase 4 mil espécies diferentes até encontrar o que buscava.

Isso ocorreu em 1972. O vencedor foi um fungo azul-esverdeado que Endo encontrou em um saco de arroz nos fundos de uma loja de Kyoto. Por mais estranho que pareça, era uma espécie de *Penicillium*. Como Endo descobriu, esse fungo produzia uma substância que afetava radicalmente os níveis de colesterol. Parecia ser exatamente o que buscava. E ele passou meses purificando-o e testando-o, cada vez mais empolgado. Era, como ele disse depois, "extremamente potente".

Endo descobriu que a substância bloqueava a capacidade corporal de produzir seu próprio colesterol, desligando uma enzima necessária num ponto inicial crítico. Bloquear essa enzima (HMG-CoA redutase) era como jogar uma chave inglesa dentro da máquina no início de uma linha de montagem. Com a aplicação dessa droga, os níveis de colesterol no sangue caíam. E melhor ainda: parece que o corpo, ao tentar se ajustar ao declínio do colesterol, encontrava mais maneiras para que as células buscassem o que restava no sangue. A droga experimental de Endo não apenas reduzia a produção do corpo, mas também *aumentava* a absorção de colesterol pelas células, dando ao remédio um poder duplo.

Em 1978, o remédio de Endo foi testado numa jovem que tinha uma doença genética, cujo resultado era um colesterol tão alto que bolsas de colesterol se formavam abaixo da pele, ao redor dos olhos e das articulações. Independente do que ela comesse, seu colesterol era quatro vezes maior que a média. Muitas pessoas na família dela tinham morrido de doença cardíaca, e era quase certo que o mesmo aconteceria com ela.

O remédio de Endo baixou o colesterol da garota em 30% em poucos dias. No entanto, ela começou a sentir os efeitos colaterais, como dores, fraqueza e atrofia muscular. Os pesquisadores interromperam o remédio por um tempo, depois tentaram ministrá-lo em doses menores. Tudo correu melhor dessa vez. Realizaram testes com mais pacientes. Ao longo dos seis meses seguintes, um total de oito pacientes com níveis altíssimos de colesterol recebeu a droga experimental, o que diminuiu de forma significativa o nível de colesterol em seu sangue, sem efeitos colaterais sérios. Isso era muito promissor. Os resultados foram publicados em 1980.

Tudo ia tão bem que foi um choque para Endo quando a sua empresa pediu para que ele acabasse com o programa. Um efeito colateral mais grave tinha aparecido em outro laboratório, onde se realizavam os testes de toxicidade em animais. Parecia que um grupo de cães que receberam o remédio desenvolveu uma espécie de câncer no sangue. E esse indício de câncer nos animais foi o bastante. A empresa acabou com o projeto.

Endo achou que aquilo era um erro. Os cães tinham recebido o que lembrava ser "doses incrivelmente altas", cerca de duzentas vezes mais por peso do que qualquer ser humano jamais tomaria. Havia também dúvidas se as cobaias tinham desenvolvido o câncer (e, de fato, estudos posteriores mostraram que os cães provavelmente não tinham câncer, mas sofriam de um acúmulo de resíduos relacionados ao tratamento, e isso foi interpretado como câncer).

Não importava. Os riscos da droga de Endo eram considerados muito elevados. Os japoneses interromperam o seu desenvolvimento. Os esforços pioneiros de Endo chegaram ao fim; ele jamais ganharia dinheiro algum com o sucesso das drogas que descobriu.

O foco do desenvolvimento agora se deslocou para os Estados Unidos. Quando ficou claro que o efeito colateral cancerígeno fora apenas uma observação questionável, provavelmente equivocada, as empresas voltaram a se interessar pelo assunto. Encontraram outros mofos que produziam substâncias similares às de Endo. Mexeram na química delas para produzir mais variações ainda. Todas agiam na mesma enzima, possuíam efeitos de redução de colesterol quase similares e aparentavam ser seguras. Estas foram as primeiras estatinas.

A hora era a ideal, e os potenciais de lucros, impressionantes. Assim como Endo tinha percebido que os americanos costumavam ser gordos e tinham muitos ataques cardíacos, outros pesquisadores reuniam provas de que a principal causa dos infartos — os depósitos que se acumulavam e entupiam os vasos no coração — também parecia estar relacionada ao colesterol alto. Que relação era essa?

Uma pista viera do laboratório do pesquisador russo Nikolai Anitschkow poucos anos antes da Primeira Guerra Mundial. Nos últimos dias do tzar Nicolau II, Anitschkow, um homem bem-vestido e arrumado, tentava descobrir o que levava as artérias dos idosos a engrossarem e endurecerem. A maioria dos médicos achava que era uma parte natural e inevitável do envelhecimento. Anitschkow pensava que o fato estava relacionado à dieta. Por isso começou a alimentar coelhos com comidas gordurosas e a injetar colesterol neles, buscando sinais de doenças cardíacas. Descobriu que, no laboratório, era capaz de produzir nas artérias dos coelhos depósitos de gordura muito parecidos com os que se encontravam em pacientes humanos. Convenceu-se de que havia achado a chave para o endurecimento das artérias.

Críticos atacaram seus experimentos, apontando que não havia dúvidas de que coelhos adoeciam com dietas muito gordurosas — eles eram herbívoros, afinal de contas, e esse tipo de dieta não era natural para eles. Humanos não eram herbívoros. Quando ele tornou a executar os testes em cães, descobriu que não gerava os mesmos resultados. Mas quando usou galinhas — assim como humanos, as galinhas são onívoras —, mais uma vez o acúmulo de gordura apareceu nas artérias.

Cientistas discutiram o resultado por décadas, continuaram realizando experimentos, e as opiniões pouco a pouco passaram a favorecer a ideia de que havia uma ligação entre problemas cardíacos, gordura e colesterol.

O homem que reuniu todas as informações — pelo menos aos olhos do público — foi Ancel Keys, um pesquisador de Minnesota, que, entre os anos 1940 e 1980, difundiu a ideia de que a doença cardíaca e os níveis de colesterol estavam ligados de forma inextricável, e que controlar a dieta de colesterol poderia reduzir muito as chances de se ter um infarto. Ironicamente, parte de suas provas mais fortes vieram da análise dos hábitos alimentares do Japão, onde as pessoas comiam bem menos gordura saturada e tinham muito menos doenças cardíacas. Isso foi reforçado por gigantescas análises populacionais, como a publicada no estudo de Farmingham, na década de 1950, que identificou o colesterol e a pressão alta como os dois principais indícios pré-patológicos de que uma pessoa corria risco de doenças cardíacas. Em termos mais simples, o trabalho de Keys (e de muitos outros pesquisadores) podia ser resumido da seguinte maneira: dietas gordurosas levam a altos níveis de colesterol sérico, que aumentam o risco de doenças cardíacas. (A dosagem de colesterol sérico é uma medida total de todos os tipos de colesterol no sangue, incluindo o "colesterol ruim", LDL; o "colesterol bom", HDL; e triglicérides.)

Agora sabemos que essa descrição é simples demais (embora a maioria do público e da comunidade da saúde ainda a leve ao pé da letra). As ligações entre gordura na alimentação, colesterol sérico e doença cardíaca são mais complexas e sutis do que pensavam os primeiros pesquisadores. Se você mapeasse todas as conexões, pareceriam menos com uma linha reta e mais com um prato de espaguete — muitos fios, círculos e coisas enroladas. Além disso, há alguns fatos simples que geram confusão: pessoas com baixo colesterol às vezes desenvolvem doenças cardíacas; há muita gente com colesterol alto que nunca desenvolve esses problemas. O colesterol alto, pelo que se descobriu, não causa a doença cardíaca da mesma maneira como um germe provoca uma epidemia. Em vez disso, é um fator de risco — um entre vários.

E essa é uma distinção importante. Estamos acostumados a pensar nas doenças como algo que surge de uma só causa, como um tipo de bactéria que provoca uma determinada infecção, ou um tipo de substância que provoca câncer, ou uma deficiência de uma vitamina gerando um problema. Ainda temos a mentalidade de que há um culpado para cada doença, com o subsequente raciocínio de que, se encontrarmos o culpado, localizaremos o remédio que o bloqueie. Na segunda metade do século XX, o colesterol se tornou mais ou menos esse culpado pelo endurecimento das artérias e pelas doenças cardíacas. Assim que o identificamos, tudo o que precisávamos era de uma bala mágica capaz de matá-lo.

Sim, muitas doenças — em especial as infecciosas causadas por vírus, bactérias e parasitas — têm uma só causa, um alvo bem definido no qual podemos mirar. Esses são alvos relativamente fáceis, que começamos a alvejar com a vacina contra varíola (p. 77) e a sulfa (p. 125). Quando essas doenças contagiosas de um só alvo começaram a tombar, uma a uma, atacadas por antibióticos e vacinas, os pesquisadores médicos foram entrando em territórios mais difíceis e complexos. Agora, os grandes assassinos dos Estados Unidos são cânceres, doenças cardíacas, aneurismas, problemas de pulmão como enfisema (em geral relacionados ao hábito de fumar), diabetes e, cada vez mais, Alzheimer. Além, talvez, do simples conselho de que não se deve fumar, não há respostas fáceis, nenhum remédio milagroso, nenhuma bala mágica para qualquer desses problemas. Todas essas doenças têm causas múltiplas, muitas vezes pouco compreendidas. Surgem através de uma rede complicada de fatores, alguns genéticos, outros ambientais, alguns gerais, outros pessoais, que vão se somando à doença de maneiras que ainda lutamos para compreender. Devido à complexidade dessas doenças e o número de incógnitas envolvidas, falamos de fatores de risco — hábitos e exposições a coisas que podem aumentar a chance de pegar uma doença — mais do que causas que possam ser as raízes do problema. Essa é a nova realidade da medicina atual, quando começamos a atacar os últimos grandes assassinos, os maiores desafios de saúde que já enfrentamos.

Mas na década de 1980, parecia que o colesterol era uma espécie de inimigo claro e bem definido, como outros que estávamos acostumados a combater. Enfrentá-lo nos ajudaria a desentupir artérias e reduzir o número de mortes por doença cardíaca. Era uma abordagem simples para um problema complexo.

Talvez simples demais. A Academia Nacional de Ciência liberou um relatório em 1980 sugerindo que os esforços disseminados para controlar os níveis de colesterol não tinham uma boa base científica, e muitos pesquisadores continuavam descrentes de que o colesterol fosse tão ruim assim. Não obstante, as pessoas em geral, incentivadas pelos seus médicos, passaram a fazer exames de colesterol e a tomar decisões sobre seu estilo de vida com base nos resultados. Lá em meados da década de 1980, os níveis de colesterol eram cuidadosamente acompanhados, e reduzi-los virou uma prioridade nacional. Tinha chegado a era das dietas com pouca gordura.

Esse era o momento perfeito para as estatinas. Indústrias farmacêuticas começaram a investir milhões em desenvolvimento e testagem de variações elaboradas a partir do que Endo encontrou, e os remédios foram chegando ao mercado. A Merck foi a primeira na linha de chegada, e sua lovastatina (nome comercial Mevacor) foi aprovada em 1987. Logo, produtos similares de outras empresas apareceram: sinvastatina

247

(Zocor), pravastatina (Pravachol), atorvastatina (Lipitor), fluvastatina (Lescol) e o atual campeão de vendas, rosuvastatina (Crestor). Em pouco tempo, parece que toda grande empresa estava vendendo uma estatina.

Os médicos as amavam. Rapidamente se tornaram sucessos enormes de venda: reduziam de forma segura e confiável os níveis de colesterol e tinham chegado na hora certa. As estatinas apareceram no mercado justo quando os *baby boomers* de meia-idade passavam a olhar com desconfiança para os fast-foods e para suas barrigas cada vez maiores, e o público estava no ápice de sua preocupação com o colesterol elevado. De início, as estatinas eram receitadas para pacientes com colesterol altíssimo e histórico familiar de problemas cardíacos. Mas depois que foram aprovadas, as indústrias farmacêuticas investiram milhões de dólares para fazer mais testes e provar como a sua marca era melhor que a dos competidores, e também tentaram expandir o mercado, averiguando se as drogas também podiam ser úteis para pacientes de baixo risco. Descobriram benefícios pequenos, mas reais, na prevenção de problemas em populações de riscos cada vez menores. Cada novo estudo que mostrava um efeito positivo recebia grande publicidade.

A coisa estava se transformando numa bola de neve. As preocupações com o colesterol alimentaram o mercado de estatinas, e a pesquisa sobre o assunto aumentava a preocupação com o colesterol. E tudo isso ainda foi alavancado pela indústria da dieta, que prestava uma atenção obsessiva no que as pessoas estavam comendo. De repente, um desejo de comer batata frita e tomar sorvete deixou de ser uma escolha pessoal. Virou uma receita para ter doenças, e a pressão das indústrias farmacêuticas e das dietas da moda levou milhões de pessoas a se preocuparem com colesterol no sangue. Como disse um especialista, "o interesse numa condição médica tende a aumentar em conjunto com o desenvolvimento de seu remédio [...].

O remédio transforma um estado do corpo numa categoria de tratamento e depois numa categoria de doença".

Assim como o alto colesterol se estabeleceu como um risco à saúde na mentalidade do público (sendo que a definição de "colesterol alto" ia baixando cada vez mais em termos numéricos, devido a um fluxo constante de relatórios financiados por fabricantes de estatinas), as estatinas apareceram em cena para tratá-lo. O resultado foram vendas incríveis. Uma única estatina, o Lipitor, virou a droga comercial de maior sucesso da história, vendendo 120 bilhões de dólares entre 1996 e 2011. Acredita-se que todas as estatinas juntas gerarão mais de 1 trilhão de dólares por ano em vendas por volta de 2020 — mais do que o PIB anual de todas as nações do globo, com algumas poucas exceções.

Enquanto empresas farmacêuticas iam financiando um estudo atrás do outro, mostrando benefícios mínimos para cada vez mais pacientes, os cardiologistas e as fundações que tratam de doenças cardíacas entraram a bordo. O antigo ceticismo quanto ao papel do colesterol e o seu controle na doença cardíaca — por exemplo, um relatório de Avaliação do Departamento de Tecnologia, publicado nos anos iniciais da estatina, estimando que o uso disseminado do remédio custaria à sociedade algo entre 3 bilhões e 14 bilhões de dólares por ano, com benefícios incertos, e um custo de 150 mil dólares por ano de vida salva — derreteu ante uma enxurrada de estudos financiados por indústrias farmacêuticas, conferências apoiadas por essas mesmas empresas, e o entusiasmo de especialistas, muitos dos quais tinham laços com os fabricantes dos remédios. A maneira como indústrias farmacêuticas influenciam pesquisadores, prestadores de serviços de saúde, fundações, agências governamentais e o público — a forma como moldam a saúde atualmente — é uma história fascinante. E, no âmago, não é uma história tão complicada.

Simplificando, as grandes empresas de hoje são ótimas em encontrar provas para tratamentos que prometem lucro, e em minimizar indícios que atrapalhem isso, além de serem mestres em promover seus produtos entre médicos e o público. Alguns críticos descrevem as indústrias farmacêuticas como gênios do mal — a "Big Pharma" — que pretendem destruir nossa saúde para encher os bolsos. Essa não é minha opinião. Mas reconheço os interesses dos grandes negócios quando os vejo, e as gigantes farmacêuticas de hoje são geralmente brilhantes no que fazem, desde pesquisa e desenvolvimento de ponta até campanhas de marketing e propaganda altamente eficientes. Reconheço que as empresas são privadas; ou seja, a principal responsabilidade que possuem é a de gerar lucro para os acionistas. E, em geral, são muito boas nisso. Sim, às vezes forçam a barra, sobretudo quando tentam convencer as pessoas a tomar um novo remédio para tratar o que seria uma condição leve, quando querem estender a proteção de patente, aumentando o preço de alguns remédios, ou quando buscam convencer médicos a receitar seus produtos. Precisamos de uma supervisão eficiente por parte de agências públicas como a FDA e de elaboração de leis fortes. Com o escrutínio público adequado, não me preocupo tanto com a Big Pharma (embora gostaria que o público soubesse mais do assunto, de modo que pudesse tomar decisões mais bem informadas a respeito de que remédios consumir). Os leitores que quiserem saber mais a respeito dessa dança que gera tanto dinheiro devem ler *Prescribing by Numbers*, obra serena e convincente do historiador da medicina Jeremy A. Greene.

Quanto às estatinas, eis o que acabou acontecendo: um consenso cada vez maior nos anos 1990 e 2000, incentivado em geral por uma pesquisa bem conduzida, sobretudo financiada pela indústria, mostrando que as estatinas eram úteis na prevenção de doenças cardíacas para cada vez mais pacientes com níveis cada vez mais baixos de risco. Os benefícios podiam ser muito pequenos, mas existiam. Alguns entusiastas recomendaram — meio brincando, meio a sério — que se colocasse estatina no fornecimento de água.

Então foi por isso, pensei, que recebi aquela carta. Estou com sessenta e poucos anos (o que é um fator de risco em si) e tenho colesterol um tanto elevado. Meu coração está bem e minha pressão sanguínea é normal; não fumo, faço exercícios de forma moderada, tenho uma boa dieta, e nunca tive problemas de coração. É bem verdade que, vinte anos atrás, tive o que é chamado, de forma hilária, de "acidente cerebrovascular" — um pequeno coágulo bloqueou temporariamente um fluxo de sangue na parte do meu cérebro responsável pelo meu equilíbrio. Depois de algumas horas de vertigem e de alguns anticoagulantes aplicados no hospital, o problema desapareceu e não tive complicações de longo prazo. Isso entrou no meu histórico como um fator de risco cardíaco. E, hoje, esse pequeno coágulo, junto com meu colesterol elevado, levaram um programa de computador a informar alguns especialistas sem rosto no meu plano de saúde de que meus fatores de risco eram altos o suficiente e que valia a pena tomar uma estatina. Eram apenas números sendo processados e cartas sendo impressas. Plano de saúde por algoritmo. O resultado: um médico que nunca vi me recomendava tomar uma nova droga controlada, provavelmente pelo resto da minha vida.

Isso mostra uma mudança recente e impressionante na prática da medicina. Estamos, como sociedade, nos afastando de um conceito de saúde baseado em como nos sentimos enquanto indivíduos, e nos dirigindo a um mundo no qual o nosso cuidado depende de nossa posição numa curva estatística. No meu caso, *sinto-me* bem, mas meus números não estão certos. Quando isso ocorre, você tem um risco mais elevado de ter um problema de coração no futuro. Tomar um remédio para baixar o colesterol, de acordo com essa lógica, diminuirá o risco.

Não parece tão ruim quando se fala dessa maneira.

Então por que essa carta me incomodou? Porque não quero que as minhas decisões estejam separadas da maneira como me sinto. Não quero computadores determinando as recomendações do meu plano de saúde no lugar do meu clínico geral. Sou uma daquelas pessoas antiquadas que preferem ser tratadas como indivíduos, não com um conjunto de dados.

Antes de tomar uma decisão quanto às estatinas, era preciso descobrir mais sobre os benefícios pessoais que a droga me traria e os riscos que eu de fato correria. Então fiz o que o pessoal da ciência sempre faz: sentei-me diante do computador. Eu tinha perguntas e achava que a internet poderia respondê-las: uma estatina me beneficiaria, mas quanto? Havia pequenos riscos, mas quão pequenos? O quanto eu deveria me preocupar com o meu risco pessoal de uma doença cardíaca? Comecei a fazer uma simples análise de risco/benefício, prós e contras.

Benefícios versus efeitos colaterais. Parece bem fácil. Mas quanto mais eu investigava as estatinas, quanto mais buscava entendê-las, mais complicada ficava a situação.

O benefício é reduzir o colesterol, certo?

Bom, não exatamente. O verdadeiro benefício, o que todo mundo busca, é evitar problemas cardíacos. *Esse* é o objetivo. Muitos médicos (e toda indústria farmacêutica que fabrica uma estatina) acreditam que as estatinas fazem isso. E em muitos casos — especialmente em pacientes com colesterol elevadíssimo e um histórico de problemas cardíacos — ajudam. Para pacientes de alto risco, as estatinas salvam vidas, não há dúvidas.

No entanto, as coisas ficam menos claras quando se trata de pessoas como eu, pacientes de risco moderado com colesterol elevado (mas não a ponto de disparar um sinal vermelho de alerta) e com pouco ou nenhum histórico familiar e pessoal de doença cardíaca.

Minha pesquisa me levou rapidamente à velha hipótese de lipídios de Ancel Keys, e toda a ideia de que a gordura na dieta leva ao colesterol alto e à doença cardíaca. Sempre parti do princípio de que essa hipótese estava certa; cresci ouvindo-a. Pensei que tinham provado que era verdadeira nos anos 1980 e 1990.

Porém, quanto mais eu lia sobre a hipótese dos lipídios, mais dúbia ela parecia. Para começar, todas essas dietas de baixo teor de gordura não fizeram tão bem quanto se imaginava. Como era esperado, muitas pessoas descobriram que comer menos gordura baixava o nível de colesterol. No entanto, junto com as dietas de baixa gordura, muitos americanos trocaram essas comidas por outras ricas em açúcares e grãos, o que aumentou o número de diabéticos. A diabetes é um fator de risco para a doença cardíaca. E, em geral, quanto mais açúcar as pessoas consumiam, maiores eram as chances para doenças cardiovasculares. Então era difícil separar os efeitos de uma dieta com pouca gordura ao analisar os números das doenças cardíacas no mundo real.

Havia outra coisa confusa também: as taxas de doença cardíaca atingiram um ápice nos anos 1950 nos Estados Unidos e começaram a decair no início dos 1960, décadas antes das estatinas surgirem. Em grande parte, isso tinha a ver com a diminuição no número de fumantes (outro grande fator de risco para doenças cardíacas). E os números continuaram baixando depois das estatinas. Porém, mudar a atitude do país em relação à gordura e acrescentar todos esses remédios não mudaram muito essa questão.

Vários pesquisadores estudando a relação entre colesterol, estatinas e doença cardíaca também ficaram intrigados. À medida que os estudos avançavam, iam surgindo descobertas confusas, inesperadas e paradoxais. As estatinas estão entre as drogas mais estudadas na história; era de esperar que, após décadas de pesquisa intensa, durante as quais toneladas de drogas que reduzem o colesterol foram usadas por milhões de pacientes, seríamos capazes de determinar como a alimentação e as drogas estão relacionadas aos níveis de colesterol no sangue, e como isso afeta a doença cardíaca. No entanto, as relações seguem difíceis de compreender, e há cada vez mais artigos questionando as respostas simples.

Por exemplo: em um estudo de 2016, pesquisadores acompanharam mais de 31 mil pacientes que tomavam estatinas, observando os níveis de colesterol LDL (o infame "colesterol ruim") e a incidência de doença cardíaca. Descobriram que abaixar níveis altíssimos de LDL de fato ajudava a prevenir a doença — mas só até certo ponto. Para a surpresa dos pesquisadores, os pacientes que baixavam o LDL até os menores níveis — abaixo de 70 mg/dL, o alvo dos regimes de estatina — não se saíram melhor do que os que só conseguiram baixar até a faixa entre 70 e 100. Na verdade, qualquer valor abaixo de 90 parecia não fazer diferença para a prevenção de ataques cardíacos. O colesterol baixo não era necessariamente algo melhor. Um golpe contra a hipótese dos lipídios.

Em outro artigo de 2016, uma análise de dezenove estudos concluiu que, segundo as evidências, um LDL mais baixo não parecia influenciar muito na mortalidade geral (isso é, a morte provocada por qualquer causa) em pacientes com mais de sessenta anos de idade. E, pior ainda, quanto mais baixos os níveis de LDL, mais a mortalidade cardiovascular *subia*. Havia até indícios de que um nível mais alto de colesterol total no sangue podia proteger contra o câncer. "Tendo em vista que as pessoas mais velhas com alto LDL-C [total de colesterol LDL] vivem tanto ou mais do que as pessoas com baixo LDL-C, nossa análise nos leva a questionar a validade da hipótese do colesterol", concluíram os autores.

E outra análise sistemática recente, abrangendo quarenta estudos, concluiu que o "colesterol na dieta não foi associado estatisticamente, de forma significativa, a qualquer doença co-ronária", embora pudesse elevar o colesterol total no sangue. E as estatinas? Como se esperava, muitos estudos apontaram seus benefícios. Mas outros concluíram que eram mínimos ou inexistentes. Uma análise de 2015 dos principais estudos com estatinas resumiu que "um exame cuidadoso da maioria dos testes clínicos aleatórios com estatinas [...] demonstra clara-mente que, ao contrário do que foi dito há décadas, as estati-nas não têm um efeito significativo na prevenção primária ou secundária de doenças cardiovasculares".

Há um número equivalente de estudos argumentando que as estatinas, de fato, reduzem o risco de doenças cardíacas para muitos pacientes de risco moderado, então o vaivém cien-tífico prossegue. E isso é de esperar: a ciência, quando está em seu melhor momento, tem uma série de discussões quanto à validade dos dados. Os cientistas são céticos crônicos em re-lação ao trabalho dos outros, e devem ser assim mesmo, pois é somente através de críticas cuidadosas, discussões constantes e repetidos estudos que aparecem fatos relevantes.

Levando em conta o estado da pesquisa de estatinas, minha conclusão foi esta: em geral, colesterol elevadíssimo está cor-relacionado a um maior risco de problemas cardíacos. É um fator de risco. Mas é um fator de risco complexo, com mui-tas ressalvas e efeitos às vezes discutíveis. E é apenas um den-tre vários outros, incluindo fumar, histórico familiar, dieta e exercício. Todos esses fatores têm um papel tão importante quanto o colesterol. Estatinas são ótimas para pacientes com colesterol altíssimo, especialmente quando eles também têm um histórico familiar de colesterol alto — os grupos que pri-meiro receberam a aprovação para o tratamento. Mas para pes-soas como eu, pacientes de risco médio ou baixo, com um co-lesterol mais ou menos alto, o benefício de tomar uma estatina permanece, no melhor dos casos, discutível.

***

No entanto, você não saberia isso apenas lendo as propagandas dos remédios. Poucos anos atrás, por exemplo, uma propaganda do Lipitor (uma estatina que vende muito) trazia esta manchete ousada: "Lipitor reduz o risco de um ataque cardíaco em 36%*".

Isso com certeza parece algo bom. Mas também parece fora de sintonia com o que eu andara lendo sobre os benefícios das estatinas. Então fui conferir o asterisco. Levava a um texto em fonte pequena na parte inferior da propaganda: "* Isso significa que num grande estudo clínico, 3% dos pacientes que tomaram uma pílula de açúcar ou um placebo tiveram um ataque cardíaco, comparados com os 2% dos pacientes tomando Lipitor".

Se você decifrar a mensagem, verá que a propaganda quer dizer isto:

Pegue duzentas pessoas com fatores de risco para doenças cardíacas e as separe de forma aleatória em dois grupos. Um dos grupos recebe uma estatina diária, o outro um placebo (uma pílula que não serve para nada). Agora, acompanhe o que acontece. Depois de um tempo — seis meses, alguns anos, seja lá quão longo for o seu estudo —, você pode contar quantas pessoas em cada grupo tiveram um problema cardíaco. Irá descobrir que no grupo de placebo houve três ataques cardíacos. E no grupo que recebeu estatinas, apenas dois. A estatina funciona! Parece ter impedido um ataque cardíaco.

Mas como comunicar isso ao público? Não dá para fazer o que eu fiz no parágrafo anterior, porque essa explicação é longa e fraca demais. É preciso resumir de forma mais simples e forte. Então você olha os números de uma certa maneira. Indústrias farmacêuticas gostam de enfatizar o que é chamado de "risco relativo", porque fazem os benefícios parecerem maiores. Nesse exemplo, o grupo de placebo teve três ataques cardíacos, e o de estatinas apenas dois. Se você estiver olhando apenas para aqueles poucos pacientes que tiveram ataques cardíacos, vai concluir que o risco diminuiu em um terço, de três para dois. Uma redução de 33% em ataques cardíacos! Chamem os redatores.

O número é, ao mesmo tempo, verdadeiro e enganoso. O risco relativo leva em conta apenas o pequeno número de pacientes que sofreu um ataque cardíaco. Ignora todas as outras pessoas envolvidas no teste. Lembre-se de que a grande maioria das pessoas, nos dois grupos de teste, tomando ou não o remédio, não teve um ataque cardíaco. Para elas, tomar estatina não fez a menor diferença. Se você observar todo o grupo de teste, não somente quem teve ataques cardíacos, vai concluir que a estatina impediu um ataque cardíaco a cada cem pacientes. Há uma redução no risco absoluto, e neste caso é de 1%. Mas uma manchete dizendo que "reduz ataques cardíacos em 1%" não parece tão interessante. E, no entanto, é a verdade. Os bem remunerados redatores e redatoras de anúncios de remédios ganham a vida fazendo coisas desse tipo, como valorizar o risco relativo e ignorar o risco absoluto.

E qual é o certo, o relativo ou o absoluto? Os dois. É tudo questão do que deve ser enfatizado. Médicos tendem a levar ambos em conta. E quando você olha para a questão dessa maneira, mesmo uma redução de apenas 1% no risco absoluto pode significar a prevenção de milhares de problemas médicos devastadores numa população grande. No entanto, também significa que milhões de pacientes tomarão um remédio que não lhes trará benefício algum.

Com minha fé na hipótese dos lipídios abalada, queria saber mais a respeito do meu verdadeiro risco cardíaco. E isso me levou a outra longa investigação.

Mas acabei notando que estimar o seu próprio risco pessoal de contrair doença cardíaca está longe de ser uma ciência precisa. Tendo em vista que os índices de colesterol, por si sós, são menos importantes num prognóstico do que antes se pensava, os médicos estão cuidadosamente deixando de confiar apenas nesses números e passando a considerar diversos fatores de riscos.

Estes são os principais fatores de risco para doença cardíaca:

- Pressão alta;
- Histórico de fumante;
- Diabetes;
- Colesterol alto;
- Idade;
- Histórico familiar ou pessoal de doença cardíaca.

Ao observar o histórico do paciente e avaliar fatores de risco como esses, os médicos podem colocar tudo numa fórmula e fazer uma mistura de estimativa com adivinhação sobre o risco futuro do paciente.

É possível fazer isso on-line — há vários sites nos quais é possível inserir os números e descobrir suas chances de ter um problema cardíaco no futuro —, mas é preciso desconfiar um tanto dos resultados. Se você consultar diferentes calculadoras de risco, notará que usam combinações um tanto diversas de fatores de risco; os resultados podem variar.

O mais importante é que o seu médico recomenda um medicamento baseado nessa ideia geral de risco. E muitas coisas mudaram nesse sentido também. Hoje, médicos tendem a receitar estatina mais do que há uma década, porque acham que cada vez mais pacientes são candidatos à terapia. Este é o motivo:

Em 2013, duas organizações muito respeitadas — a American College of Cardiology (ACC) e a American Heart Association (AHA) — lançaram dois novos guias para receitar estatinas.

As recomendações reduziram muito o limite para a recomendação do tratamento com estatina, diminuindo-o de 20% de risco de ter uma doença cardíaca no futuro para algo mais próximo a 7,5%. Isso expandiu enormemente o número de pacientes em potencial. De repente, recomendavam-se remédios a milhões de pessoas que nunca tiveram uma doença cardíaca e eram consideradas de risco moderado. E isso nos traz de volta à carta que recebi.

Houve muita controvérsia desde então, e pesquisadores argumentam a favor e contra os guias de 2013 nas páginas dos periódicos médicos, em blogs, matérias na imprensa, discutindo tudo, desde a precisão da estimativa de risco até quais estudos das estatinas são mais importantes. Alguns médicos acham que os guias da ACC/AHA valem ouro, outros acham que são inúteis. Não há um grande consenso na comunidade científica.

Não há dúvidas de que se você já sofreu um infarto, já é automaticamente um paciente de alto risco, as estatinas são muito boas para diminuir o risco de um segundo ataque. Isso se chama prevenção secundária. Não há dúvidas quanto ao uso de estatinas nesse caso.

Mas eu não me encaixava nisso. Nunca tive um infarto. Sou o que se chama de "alvo de prevenção primária" — a ideia é tentar prevenir um problema antes que ele ocorra. E a prevenção primária é o lugar de ação das estatinas. Os novos guias, ao enfatizar o uso desses medicamentos em um grupo mais amplo de pacientes de prevenção primária com risco moderado, representaram uma boa notícia para os acionistas das empresas — e uma bênção questionável para os pacientes. Pois quanto mais um remédio é receitado, mais pessoas sofrem de efeitos colaterais. E as estatinas, embora sejam seguras quando comparadas com a maioria das drogas, também têm efeitos colaterais.

***

Não existe remédio sem efeito colateral. Isso é verdade até para as drogas que podemos tomar todos os dias, como a cafeína, ou que ficam no armário do banheiro, como a aspirina, ou qualquer uma dos milhares disponíveis com receita. Quando se trata de remédios, a regra é que você não obtém os efeitos positivos sem algum risco (menor, assim se espera) de ter os ruins.

Os efeitos colaterais mais comuns das estatinas incluem:

- Dor muscular e fraqueza;
- Diabetes;
- Perda de memória, problemas cognitivos.

Outros efeitos colaterais raros, mas muito mais sérios, incluem:

- Rabdomiólise (deterioração severa dos músculos que pode levar a danos no rim);
- Lesão no fígado;
- Mal de Parkinson;
- Demência;
- Câncer.

O risco dos efeitos colaterais geralmente aumenta junto com a dose, e, por isso, pacientes que tomam quantidades mais elevadas de estatinas tendem a ter mais problemas. A maioria dos médicos tenta manter a dose o mais baixa possível, desde que o resultado desejado seja alcançado.

Há muita controvérsia em relação aos efeitos colaterais mais comuns das estatinas — tanto no que diz respeito à frequência quanto à severidade.

Dor muscular e fraqueza

Entre um décimo e um terço de todos os pacientes de estatinas relatam algum grau de problemas relacionados aos músculos depois que começam a tomar o remédio. Por que não se sabe ao certo quantos? Em parte porque muitos estudos grandes preferem ignorar esse efeito colateral, considerando-o menor e subjetivo demais para ser acompanhado. Os médicos sabem que é difícil distinguir entre as dores comuns do dia a dia — o tipo que incomoda alguém, esteja essa pessoa tomando remédios ou não — daquelas que podem ser causadas pela substância. Alguns estudos indicam que relatos de problemas musculares podem ser exagerados, pelo fato de que os pacientes passam a prestar mais atenção no próprio corpo depois de começarem a tomar remédios, culpando a droga pelo que seriam cãibras e dores normais. Há casos bem documentados nos quais até mesmo pacientes tomando um placebo passam a sentir esses efeitos colaterais — o efeito chamado de "nocebo" — porque acham que estão ingerindo uma droga que causa esses efeitos. Isso torna coisas como dor muscular muito mais difíceis de acompanhar. Em grande medida, no entanto, problemas musculares relacionados a estatinas são considerados menores e em geral se resolvem com uma pausa temporária na ingestão do remédio, ou pela mudança por outra estatina.

Ao mesmo tempo, quase não há dúvidas de que dor muscular e fraqueza realmente afetem muitas pessoas que fazem uso das estatinas. Os efeitos podem ser graves o bastante para comprometer a mobilidade e a tolerância a exercícios. Na verdade, esse é o principal motivo pelo qual as pessoas deixam de tomar estatinas. Na maioria das vezes, os efeitos relacionados ao remédio são muito leves, indo de uma rigidez e dor até cãibras e fraqueza. Em casos raríssimos, as drogas provocam problemas mais sérios: de uma inflamação paralisante a um dano muscular que deixa a pessoa em risco de vida. Alguns pesquisadores até acham que as estatinas podem provocar problemas cardíacos ao danificar a ação muscular no coração e nos vasos sanguíneos, embora os indícios que apontem para isso sejam fracos.

Outros pesquisadores temem que os problemas musculares sejam sinal de algo maior. Afinal, por que tomar um remédio anticolesterol provocaria efeitos colaterais nos músculos? A resposta está nos centros produtores de energia das células, estruturas microscópicas chamadas mitocôndrias. A ideia é que as estatinas podem de certa maneira afetar as mitocôndrias, levando à fraqueza e à dor, conforme os relatos dos pacientes. Mitocôndrias têm um papel vital em muitas funções celulares; na verdade, não podemos viver sem elas. A possibilidade de que as estatinas possam danificá-las — o que acarretaria efeitos a longo prazo que vão além de dor — está sendo investigada por vários centros de pesquisa.

Diabetes

A maioria dos médicos não se preocupa muito com dores menores. No entanto, ficam realmente tensos com a ligação entre estatinas e diabetes. Mais uma vez, há discussões e controvérsias quanto à seriedade do problema. A maioria dos primeiros entusiastas negou por completo esse perigo. Porém, mais recentemente, estudos de longo prazo mostraram que existe de fato um pequeno risco no aumento de diabetes.

Embora agora seja amplamente aceito que as estatinas aumentam o risco de diabetes, a dúvida é quanto. De um lado do espectro, estão estudos que mostram que tomar estatina por um ano ou mais aumenta o risco de ocorrência de diabetes entre um mínimo de quatro ou cinco casos a cada mil pessoas e um máximo de cinco ou seis vezes mais chance. Uma grande revisão de testes concluiu que tomar estatinas provoca diabetes em cerca de um paciente a cada cem. Depende do estudo, da dosagem e do tempo em que os pacientes são acompanhados, assim como do risco de diabetes que o paciente já sofria antes de começar a tomar as estatinas. Quanto maior esse risco, mais a estatina tende a impulsionar o desencadeamento da diabetes — como se as estatinas desmascarassem a diabetes naqueles que já tinham mais risco de desenvolvê-las. Num artigo escrito por médicos da Johns Hopkins, recomendava-se que "pessoas com pré-diabetes só devem tomar estatinas se tiverem um risco muito elevado de ataque cardíaco ou derrame".

O júri em relação a diabetes ainda não chegou a uma conclusão, porque a maioria dos estudos é de relativamente curto prazo, durando poucos anos. Pesquisas mais longas são necessárias para avaliar os riscos completos de condições que são gestadas a longo prazo, como a diabetes relacionada a estatinas. Provavelmente ouviremos falar mais disso nos próximos anos.

Problemas cognitivos

Nenhum efeito colateral das estatinas é menos compreendido do que os relatos de pacientes que falam de perda de memória, confusão, "névoa mental" e outros problemas relacionados à função cerebral. Os efeitos são, em sua maioria, leves e tendem a desaparecer quando o paciente larga as estatinas. Como as dores musculares, são difíceis de acompanhar ou de associar de forma definitiva ao uso de estatinas. A maior parte dos primeiros estudos nem sequer monitorou esses efeitos colaterais, e a maioria dos médicos não chegou a considerá-los suficientemente importantes. No entanto, relatos anedóticos se tornaram tão comuns que a FDA acrescentou um alerta para efeitos colaterais cognitivos em todas as bulas das estatinas.

Uma coisa com que praticamente todos concordam é que precisamos de mais informações quanto aos efeitos colaterais desses remédios. É importante lembrar que essas drogas, de modo geral, estão entre as mais seguras já fabricadas. Compare os efeitos colaterais da estatina com os de medicamentos com os quais poucas pessoas se preocupam — aspirina, por exemplo, com seus riscos de úlcera, cãibra e sangramento interno, é uma droga que mata milhares de pessoas por ano —, e você começa a compreender quão pequenos são os pontos negativos das estatinas.

Porém, há motivos para crer que a maioria dos estudos até agora tenda a reduzir a extensão dos efeitos colaterais das estatinas. Em parte, porque são tão leves que ficam abaixo do nível de preocupação dos médicos. E, em outra parte, porque muitos dos estudos foram realizados ou apoiados por indústrias farmacêuticas, que tendem a salientar os benefícios e minimizar os riscos em suas divulgações. Outro fator para se levar em conta: muitos efeitos colaterais podem demorar anos para aparecer, e a maioria dos resultados até agora veio de estudos de curto prazo.

Se as estatinas seguirem o padrão de tantas outras drogas de êxito comercial, descobriremos a verdade sobre seus benefícios e efeitos colaterais com o passar do tempo, à medida que mais pessoas forem consumindo a droga e os estudos de longo prazo forem sendo completados. Mas se há algo de que podemos ter certeza é que, como foi dito na *Scientific American*: "Não há dúvidas de que o maior número de usuários de estatinas será associado a cada vez mais relatos de efeitos colaterais negativos".

Estamos novamente diante do ciclo Seige. Passamos do primeiro estágio de lua de mel e entramos no segundo período de revisão crítica. Quando um trabalho independente, feito em um período mais longo, fornecer uma visão mais equilibrada e completa, atingiremos o terceiro estágio, e as estatinas, assim como todas as drogas que um dia foram consideradas milagrosas, serão vistas pelo o que de fato são: um acréscimo importante ao tratamento de saúde em alguns casos, mas desnecessário em outros.

O uso crescente de estatinas traz à tona duas outras questões relacionadas e mais ou menos ocultas.

Uma gira em torno da "medicalização" de nossas vidas. Esse termo de definição precária é usado para descrever uma tendência perturbadora na nossa sociedade, na qual as coisas que antes resolvíamos por conta própria — como estilo de vida, problemas de saúde de baixo risco, idiossincrasias pessoais — agora viraram condições médicas tratáveis. Isso costuma andar de mãos dadas com o surgimento de um novo remédio adequado para tratar a nova condição. Os tranquilizantes são um exemplo clássico. Quando o Miltown, o primeiro tranquilizante leve, foi descoberto por volta de 1950 (ver p. 169), ninguém sabia direito o que fazer com ele. Antes disso, jamais houvera um remédio para ansiedade leve. Era considerada um problema pouco importante; quem sofria disso lidava por conta própria com a questão, falava disso com amigos ou conselheiros, e esperava passar. Porém, quando surgiu uma droga para tratá-la, de repente a ansiedade leve virou uma condição tratável com remédios. Foi repensada, redefinida e medicalizada, e os tranquilizantes viraram drogas campeãs de vendas. Mais ou menos a mesma coisa aconteceu após o surgimento de remédios para DDAH — o que antes era visto como um problema comportamental na escola virou uma doença curável com remédios, e a definição de quem pode se beneficiar do medicamento foi sendo ampliada até que, aparentemente, uma a cada dez crianças estava tomando alguma espécie de fármaco. Essa expansão de categorias de doenças tratáveis pode ser bem-intencionada, mas também é um pouco assustadora. O universo de condições que podem se beneficiar com o uso de algum medicamento prescrito cresce até milhões de pessoas acharem que elas (ou seus entes queridos) estão doentes ou correndo riscos graves — um risco diagnosticável e tratável com remédios —, mesmo se estiverem se sentindo bem. Problemas menores podem se tornar grandes fontes de renda para as empresas. Com um grupo muito maior de pacientes em potencial ficando cada vez mais preocupado com os próprios riscos de saúde, o mercado para remédios cresce. O resultado são grandes vendas.

Na melhor das hipóteses, a medicalização é uma tentativa de melhorar a saúde, reconhecendo que o poder dos tratamentos modernos pode ser aplicado para uma gama cada vez maior de problemas e usado para impedi-los antes que se agravem. Na pior das hipóteses, pode se tornar o que foi chamado de "alarmismo de doenças" — enfatizar ou redefinir riscos de uma doença para aumentar o mercado para os remédios.

Seriam as estatinas parte do problema? Alguns críticos afirmam que a ampliação da base de pacientes para incluir dezenas de milhões de pessoas aparentemente saudáveis — a maioria de meia-idade, com algum nível de risco um pouco mais alto, mas sem histórico de problemas no coração — é outra maneira de medicalizar nossas vidas, de levar pessoas sem sintomas da doença a começar um tratamento com drogas. Há fortes contra-argumentos também, com proponentes de uso mais amplo de estatina, apontando que remédios são necessários para enfrentar os efeitos de dietas cada vez mais gordurosas e estilos de vida cada vez mais sedentários.

Essa é uma área de discussão intensa. Mas o resultado, no momento, é que se receitam estatinas a cada vez mais pessoas para prevenir um número cada vez menor de ataques cardíacos.

Isso nos leva a um segundo efeito colateral, um tanto oculto: o uso de estatinas para evitar escolhas pessoais mais difíceis. Ao tomar o remédio, usuários podem achar que seu problema de colesterol esteja resolvido e, assim, evitam fazer mudanças de estilo de vida mais difíceis, como dieta e exercícios. Alguns pesquisadores temem que as drogas ofereçam uma falsa sensação de segurança: a ideia de que tomar uma estatina pode compensar más escolhas alimentares e uma vida sedentária. Tomar o comprimido resolve o problema, ou seja, você não precisa fazer tanto exercício ou comer tantos vegetais. Ou, como disse um especialista médico, drogas como as estatinas "deram um curto-circuito na ligação entre esforço, responsabilidade e recompensa na área da saúde".

E há provas de que isso esteja mesmo ocorrendo. Por exemplo, um estudo de 2014 (com o subtítulo nada científico de "Comilança na era das estatinas?") descobriu que pacientes tomando estatinas apresentavam uma tendência significativa a aumentar o consumo de gorduras e calorias — e engordavam por causa disso. A tendência piorou ao longo da última década. "Precisamos refletir se isso é uma estratégia pública aceitável, a de encorajar o uso de estatinas sem tomar medidas para diminuir a possibilidade de que seu uso acabe associado a um maior consumo de calorias e gorduras, assim como ganho de peso", concluíram os autores. "Acreditamos que o objetivo do tratamento com estatinas, assim como qualquer outra farmacoterapia, deveria ser permitir que os pacientes reduzam os riscos que não podem ser atenuados sem medicamentos, não os estimular a colocar mais manteiga no bife."

Os especialistas concordam que a chave está em salientar a importância de dietas saudáveis e exercício moderado — mesmo quando se está tomando uma estatina.

Como resultado de eu ter recebido uma propaganda da qual não gostei, passei meses lendo pilhas de artigos, livros e editoriais que tratavam das estatinas, tornando-me um paciente mais bem informado. Saí da experiência com uma compreensão melhor das drogas.

E agora terminei minha análise pessoal de risco-benefício. Para pacientes como eu — de risco baixo a moderado, que nunca tiveram um problema cardíaco, mas têm alguns indícios de risco um pouco mais elevado —, de acordo com os melhores dados que pude coletar, a situação é a seguinte:

- Entre 150 e 270 pessoas com meu nível de risco teriam que tomar uma estatina por cinco anos para prevenir um ataque cardíaco fatal.
- Entre 50 a 100 pessoas teriam que tomar uma estatina por cinco anos para prevenir qualquer forma de problema cardiovascular (fatal ou não).

E os riscos? Ignorando todos os efeitos colaterais raros:

- Se eu começasse a tomar estatina, teria uma chance em dez de desenvolver algum grau de problema muscular leve.
- Aumentaria minhas chances de desenvolver diabetes — mais ou menos na mesma proporção em que diminuiria minhas chances de ter um ataque cardíaco fatal.

As coisas estavam ficando mais claras. Mas ainda não *completamente*. Cheguei a uma conclusão quase igual à dos autores de uma análise recente de estatinas para pacientes de risco leve ou moderado. Eles afirmam que "é provável que os benefícios das estatinas sejam maiores do que os malefícios a curto prazo, embora os efeitos a longo prazo (ao longo de décadas) continuem desconhecidos. Deve-se tomar cuidado ao receitar estatinas para prevenção primária em pessoas com baixo risco cardiovascular".

***

Bom, aí se chega a um ponto em que é necessário tomar uma decisão. E eu tomei a minha. Depois de conversar com o meu clínico geral — um sujeito gregário que recomendou que eu "tirasse a ferrugem dos meus canos" com uma estatina (adoro a maneira como o meu médico me comunica as informações) —, eu disse que não, não iria limpar meus canos. O que eu faria, em vez disso, era cuidar mais da minha dieta e do meu exercício. Nada de radical. Também escreveria uma carta simpática ao meu plano de saúde pedindo que parassem de me mandar conselhos não solicitados. Passaria a ler as propagandas de drogas com mais ceticismo. Deixaria em banho-maria qualquer preocupação relativa a problemas cardíacos. Esqueceria as estatinas e me concentraria em aproveitar a vida.

Mas eu sou assim. Outros mais ou menos na mesma categoria de risco, lendo as mesmas informações a respeito dos mesmos medicamentos, talvez preferissem outra coisa. Algumas pessoas apenas farão o que o médico recomendar. Outras acharão que é como a loteria: as suas chances de ganhar podem ser baixas, mas você não tem como ganhar se não comprar um bilhete. Então tomarão estatinas para prevenir aquele ataque cardíaco que ocorre em uma a cada cem pessoas. Sujeitos com aversão a riscos podem encarar os remédios como uma apólice de seguro: as chances de que algo ruim aconteça são pequenas, mas, em todo caso, é melhor estar prevenido. Milhões de pessoas tomam estatinas e não têm problema algum.

E tudo bem. Se você pode pagar pelos remédios, se aceita os efeitos colaterais em potencial, se continuar se exercitando e controlar as ganas de lambuzar o bife de manteiga, vai fundo.

Mas não é para mim.

10.
A perfeição do sangue

Se as estatinas (p. 238) — um perfeito caso ilustrativo sobre o poder que o marketing exerce na medicina — servem de exemplo de algumas das piores coisas das grandes indústrias farmacêuticas de hoje, a próxima história serve como um antídoto. As descobertas mostradas aqui surgiram de uma dedicação à moda antiga, do altruísmo científico e de amizades generosas. Tudo isso resultou num presente ao mundo: uma família de remédios grande e em expansão que são tão precisos, poderosos e seguros que estão mudando a maneira como pensamos a medicina.

O termo "anticorpos monoclonais" parece intimidador até você destrinchá-lo. "Mono" significa um, como *monogamia*. "Clonal", por sua vez, refere-se a fazer clones — cópias genéticas exatas do original, como os cachorros da Barbra Streisand. E anticorpos são moléculas que enfrentam infecções que os glóbulos brancos liberam quando combatem invasores. Anticorpos são como mísseis teleguiados no sangue, capazes de reconhecer e se prender a germes e vírus, ajudando-nos a eliminá-los do nosso organismo. Então, anticorpos monoclonais são mísseis teleguiados produzidos por clones idênticos de glóbulos brancos.

Por que são tão importantes? Porque representam o mais próximo de verdadeiras balas mágicas que temos. Cinco dos dez medicamentos mais vendidos atualmente são anticorpos monoclonais. Você consegue reconhecê-los pelos seus nomes científicos terminados em *mabe* (derivado de Monoclonal Anti-Body). Fazem parte desse grupo o infliximabe (nome comercial Remicade), para tratar doenças autoimunes; bevacizumabe (Avastin) para o câncer; trastuzumabe (Herceptin) para câncer de mama; rituximabe (Rituxan) para o câncer. No topo destes está o adalimumabe (Humira), que está sendo usado para tratar uma lista cada vez maior de doenças ligadas à inflamação. Essas drogas estão gerando bilhões de dólares.

E muito mais monoclonais estão a caminho.

Todas essas coisas — clones de glóbulos brancos, anticorpos dirigidos a doenças específicas — estão ligadas a uma parte incrivelmente complexa e absolutamente vital de nosso corpo: o sistema imunológico. Quando eu estava na faculdade na década de 1970, sabíamos muito menos sobre ele, e para mim o sistema imunológico parecia algo que Rube Goldberg teria inventado durante uma viagem de ácido. Em minha opinião, havia atores demais — uma teia emaranhada de elaboração barroca composta de órgãos, células, receptores, anticorpos, sinais, trajetórias, feedbacks, genes e cascatas enzimáticas que de alguma maneira trabalham juntos para manter nosso corpo seguro. Hoje sabemos muito mais a respeito do sistema imunológico, que agora se parece mais com uma orquestra sinfônica, cada instrumentista fazendo sons diferentes, mas todos tocando a mesma composição, criando uma peça musical grandiosa.

O sistema imunológico de certa maneira sabe distinguir o que é você — suas próprias células — do que não é. Tem a capacidade não apenas de reconhecer bilhões de substâncias estranhas diferentes, mas também de mandar glóbulos brancos produzirem milhões de anticorpos, cada um desenvolvido de forma meticulosa para se agarrar em um alvo específico. O sistema é capaz de se lembrar por anos, até mesmo décadas, desses invasores que não fazem parte de você. Era assim que funcionavam as inoculações de Lady Mary Montagu: expondo um paciente a uma pequena quantidade de uma substância invasora, prepara-se o sistema imunológico para reconhecer e se lembrar do invasor. Anos mais tarde, quando ocorrer outra infecção, o corpo pode aumentar a resposta imunológica de forma muito mais rápida do que sem aquela exposição inicial. Resultado: você está protegido.

No entanto, como as células podem ter memórias? Como são capazes de reconhecer invasores e distinguir entre o que é e não é você? Como pode o sistema imunológico responder a praticamente tudo na natureza que não é você — e isso inclui milhões de substâncias sintéticas que nunca existiram na natureza? Estamos descascando as camadas desse sistema incrível, aprendendo os seus segredos mais profundos, mas boa parte disso permanece profundamente intrigante e infinitamente fascinante. Não é de estranhar que o assunto tenha capturado a imaginação de várias gerações de cientistas.

A verdadeira surpresa é que, na maior parte do tempo, o sistema funciona de forma excelente. Não é perfeito — existem as doenças autoimunes, quando o sistema imunológico decide que as suas próprias células são invasoras e constrói uma defesa; há as alergias, que ocorrem quando a resposta é excessiva para algo que não é seu; há os truques que os vírus e as células cancerígenas desenvolvem para enganar o sistema —, mas é quase perfeito. Está em modo de vigilância completa neste exato instante, trabalhando de forma intensa dentro de você, patrulhando em silêncio, em busca de invasores, montando defesas, limpando seu sistema e mantendo você saudável. A maioria das partes importantes do sistema foi identificada em meados do século XX, e os cientistas começaram a ver como elas trabalhavam juntas em nível molecular, aprendendo como as doenças ativavam o sistema e o que podia acontecer de errado. Mas não tinham resposta para uma coisa. Toda essa nova compreensão não resultava em remédios mais eficazes.

Até 1975.

César Milstein era o epítome de um cientista global. Nascido na Argentina, formado na Grã-Bretanha, dedicado a levar a ciência para países em desenvolvimento ao redor do mundo, Milstein parecia ser a prova viva de que a ciência tinha sido erigida em torno da comunicação aberta e da cooperação internacional. "A ciência não tem fronteiras" — esse tipo de coisa. Hoje isso parece charmosamente antiquado. Porém, Milstein era um cientista encantadoramente fora de moda.

Ele tinha uma aparência condizente: magro, meio careca, parecendo uma coruja com seus óculos grandes, vestindo calça e camisa social por baixo do jaleco. Porém, ele rompia o estereótipo do nerd científico de maneira significativa por um motivo: adorava as pessoas. Sorria bastante. Falava bastante. Era um "homem visto com muito afeto por várias pessoas", como se lembra um de seus diversos admiradores, "com um dom especial para a amizade".

Ele também era brilhante no laboratório — trabalhou na Universidade de Cambridge —, onde estudou anticorpos, essas proteínas que são mísseis teleguiados produzidos pelos glóbulos brancos. Milstein, como muitos outros pesquisadores, estava intrigado com a ampla variedade e a sensibilidade incrível dos anticorpos. O corpo parecia capaz de modelar um número quase infinito de diferentes anticorpos, cada um elaborado de forma a se encaixar numa parte específica de uma substância invasora. Esses alvos podiam variar de poucos átomos na capa de um vírus a uma molécula sintética nunca antes vista, recém-saída do laboratório. O sistema de mira era incrível de tão preciso; bastava ser exposto a um só tipo de bactéria para que o sistema imunológico de um animal criasse centenas de diferentes tipos de anticorpos, cada um mirando diferentes conjuntos de átomos na superfície do invasor. Como era possível tanta variedade?

Milstein mergulhou profundamente nessa questão e em muitas outras, trabalhando com o sistema imunológico no nível das moléculas individuais, tentando descobrir como os glóbulos brancos eram capazes de gerar tantos anticorpos diferentes para tantas substâncias diferentes. Você tem bilhões de glóbulos brancos que produzem anticorpos no seu corpo (são chamados de células B), e assim que são ativados, cada um é capaz de liberar milhões de moléculas de anticorpos por minuto. Cada célula B individual produz apenas uma forma de anticorpo para um alvo específico. Porém, o seu corpo tem bilhões de células B, então é possível produzir anticorpos para bilhões de alvos.

Anticorpos são proteínas, moléculas grandes e complicadas, muito maiores que boa parte dos remédios (os mais antigos, aqueles que muitos dos químicos elaboravam antes de 1975, que agora são chamados de "remédios de moléculas pequenas"). As moléculas de anticorpos possuem o formato da letra Y, e as pontas dos dois braços no topo são os ferrolhos que o anticorpo usa para se agarrar ao invasor. Essas pontas grudentas são precisas para se encaixar em alguma parte do invasor, como um aperto de mão forte. O encaixe precisa ser muito exato para que grudem. Poucos átomos de diferença podem arruinar a ligação. Assim que a conexão é feita, no entanto, ela ativa outras partes do sistema imunológico e pronto, o invasor é expulso.

O laboratório de Milstein buscava entender como o corpo produz anticorpos com esse nível de precisão, e sua equipe procurava meios de cultivar células B fora do corpo para que pudessem ser estudadas com mais atenção. Isso os levou a células produtoras de anticorpos que são cancerosas — células de mieloma —, pois, embora os glóbulos brancos normais parem de se reproduzir e morram pouco tempo fora do corpo, as células cancerosas continuam crescendo para sempre. Não sabem quando parar — e é isso que as torna um câncer. Também são excelentes para estudos em laboratório, pois se você for cuidadoso o bastante, pode cultivá-las para sempre em frascos repletos de nutrientes.

Num encontro científico em 1973, o afável Milstein foi abordado por um jovem alemão que tinha acabado de finalizar seu doutorado e estava interessado em trabalhar no laboratório de Milstein. O cientista mais velho e o jovem pós-doutorando se deram bem. A conversa virou um convite para que Köhler se juntasse ao laboratório de Milstein em Cambridge, e desse convite nasceu uma amizade.

Eram amigos improváveis. Não só por causa da diferença de idade — Köhler tinha vinte anos a menos —, mas também de estilo. Milstein parecia saído da década de 1950, cabelo curto, bem-vestido, baixinho — batia nos ombros de Köhler —, enquanto o alemão era um hippie despreocupado da década de 1970, com barba longa e calças jeans. Milstein trabalhava até tarde, e espera-se que pós-doutorandos como Köhler façam o mesmo, trabalhando nos fins de semana, à noite, fazendo qualquer coisa para impressionar os chefes de laboratório e construir uma reputação. Köhler, no entanto, como notou um colega, tendia a ser "lânguido", e fazia pausas para relaxar, aprender a tocar piano, saindo de férias de quatro semanas com os filhos numa Kombi.

Milstein levava numa boa. Acreditava que a verdadeira criatividade, tanto na ciência quanto em outras áreas, exigia tempo de reflexão. Algumas das melhores ideias surgem quando você está de férias. Além disso, ele e o jovem alemão agora eram mais do que colegas, e passavam um tempo com as famílias um do outro. Era uma dupla estranha, sim, mas compatível, apaixonada pela pesquisa que compartilhavam, trocando ideias. Eram amigos.

Köhler fez diversos experimentos com as células de mieloma de Milstein, produtoras de anticorpos, tentando levá-las a realizar diferentes truques, de modo a entender o funcionamento do sistema imunológico. Aprendeu a fundir duas células de mieloma, juntando seu DNA, como uma maneira de explorar a ligação entre genes e anticorpos. Células de mieloma eram excelentes em certos sentidos: não paravam de crescer e produziam muitos anticorpos. No entanto, tinham outros problemas terríveis. Um deles era que nunca se podiam saber exatamente quais anticorpos estavam sendo produzidos, qual era o alvo deles. Podiam ser bilhões de coisas diferentes. Essas células cancerosas eram tiradas de ratos ou camundongos porque produziam anticorpos, mas podiam ser anticorpos para qualquer coisa. Muito mais poderia ser feito se os pesquisadores conseguissem ligar os anticorpos das células de mieloma aos seus alvos específicos. Köhler tentou encontrar uma maneira de fazer isso, mas fracassou.

Então por volta do Natal de 1974, ele e Milstein tiveram uma ideia ótima. Em vez de fundir duas células de mieloma, que tal tentar fundir uma célula de mieloma que existe há bastante tempo com um glóbulo branco normal, não canceroso, de um camundongo? Se fosse possível fazer com que esse híbrido vivesse para sempre, como um mieloma, e se ele produzisse o anticorpo específico do glóbulo normal do camundongo (e você poderia aumentar suas chances preparando o camundongo para produzir muitos glóbulos brancos para um alvo específico), você acabaria justo com o que eles buscavam: frascos de células cancerosas que produzem anticorpos específicos para um alvo conhecido.

Ninguém nunca tentara aquilo antes, provavelmente porque não pensavam que pudesse ser feito. A fusão entre uma célula cancerosa e uma normal podia não dar certo porque os cromossomos de uma podiam não funcionar bem com os de outra, e as células resultantes seriam uma bagunça genética e provavelmente morreriam, ou se vivessem, talvez não produzissem os anticorpos desejados. Mas quem não arrisca não petisca. Köhler arriscou.

Ele fundiu algumas células e, como esperado, a maioria das híbridas morreu. Mas algumas sobreviveram. E passaram a crescer e a se multiplicar. E Köhler trabalhou com esses pequenos grupos de células, separando-as cuidadosamente, colocando cada célula individual no seu próprio recipiente de nutrientes. E esperou para que se reproduzissem e virassem uma colônia grande o bastante para que pudessem ser vistas a olho nu. Ele e Milstein chamaram essas colônias de células de mieloma híbridas de "hibridomas". Cada hibridoma era composto de descendentes idênticos — clones — da primeira célula individual que Köhler havia separado. Mas estavam produzindo os anticorpos desejados? Os pesquisadores não queriam um anticorpo aleatório: precisava ser um do lado não canceroso da fusão, o anticorpo que eles prepararam o camundongo para gerar. O anticorpo com um alvo.

Köhler precisou esperar que os hibridomas ficassem grandes o bastante para que produzissem anticorpos suficientes para testar. Era como um fazendeiro cuidando de suas mudas — garantindo que estivessem saudáveis, que o banho de nutrientes estivesse na medida certa, que o espaço não ficasse lotado. Depois de semanas, quando as colônias de hibridomas cresceram o suficiente e chegou o momento de testar os anticorpos, Köhler estava tão nervoso que levou sua esposa ao laboratório para que ela o acalmasse enquanto observava os resultados, e para reconfortá-lo caso fosse um fracasso.

Quando viu os primeiros resultados, deu um grito. Beijou a esposa. O experimento funcionara. Um bom número dos hibridomas estava produzindo o anticorpo que ele buscava. "Foi fantástico", ele disse. "Eu estava muito feliz."

E foi assim que um judeu argentino e um hippie alemão, trabalhando num laboratório britânico, conseguiram fazer uma das maiores descobertas médicas do século XX. Seguiram lidando com esses novos hibridomas e os anticorpos que produziam. Como chamar esses anticorpos para distingui-los de todos os outros? Cada célula de hibridoma podia ser cultivada a ponto de ocupar salas cheias de cópias exatas, milhões de pequenas fábricas biológicas, todas trabalhando dia e noite, criando o mesmo anticorpo puro. Então deram um nome lógico: anticorpos monoclonais. Encontraram uma maneira de separar e duplicar apenas um anticorpo entre os caóticos bilhões que povoam o corpo, fazendo o que antigos alquimistas tentaram tanto realizar: purificar um simples elemento a partir das misturas complexas e selvagens da natureza, criando em grandes quantidades um remédio natural com um alvo muito preciso. A diferença essencial entre anticorpos monoclonais e outras técnicas para impulsionar o sistema imunológico, incluindo vacinas, era essa pureza bem direcionada. Injete uma vacina no corpo, e depois de um período de dias ou semanas, o sistema imunológico responde gerando vários tipos de anticorpos. Podem enfrentar uma infecção futura. Isso é bom. Mas injete um anticorpo monoclonal no corpo e não há espera alguma. O remédio monoclonal concentra todo seu poder num só alvo, identificado pelos pesquisadores como sendo a parte mais vulnerável e importante da doença. Os médicos podem atingir rapidamente e com força esse alvo, quase não perturbando o resto do corpo. Séculos atrás, Sir Thomas Brown escreveu que a "arte é a perfeição da natureza". O que Milstein e Köhler fizeram foi algo parecido com arte no laboratório. Atingiram a perfeição do sangue, um refinamento do sistema de defesa mais poderoso do corpo, criando um conjunto de medicamentos extremamente precisos e puros.

O potencial para anticorpos monoclonais era enorme. No final de sua primeira publicação descrevendo a descoberta, Milstein e Köhler escreveram: "Essas células podem ser cultivadas in vitro em culturas enormes para fornecer anticorpos específicos". E então subestimaram de forma maravilhosa as expectativas: "Essas culturas podem ser valiosas para uso médico e industrial".

Na verdade, a descoberta deles valia uma fortuna.

E eles não a patentearam.

Isso, para mim, representa um dos movimentos mais admiráveis e altruístas da história da descoberta de medicamentos. Tratava-se de uma questão de prioridades, um reflexo de quem Milstein e Köhler realmente eram: verdadeiros cientistas, não homens de negócio. O objetivo era descobrir mais a respeito da natureza e beneficiar a humanidade, não enriquecer.

Então Milstein e Köhler publicaram seus resultados, abriram por completo o jogo, contaram ao mundo como fizeram aquilo, e essencialmente convidaram todos para experimentarem por conta própria.

E muitas pessoas de fato o fizeram. Abriu-se um campo enorme de pesquisa para outros cientistas. Depois de aprender a técnica de Milstein e Köhler, um laboratório após o outro começou a produzir seus próprios hibridomas, construindo lentamente uma biblioteca global de anticorpos direcionados. Grandes indústrias farmacêuticas, farejando lucro, começaram a montar novos laboratórios para explorar essa poderosa nova ferramenta. Era o começo do que chamamos agora de "biotecnologia".

Milstein e Köhler se tornaram famosos, é claro. Começaram a receber prêmios, e o ápice foi um Nobel compartilhado pela dupla (Niels Jerne, outro pesquisador inicial da área, também ganhou) em 1984. Alguns dos prêmios foram apenas para Milstein — afinal, foi o laboratório dele que realizou o trabalho fundamental —, e algumas vozes na imprensa questionaram se ele deveria ficar com todo o crédito. Porém, os dois amigos não morderam a isca. Ambos se lembravam de ter tido aquela ideia e em seguida ter convencido o outro a segui-la. Ambos deram contribuições importantes. De uma maneira ou de outra, ambos perceberam que a descoberta derivou da amizade dos dois, e valorizavam essa amizade mais do que o crédito científico. "Eu não teria pensado nesse problema em qualquer outro laboratório que não o de César Milstein, e provavelmente não teria sido encorajado por ninguém além dele a experimentar", disse Köhler. Quando alguém fazia aquela pergunta a Milstein, ele devolvia o elogio. Quando repórteres os cutucavam, tentando gerar controvérsia, repetiam variantes da mesma mensagem: essa foi uma descoberta conjunta feita por dois amigos, ponto-final.

Por três anos, após a publicação do primeiro artigo, ambos continuaram trabalhando na descoberta. Milstein em Cambridge e Köhler no seu novo cargo no Instituto Basel de Imunologia na Suíça. O assunto despertou muito interesse à medida que cada vez mais imunologistas descobriam que podiam criar uma quantidade infinita de anticorpos direcionados. Quando alguém perguntava, Milstein ficava feliz em compartilhar suas técnicas, ideias e até células de hibridoma. Este era o velho jeito de fazer ciência: quando outro cientista se interessa em prosseguir com sua pesquisa, você deve ajudá-lo.

Foi só em 1978 que alguém se deu conta de que dava para se ganhar muito dinheiro com aquilo. Foi o ano em que os pesquisadores do Instituto Wistar, na Filadélfia, um dos laboratórios que tinha pedido células a Milstein, começaram a registrar patentes para anticorpos monoclonais que tinham criado, dirigidos para enfrentar vírus e cânceres. Seus monoclonais se tornaram possíveis graças às células e ideias de Milstein e Köhler. Mas eles não tiveram escrúpulos de patentear suas variantes — como fazem indústrias farmacêuticas ao pegar o remédio de outra empresa: mexem um pouco nele e patenteiam uma nova molécula.

Milstein ficou pasmo. Ele não tinha pensado muito no assunto de patentes. Antes de a dupla publicar o primeiro artigo sobre hibridomas, Milstein, por cortesia aos chefes da sua instituição, Cambridge, escrevera um recado para informar um oficial de que eles tinham encontrado algo que podia valer a pena patentear. Mas como não houve resposta, eles foram lá e publicaram o artigo — o que, na Inglaterra, significava que eles tinham perdido a maioria dos direitos de patente. Só um ano depois da publicação do artigo é que as engrenagens do governo britânico geraram uma resposta à descoberta numa carta tão atrasada quanto sem noção: "É certamente difícil para nós identificar alguma aplicação prática imediata que possa ser utilizada de forma comercial", dizia a carta.

Então as patentes de Wistar foram registradas e todos perceberam que haviam cometido um equívoco muito custoso. Havia, de fato, possibilidades comerciais para aquelas células. As patentes da Wistar foram o começo de uma corrida pelo ouro dos monoclonais. E os britânicos iam ficar de fora dessa.

O que se tornou conhecido na Inglaterra como "o desastre das patentes" acabou despertando a atenção até da própria primeira-ministra, Margaret Thatcher, a Dama de Ferro, que se graduara em química antes de entrar na política. Ela ficou furiosa com a impertinência dos americanos da Wistar, que agora lucravam com as descobertas britânicas. A situação lembrava muito a história da penicilina: Fleming descobriu na década de 1920 o antibiótico em seu laboratório de Londres, mas não conseguiu purificá-lo em grandes quantidades. Os americanos descobriram como produzir em massa a substância e armazená-la, e então patentearam os métodos e colheram os lucros. Tudo se repetia. Era como um pesadelo recorrente: uma descoberta feita num laboratório britânico, financiada pela Grã-Bretanha, não rendia nada de dinheiro. Começaram as investigações. Políticas foram revisadas. Cientistas foram alertados a não sair compartilhando suas ideias despreocupadamente sem passar pelos meios corretos, garantindo que os direitos à patente, caso existissem, fossem garantidos. O novo modelo para pesquisadores universitários se baseou na necessidade de ter patentes fortes a serem acompanhadas por startups e subsidiárias, comercialização e geração de lucro. Os dias de compartilhamento e coleguismo de Milstein chegaram ao fim.

Um laboratório após o outro, uma empresa após a outra, começaram a produzir anticorpos monoclonais dirigidos a diferentes alvos. Isso foi um divisor de águas na fabricação de remédios. Em vez de testar uma substância após a outra na busca por algo que pudesse funcionar, digamos, uma enzima específica numa cadeia de reações que levava à doença — como Akira Endo fizera com o mofo, procurando a primeira estatina (p. 238) —, agora eles podiam pegar a enzima-alvo, injetá-la num rato, criar células B que produzissem anticorpos que se encaixassem no alvo, e então fundi-las nas células cancerosas para criar um hibridoma que atingisse o alvo. A única pergunta era quais alvos mais renderiam dinheiro.

Havia problemas técnicos também. As células que Milstein e Köhler usaram no seu primeiro sucesso eram de camundongos, o que significava que os anticorpos que produziam eram de camundongos. Quando injetados num humano, esses anticorpos monoclonais de camundongos podiam ser reconhecidos como invasores estranhos — não são humanos, afinal de

282

contas —, desencadeando uma reação imunológica com sérios efeitos colaterais. Laboratórios passaram anos aprendendo a criar quimeras com partes de camundongo e partes humanas — o primeiro anticorpo monoclonal aprovado pela FDA em 1984 era cerca de dois terços humano e um terço de camundongo —, mas o material vindo dos camundongos continuava a provocar reações imunológicas em muitos pacientes. Foram necessários anos aplicando as últimas técnicas genéticas e biológicas para conseguir humanizar por completo os anticorpos. Quase todos os monoclonais de hoje são completamente humanos, e raramente desencadeiam reações imunológicas.

As técnicas e ferramentas que precisaram ser desenvolvidas para essa "humanização" — encontrar meios de ativar e desativar genes, usar métodos cada vez mais precisos para cortar e separar o DNA, mover partes de um organismo a outro — ajudaram no avanço de outras ciências. Todo esse trabalho que envolvia lidar com partes cada vez menores de DNA, manipulando genes como se fossem peças de quebra-cabeça, acabou resultando em triunfos como a decodificação do genoma humano completo — e o estabelecimento da biotecnologia como a nova fonte de descobertas de drogas.

Muitas das novas técnicas com DNA foram imediatamente aplicadas para buscar melhores maneiras de criar anticorpos monoclonais totalmente humanos. Um grande avanço foi alcançado quando os pesquisadores descobriram o que é chamado de *phage display*, uma forma inteligente de recrutar bactérias e vírus para ajudar a produzir anticorpos humanos.

Especialistas começaram a prever que logo seríamos capazes de identificar os genes ligados a doenças como o câncer e o mal de Alzheimer, descobrir o que esses genes estavam produzindo e então criar anticorpos monoclonais para romper o processo da doença onde quiséssemos. Os anticorpos monoclonais nos ajudariam a acabar com os grandes assassinos.

Não foi bem assim. Os monoclonais têm suas limitações. São caros para produzir, exigindo um nível de especialização biológica e de equipamento de alta tecnologia que custa muito dinheiro. Só funcionam quando conseguem se grudar ao alvo, o que significa que só operam na superfície das coisas. Não conseguem penetrar dentro das células, onde muita dessa ação que causa doenças pode ocorrer. E não foram capazes (ainda) de atravessar a barreira sangue-cérebro, limitando suas condições de uso nesse caso.

Ainda assim, sua utilização foi às alturas. No início dos anos 2000, inúmeros monoclonais totalmente humanos começaram a chegar ao mercado. Em 2006 já tinham se tornado, enquanto grupo, a classe de medicamentos que crescia mais rapidamente. Em 2008, havia trinta tipos no mercado global, e se tornaram uma indústria mundial de 30 bilhões de dólares. Seis anos mais tarde, havia quase cinquenta tipos à venda. Acredita-se que o mercado monoclonal atinja cerca de 140 bilhões de dólares por volta de 2024.

A droga mais vendida atualmente gera quase 20 bilhões de dólares por ano. Trata-se do Humira, um anticorpo monoclonal usado para aliviar a dor e o inchaço causado por algumas doenças autoimunes incuráveis, incluindo vários tipos de artrite, psoríase e doença de Crohn. Não funciona sempre — qual remédio funciona? —, mas pode ajudar muitos pacientes que não têm escolha. Rende tanto dinheiro não por causa do número imenso de usuários, mas por ser tão caro. Uma só dose de Humira pode custar aos pacientes (e a seus planos de saúde) mais de mil dólares. O tratamento de um ano pode custar aproximadamente 50 mil dólares.

Anticorpos monoclonais são o maior acontecimento na medicina de hoje. E ainda estão no princípio. Estamos montando bibliotecas enormes de informação a respeito de como os anticorpos são construídos em nível atômico, mapas cada vez mais detalhados de suas áreas ativas, ferramentas cada vez mais precisas para localizar e atacar as doenças. Então podemos criar, modelar e testar um monoclonal para atacá-las. São quase balas mágicas perfeitas.

Cada novo avanço nos ajuda a desenvolver remédios com efeitos positivos mais fortes e menos malefícios, capazes de permanecer por mais tempo no corpo, serem eficazes contra mais enfermidades. Já funcionavam bem contra alguns tipos de câncer, inflamação e contra uma variedade de doenças e enxaquecas, e mostram sinais de que podem ser bons para enfrentar o Alzheimer. Na teoria, os alvos em potencial para esses remédios são tão numerosos quanto o sistema imunológico é complexo. Apenas começamos a explorar suas possibilidades.

Os custos precisam ser reduzidos. O tratamento com monoclonais pode sair muito caro, tanto que só as pessoas mais ricas, pacientes com excelentes planos de saúde, e os casos mais severos se beneficiam deles. A boa notícia é que, à medida que mais monoclonais vão surgindo e as proteções de patente vão expirando, a competição aumentará e os preços devem cair. Mas talvez leve um tempo. A patente inicial do Humira, por exemplo, venceu em 2016, mas a empresa que o fabrica desde 2003 garantiu cerca de cem patentes adicionais cobrindo vários aspectos dos processos e técnicas de fabricação — uma muralha de patentes reforçadas por alguns advogados muito bem remunerados. Isso deve impedir o surgimento de versões mais baratas até aproximadamente 2023.

A maioria das grandes indústrias farmacêuticas fez fortuna com o que chamamos de remédios de moléculas pequenas, desenvolvidos em laboratórios químicos e testados de forma bastante similar ao método usado por Gerhard Domagk para testar drogas quando descobriu a sulfa na década de 1920 (ver p. 122). Elas foram ficando cada vez melhores em localizar drogas de pequenas moléculas e se tornaram excelentes no marketing e na comercialização desses medicamentos. A maioria dos medicamentos neste livro é considerada de moléculas pequenas.

Mas as grandes empresas não estavam preparadas para a nova era que surgiu com os anticorpos monoclonais. Os anticorpos são, comparativamente, moléculas enormes. As maneiras como são desenvolvidos não se baseiam tanto na química, e sim nas ciências biológicas, sobretudo a genética e a imunologia. Os grandes fabricantes de remédios não tinham a mentalidade nem os laboratórios necessários para fazer o salto para a área biológica. Mas bem que tentaram. Relata-se que a Bayer, por exemplo, investiu meio bilhão de dólares num programa para produzir substâncias biológicas, e outras empresas fizeram o mesmo. Porém, as antigas e gigantescas indústrias farmacêuticas foram construídas em torno de um modelo de descobertas diferente, mais químico do que biológico. A mudança para a biotecnologia se revelou muito cara, tanto em termos de dinheiro quanto de tempo. Além disso, por que erigir toda uma nova operação quando era mais fácil e mais barato pesquisar entre as várias startups de biotecnologia que surgiam ao redor de universidades, escolher as mais promissoras e fazer uma proposta? Era possível terceirizar a descoberta.

Energizados pelo sucesso da Genentech — a primeira grande empresa de biotecnologia, fundada em 1976 por um professor e um empresário de risco —, centenas de pesquisadores com ideias inteligentes sobre a medicina começaram a fazer o mesmo. Boa parte da ação agora se deslocou para essas empresas menores e mais ágeis. Universidades passaram a aprender a arte de transformar as descobertas dos seus pesquisadores em dinheiro, contratando mais advogados e fechando diferentes tipos de contratos. Assim, as universidades se tornaram especialistas em proteger a propriedade intelectual, instalar incubadores de startups e construir parques de pesquisa.

***

De certo modo, isso parece reconfortante. As universidades ainda são repositórios de grandes mentes e ideias revolucionárias, aparentemente menos movidas por lucro do que por um desejo de novos conhecimentos. Vista por esse viés, a ciência nobre e pura parece ser capaz de passar por cima do pensamento de linha de montagem, centrado em dinheiro, das grandes empresas.

Porém, olhando por outro ângulo, a cena é tudo, menos reconfortante. Cambridge, a universidade onde Milstein trabalhou, quis certificar-se de que seus pesquisadores jamais vazariam pesquisa valiosa sem garantir antes que ela fosse analisada por funcionários, criando proteções para que a universidade também se beneficiasse. Agora, qualquer outra grande universidade de pesquisa ao redor do mundo faz o mesmo. Cientistas universitários, cientes de que isso pode ser o caminho para a riqueza, estão moldando o seu trabalho com esse fim, procurando uma oportunidade e definindo arranjos financeiros para as suas descobertas científicas. Olhando as coisas desse ponto de vista, parece que as universidades e seus cientistas não estão lutando contra a motivação pelo lucro; em vez disso, foram infectados por ela.

É claro que as duas formas de analisar essa questão são corretas. No final, tudo gira em torno do que está sendo enfatizado. Alguns pesquisadores serão motivados em primeiro lugar pelo desejo de reduzir o sofrimento, enquanto para outros, o lucro será dominante. Ambas as motivações são poderosas, e ambas são válidas. A esperança é de que, juntas, continuem a instigar avanços na descoberta de drogas, de maneiras que beneficiem o mundo.

EPÍLOGO

O futuro das drogas

Em 2003, o periódico *British Medical Journal* publicou "a notícia mais importante da medicina dos últimos cinquenta anos". Era a chegada da polipílula, o remédio mais maravilhoso de todos, contendo em cada pílula diária três drogas para a pressão, uma estatina, ácido fólico e aspirina. Seus fabricantes previram que seria capaz de reduzir em até 80% os problemas cardíacos, e sugeriram que podia ser usada por qualquer pessoa na Terra com mais de 55 anos de idade. Seguiram-se anos de pesquisa. Mas o entusiasmo foi minguando à medida que os resultados do mundo real foram surgindo, trazendo pouca esperança. A ideia de uma polipílula continua circulando, e ainda há quem a defenda. Mas são poucos.

Doze anos depois da estreia da polipílula no *BMJ*, o ex-presidente Jimmy Carter anunciou que estava morrendo. No verão de 2015, ele tinha sido diagnosticado com um caso avançado de um tipo especialmente agressivo de câncer metastático — um melanoma —, que tinha se espalhado para o seu fígado e cérebro. Sua família tinha um histórico de câncer. Ele estava na faixa dos noventa. Em suma, declarava sua morte iminente.

Então, acrescentou que seus médicos estavam tentando uma última terapia, um esforço derradeiro, tratando-o com um desses novos anticorpos monoclonais.

Menos de quatro meses depois, ele emitiu outra declaração. Seu câncer tinha sumido. Não apenas tinha sido refreado ou estava encolhendo (em remissão); desaparecera. Exames não encontraram um só sinal de câncer no seu corpo. Estava curado.

O milagre se devia à pembrolizumabe, um remédio de anticorpos monoclonais aprovado pela FDA um ano antes. É o que se chama de "inibidores de checkpoint", projetados para tornar mais difícil que o câncer se esconda do sistema imunológico. O remédio aumentou a capacidade do sistema de Carter de localizar e destruir a doença.

Carter teve sorte — só um quarto dos pacientes com esse tipo de câncer responde a esse remédio específico. No entanto, o seu caso ilustra a rapidez com que novas drogas podem transformar uma sentença de morte em mais um ano de vida.

Entre a polipílula e o presidente, entre a previsão de remédios maravilhosos e a realidade, houve anos de trabalhos por parte de especialistas farmacêuticos. A indústria global de fármacos — a "Big Pharma", junto com todas as startups de biotecnologia — está procurando, sem parar, novas revoluções. Qual será o cara dos próximos milagres?

Minha resposta é: ninguém sabe. Só os tolos tentariam prever algo mais específico, e muitos avanços na área não virão das velhas empresas gigantescas. Ninguém sabe quando — ou se — teremos uma "cura" para o Alzheimer, ou para todos os cânceres, ou para todas as doenças cardíacas. Minha aposta é que encontraremos a cura, sim, e mais cedo do que tarde. Mas esse é só um palpite.

O que posso fazer com um pouco mais de certeza é apontar para certas tendências que irão moldar o mundo das pesquisas farmacológicas no futuro próximo. Aqui estão algumas das mais importantes.

Deslocamento das substâncias
químicas para as biológicas

Não é possível ter biologia sem química, e não dá para se ter remédios químicos sem colocá-los para funcionar em sistemas biológicos (como o seu corpo). Então, quando se trata de medicamentos, os termos "química" e "biologia" se sobrepõem. Estou falando aqui é de uma grande mudança, uma passagem do antigo modelo de descobertas de drogas químicas — basicamente, "vamos testar vários produtos químicos e ver se algum deles cura uma doença" — para um novo paradigma, que funciona através da manipulação de genes, células e microrganismos. Não é só a origem dos remédios que importa aqui. Também há uma diferença de abordagem. As empresas de biotecnologia de hoje trabalham partindo de uma compreensão profunda da doença para criar o remédio, fazendo o melhor possível para desenvolver medicamentos que têm um alvo muito preciso: aquilo que os pesquisadores acham ser os pontos fracos do processo da doença. Os exemplos vão da iminente avalanche de anticorpos monoclonais aos substitutos de enzimas danificadas criados em laboratório.

Boa parte do sucesso que tivemos recentemente — com os anticorpos monoclonais, por exemplo — baseia-se em nossa nova capacidade de manipular o DNA, as instruções químicas dos nossos corpos. Em outras palavras, o nosso genoma. "A descoberta de remédios está passando por uma mudança de paradigma", explicou um especialista, "por meio da qual a explosão das ciências genômicas está sendo aproveitada para criar terapias inovadoras em espaços de tempo cada vez mais curtos."

Isso nos leva ao cerne de por que as substâncias biológicas serão cada vez mais importantes. E não é só o *nosso* DNA que está em jogo. Também passamos a entender melhor e a manipular os genes de bilhões de bactérias e vírus que habitam nossos corpos. Esse mundo oculto dentro de nós, nosso "microbioma", nos ajuda a permanecer saudáveis de maneiras que apenas agora começamos a compreender.

Empresas farmacêuticas estão apostando pesado na possibilidade de que essas novas abordagens biológicas tragam grandes lucros, adquirindo startups de biotecnologia promissoras a fim de acelerar o processo.

Drogas digitais

A ligação entre computadores e remédios pode ocorrer de diversas formas. A mais simples é colocar um sensor minúsculo em cada comprimido que emita um sinal quando ingerido. Nos modelos iniciais que estão sendo testados, o sensor tem mais ou menos o tamanho de uma semente de gergelim. A energia vem dos íons de cloreto no estômago, e o sinal é captado por um adesivo na barriga. A partir daí, pode ser enviado para um smartphone ou algum outro aparelho de transmissão, e ligado a outros sistemas computadorizados. O primeiro remédio digital a receber esse tipo de aprovação da FDA (no final de 2017) foi o Abilify MyCite, um antipsicótico com um sensor desenvolvido para mostrar que o remédio era consumido na hora certa. Isso é importante em grupos de pacientes com tendência a esquecerem de tomar as doses, como pessoas com problemas de humor e doenças mentais, ou idosos, entre os quais a combinação entre perda de memória e necessidade de tomar muitos remédios pode resultar em graves efeitos colaterais, pelo esquecimento de tomar certa pílula ou, ainda, por tê-la tomado duas vezes. Se você é um teórico da conspiração, pode imaginar um futuro totalitário no qual fármacos potencialmente abusivos, como Oxycontin e fentanil, incluem sensores de nanotecnologia e transmissores, permitindo que as autoridades rastreiem sua localização — mesmo no sistema digestivo de alguém.

A busca por novas drogas também se tornou digital. Boa parte da ação concentra-se em visualizar em computadores remédios cada vez mais complexos, do tamanho de proteínas imensas, antes de tentar criá-los em laboratório. Supercomputadores são necessários para fazer os cálculos que mostram qual será a forma final de uma proteína depois de ser sintetizada, um desafio computacional tão extremo que ainda não aperfeiçoamos a técnica. Quando isso ocorrer, porém, permitirá que cientistas deem mais um passo na elaboração de medicamentos com um alvo muito específico, bem tolerados pelo corpo, e tudo isso na tela de seus computadores, reduzindo teoricamente os custos de produção e acelerando o processo de descoberta. Outros programas de computador podem ser usados para estudar o que essa proteína que acaba de ser desenvolvida provavelmente fará ao entrar no nosso corpo. A modelagem de proteínas em computadores está permitindo que fabricantes — que antes estavam limitados a testar in vitro (no laboratório) e in vivo (num animal vivo) — façam cada vez mais coisas in silico: num computador.

O terceiro aspecto do desenvolvimento de remédios digitais envolve menos supercomputadores e mais comunicação: usar a internet para reunir informação de um universo mais amplo, e terceirizar partes do desenvolvimento. A empresa farmacêutica Lilly, por exemplo, abriu um site chamado InnoCentive, no qual pesquisadores ao redor do mundo são convidados a bolar soluções para desafios científicos na esperança de ganhar o dinheiro de um concurso, com projetos como encontrar melhores maneiras de acompanhar o comportamento de células individuais, monitorar vírus nas águas residuais e manter níveis de glicose estáveis em pacientes diabéticos. Em vez de percorrer trilhas de floresta na chuva em busca de plantas medicinais, os pesquisadores agora caçam boas ideias na web.

Outro exemplo: o Instituto Nacional de Saúde agora está recrutando cobaias para realizar o estudo de saúde mais detalhado da história. O projeto, que ostenta o título nada elegante de Programa de Pesquisa Todos Nós [All of Us], busca acompanhar mais de 1 milhão de pessoas, representando toda a diversidade dos Estados Unidos, dispostas a terem seus genomas sequenciados e a fornecer os resultados de exame de sangue e registros médicos por um período indefinido. "Se tudo der certo", de acordo com o *New York Times*, "o resultado será um baú cheio de informações de saúde, diferente de tudo o que já se viu no mundo." Esse gigantesco "banco biológico" de dados deve ajudar os profissionais da saúde a compreender melhor quem adoece, quando e por quê.

Outra abordagem de terceirização está sendo realizada por um grupo de empresas sem fins lucrativos. Em 1999, um grupo de organizações do governo e de caridade, temendo que a fonte de recursos para novas drogas contra a malária estivesse secando, abriu o Medicines for Malaria Venture (MMV), conectando o público, empresas, médicos, funcionários do governo e players da indústria para encontrar melhores maneiras de enfrentar a doença, que ainda mata mais de 1 milhão de pessoas por ano. As empresas farmacêuticas sabem que desenvolver novos remédios desse tipo sai caro, e a maioria dos pacientes é pobre. As chances de lucro, portanto, são baixas. Os grupos sem fins lucrativos queriam desenvolver novos medicamentos para o bem público, não para o ganho financeiro. Poderiam trabalhar juntos?

Como se descobriu, sim, podiam. Por exemplo, um dos projetos conjuntos lançado em 2012 pelo MMV, em colaboração com a Bill & Melinda Gates Foundation e a gigante da indústria GlaxoSmithKline, foi a Caixa de Malária. Quando solicitado, o MMV enviava aos pesquisadores uma caixa com centenas de drogas experimentais, difíceis de encontrar, reunidas de vários laboratórios públicos e privados, que possivelmente traziam algum benefício contra a malária. As drogas eram entregues gratuitamente a "qualquer pessoa com uma ideia interessante sobre como usá-las", em qualquer parte do mundo, de acordo com a Gates Foundation; a única coisa que os pesquisadores deveriam fazer em troca era compartilhar seus resultados.

Isso tem pouco a ver com comprimidos digitais. No entanto, esse tipo de abordagem global, com compartilhamento aberto e rápido de informações, só é possível graças aos computadores. O modelo da Caixa de Malária está sendo aplicado a outras doenças negligenciadas, na esperança de que o desenvolvimento de remédios possa sair dos redutos secretos das grandes empresas e fazer parte do que um especialista chama de "cérebro global".

Remédio personalizado

Na outra ponta do espectro do cérebro global está o mundo do remédio personalizado. Com a nossa nova capacidade de ler os detalhes do DNA de cada pessoa — o genoma — de maneira barata e rápida, surge a oportunidade de entender onde as coisas deram errado. Cada um dos nossos genes, essas seções de DNA, que serve de código para uma proteína individual, tem uma pequena chance de ter sido danificado de alguma maneira. Talvez falte um pedacinho do DNA aqui, ou talvez ali dois pedaços estejam sobrepostos, assim como vários outros tipos de problema. Quando as instruções do DNA são danificadas, os seus produtos também são (as proteínas que o DNA codifica). Às vezes as proteínas resultantes podem não funcionar direito, ou não funcionar em absoluto, estragando uma cadeia de reações, atrapalhando processos metabólicos, em alguns casos provocando problemas sérios de saúde.

Cada genoma humano é único, e o resultado disso é que cada ser humano também é único. Só existe um de você. O seu corpo tem sua maneira individual de reagir a comidas, estresse, sexo e todo o resto. É o que se chama de "individualidade bioquímica e psicológica". Cada pessoa é diferente quando se trata de reações a drogas também; a mesma dose pode trazer somente benefícios a alguns pacientes, enquanto outros sofrem quase que exclusivamente os efeitos colaterais. Nenhum remédio funciona exatamente do mesmo modo para todo mundo. Somos individuais demais. É por isso que, quando pesquisadores precisam descobrir qual dosagem aplicar, dependem de médias estatísticas — o que funcionou melhor para o maior número de pacientes. Não há garantias de que agirá desse jeito em você.

Agora que somos capazes de ler o manual de instrução de cada pessoa — o seu DNA —, podemos encontrar as raízes moleculares para a individualidade e desenvolver regimes de drogas ajustados para aquela pessoa em particular. Essa é a nova ideia da medicina personalizada: tratamento médico levando em conta nossas forças e fraquezas genéticas pessoais.

Há muita discussão eufórica a respeito das possibilidades da medicina personalizada, mas tenho problemas com essa ideia. Não enxergo todo mundo disposto a analisar seu DNA e tomar uma atitude com base no resultado. Para começar, o que separa o gene da doença quase nunca é uma linha reta. As condições com as quais mais nos preocupamos hoje, como Alzheimer, câncer ou doença cardíaca, não envolvem apenas a fraqueza de um só gene, mas o relacionamento de vários genes por um bom tempo, além de fatores circunstanciais. É preciso levar muito mais coisas em conta do que apenas a ficha dos seus genes. Mesmo quando um problema com um só gene aumenta a possibilidade de um problema de saúde, não há como garantir que você venha de fato a desenvolver aquela doença. E se você está preocupado o suficiente para tomar uma atitude, não há como assegurar que exista um tratamento para aquilo. Em resumo: mesmo depois de saber o que está acontecendo com o seu DNA, você ainda pode não ter uma forma de tratar o problema — isso significa que você estará condenado a se preocupar pelo resto da vida com um defeito molecular que não pode consertar. Qual é o benefício disso?

E mais: se você frequenta um bom clínico geral, já está recebendo medicina personalizada; a diferença é que o seu médico se torna responsável pela personalização, e não uma análise computacional do seu DNA. É o seu médico quem avalia as suas condições muito específicas, seus riscos de saúde conhecidos e seus hábitos, e cria um plano de saúde ajustado para você.

Ainda assim, a visão é atraente: um mapa de todos os riscos de saúde de uma pessoa, disponível desde o nascimento, permitindo planos muito adequados para evitar ou atrasar doenças graves. O que seria melhor do que isso? Então, a busca por maneiras razoáveis de aplicar a medicina personalizada continua.

Extraindo mais efeitos dos remédios existentes

Isso não é tão atraente quanto a parte sobre computadores e genética, mas pode ser igualmente importante: veremos melhorias poderosas nos remédios e tratamentos existentes, junto com uma expansão de seus usos. Parte dessa tendência virá dos avanços na maneira como os medicamentos são assimilados: coisas como revestimentos de comprimidos especiais e fórmulas que duram mais e não precisam ser consumidas todo dia. Parte virá de melhorias na eficácia, à medida que a dosagem e as aplicações forem aprimoradas.

Isso é empolgante para os fabricantes de medicamentos, pois poderão comercializar algo novo e melhor, ainda que seja o mesmo remédio que já passou por todo o custo de desenvolvimento, testagem e aprovação. Vacinas existentes podem ser melhoradas ao se acrescentarem novos adjuvantes (moléculas que ajudam a despertar o sistema imunológico e aumentam a eficácia da vacina). Acrescentar um sensor digital ou desenvolver uma nova versão de liberação prolongada pode fazer um remédio velho parecer novo, criando algo que possa ser vendido a novos grupos de pacientes, expandindo o mercado sem o custo adicional enorme de começar do zero.

E há também o uso para outros fins. Depois que um remédio foi aprovado para tratar uma condição, muitas vezes descobrem que é útil para outras coisas. Então as empresas buscam modos de reposicionar ou encontrar outros usos para as drogas que fabricam. Exemplos incluem remédios como o Humira, anticorpo monoclonal de grande sucesso, que foi aprovado em 2002 para a artrite reumática, e lançado em 2007 para a doença de Crohn, e em 2008 para a psoríase, e assim por diante. Agora é aprovado para nada menos do que nove doenças, tornando o Humira o que um jornal chamou de "canivete suíço dos fármacos". E isso não é nada perto do antipsicótico aripiprazol (Abilify), que teve 24 usos aprovados.

Doenças de que você nunca ouviu falar

Muita gente teme que, um dia, algum novo germe saia das selvas asiáticas ou africanas, criando uma pandemia que matará a todos.

Porém, você já se preocupou com a esteatohepatite não alcoólica (NASH)? Nem eu, até que um artigo recente mostrou que a NASH, uma espécie de doença do fígado com acúmulo de gordura e inflamação, afeta dezenas de milhões de americanos, está ligada a diabetes e obesidade, e muitas vezes não é detectada. Em alguns casos, pode levar a danos sérios no fígado, e isso mata. Então logo você ouvirá falar muito da NASH, porque chegará ao mercado a primeira de cerca de quarenta drogas que estão sendo testadas por indústrias farmacêuticas. Haverá propagandas e matérias por todos os cantos.

De repente, você vai se preocupar com a possibilidade de que você ou um ente querido tenha uma doença da qual ninguém ouviu falar um ano atrás. Médicos começarão a realizar exames, pacientes ficarão preocupados, comprimidos serão vendidos e ingeridos, e muito lucro será colhido. Algumas vidas serão salvas também. Daí vamos passar a prestar atenção nos efeitos colaterais perigosos, e o ciclo Seige recomeçará.

Doenças que você não sabia que existiam, como essa — que não são tão perigosas, mas bastante difundidas, e que podem ser atenuadas com um tratamento preventivo com remédios pela vida toda —, continuarão aparecendo, não por serem tão importantes, mas porque geram dinheiro. Não é que a NASH não seja séria em vários casos. A questão é que os remédios para tratá-la se beneficiarão de um mercado enorme em potencial de pacientes que os tomarão por muitos anos, e a maioria terá apenas benefícios pequenos. É o modelo das estatinas — a medicalização da nossa vida.

Grandes problemas para as grandes empresas

O modelo de pesquisa e desenvolvimento da indústria farmacêutica de hoje, escreveu um especialista recentemente, "mostra sinais de cansaço; os custos estão nas alturas, a inovação está minguando, a competição é intensa e as vendas vêm crescendo num ritmo menor que antes". As pessoas na indústria farmacêutica temem já ter colhido há muito tempo todos os frutos mais baixos da árvore das drogas; temem que a complexidade da testagem e a quantidade de tempo para encontrar novos remédios de sucesso estejam tornando tudo muito arriscado, e que em todo caso só haja um número limitado de alvos para os remédios no corpo (cerca de 8 mil lugares em potenciais para que as drogas atuem, de acordo com uma estimativa). Então, embora não estejamos ficando sem substâncias químicas e biológicas, estamos quase sem alvos para mirar. Teria chegado a hora de uma grande ruptura?

Talvez. Com certeza a ascensão da pesquisa terceirizada, o compartilhamento de dados pela internet e a importância crescente de novas startups estão fazendo os métodos secretos das antigas empresas gigantes parecerem algo de dinossauros. Provavelmente precisarão mudar ou serão extintas.

Porém, esses dinossauros seguem enormes, lucrativos e contam com executivos e pesquisadores muito espertos, que conhecem de cabo a rabo as regras e regulamentações, são mestres em convencer a comunidade médica, contratam lobistas eficazes e fazem o melhor para inovar e se adaptar com rapidez. Então eu não as descartaria.

Há outro fator em jogo que pode puxar o tapete dessas empresas: todo mundo detesta a indústria farmacêutica. Há poucas áreas mais criticadas por políticos, ativistas e pesquisadores independentes. A mídia também as ataca, quando não está ajudando a difundir o novo remédio milagroso.

Parte dessa crítica é baseada na maneira como a indústria corrompe a prática da medicina. Em 2002, Arthur Relman, ex-editor da *New England Journal of Medicine*, fez soar o alarme ao escrever: "A profissão médica está sendo comprada pela indústria farmacêutica, não apenas em termos de prática da medicina, mas também no ensino e na pesquisa. As instituições acadêmicas deste país estão aceitando se transformar em agentes remunerados da indústria farmacêutica. Isso é uma vergonha". Acontecimentos das últimas duas décadas, alguns dos quais abordo no capítulo sobre estatinas (p. 238), corroboram essa visão.

As indústrias farmacêuticas dominaram a arte de promover fatos que legitimam seus produtos e de minimizar ou ocultar aqueles que não o façam. Distorcem descobertas científicas. Cortejam médicos influentes, levando-os para jantar, contratando-os como consultores e palestrantes. Representantes da indústria são especialistas em vender para médicos, mas os esforços de lobby e persuasão se expandiram recentemente, atingindo editores de jornais, personalidades da mídia, advogados, políticos, grupos de advocacia de patentes, líderes de organizações sem fins lucrativos, pessoas que criam planos de saúde e supervisionam programas de tratamento, e qualquer outra pessoa que, aos olhos das empresas, possa influenciar na venda de remédios, nas leis ou nas políticas. Há vários meios, os valores são significativos, e os fatos foram mostrados em diversos livros e artigos recentes.

Muitos médicos e um número cada vez maior de políticos e de pessoas do público em geral ficaram mais espertos quanto a isso. Como escreveu Relman, "é uma vergonha", mas também é provável que as coisas mudem à medida que os grandes fabricantes vejam-se obrigados a lidar com críticas mais organizadas e intensas. O que está em jogo é a credibilidade da medicina.

De repente me dei conta, depois de escrever estes últimos parágrafos, que, ao contrário do que afirmei na introdução, talvez eu tenha de fato um interesse político. Se tenho, é o seguinte: resgatar o desenvolvimento de remédios — algumas das ferramentas mais poderosas e benéficas já desenvolvidas — do controle das empresas que buscam o lucro. Enquanto a indústria valorizar o dinheiro acima da saúde, ela não merece ser a única desenvolvedora de novas drogas. Acho que podemos encontrar outros modelos baseados em financiamento público para o bem público.

De um jeito ou de outro, no entanto, continuaremos colhendo belos frutos do trabalho que já foi feito. A não ser que a sociedade desmorone por completo, a ciência — incluindo a das drogas — continuará avançando, acumulando novos conhecimentos e utilizando-os para novas descobertas. Provavelmente começaremos a ver um grande progresso depois de reunirmos tudo o que aprendemos em nível molecular e passarmos a usar isso para avançarmos na luta contra as doenças mais difíceis que ainda são nossas inimigas: doença cardíaca, demência, diabetes e câncer.

Qual o futuro do desenvolvimento das drogas? Em uma só linha: ótimas coisas estão a caminho.

Fontes

Acho um crime encher um livro como este — feito para ser uma leitura razoavelmente rápida — de notas de rodapé acadêmicas. Em vez disso, reuni as fontes mais importantes de cada capítulo aqui, para que os leitores que queiram saber mais sobre cada droga possam ver de onde tirei minhas informações. O nome dos autores e as datas referem-se aos livros e/ou artigos citados nas Referências bibliográficas (p. 309).

Introdução: 50 mil comprimidos [pp. 9-18]

Não é possível separar a história da medicina da história dos medicamentos. Várias perspectivas e abordagens para compreender partes dessas histórias entrelaçadas podem ser encontradas em Ban (2004), Eisenberg (2010), Gershell (2003), Greene (2007), Healy (2002, 2013), Herzberg (2009), Jones et al. (2012), Kirsch e Ogas (2017), Le Fanu (2012), em quase qualquer livro de Li, Shorter (1997), Raviña (2011), Sneader (2005), Snelders (2006), Temin (1980) e Ton e Watkins (2007).

1. A planta da alegria [pp. 19-59]

A maior parte do começo da história do ópio até 1900 pode ser encontrada em Bard (2000), Booth (1998), Dormandy (2006, 2012), Griffin (2004), Heydari (2013), Hodgson (2001, 2004), Holmes (2003), Kritikos e Papadaki (1967), Meldrum (2003), Musto (1991), Petrovska (2012) e Santoro (2011). Para perspectivas anteriores a respeito disso, ver Howard-Jones (1947) e Macht (1915). Ver Aldrich (1994) para saber mais acerca da história das mulheres e o vício em ópio.

2. O monstro de Lady Mary [pp. 60-88]

Informações históricas gerais sobre a varíola, Benjamin Jesty, Edward Jenner, inoculação e vacinação em geral foram tiradas de Razzell (1977), Pead (2003, 2017), Behbehani (1983), Institute of Medicine (2005), Rosener (2017), Jenner

(1996), Hilleman (2000), Gross e Sepkowicz (1998), Stewart e Devlin (2006), Hammarsten et al. (1979) e Marrin (2002). Para saber mais a respeito de Mary Wortley Montagu, uma das heroínas ignoradas da história da medicina, ver Grundy (2000, 2001), Dinc e Ulman (2007), Zaimeche et al. (2017), Aravamudan (1995) e Silverstein e Miller (1981). A história trágica de Janet Parker foi construída a partir de matérias de época.

3. Mickey Finn [pp. 89-98]

A história de Mickey Finn e o hidrato de cloral como primeira droga sintética — e a primeira usada em estupros — foi tirada de Ban (2006), Inciardi (1977), Snelders et al. (2006), Jones (2011) e várias outras fontes jornalísticas. A história perturbadora do ataque a Jennie Bosscheiter é mencionada em várias dessas fontes; minha versão foi construída em grande parte com base nos detalhes fornecidos em Krajicek (2008).

4. Como tratar a tosse com heroína [pp. 99-114]

Muitas das fontes listadas no capítulo 1, como Booth (1998), também trazem informações sobre os semissintéticos descritos neste capítulo. Além disso, usei informação de Brownstein (1993), Eddy (1957), Acker (2003), Rice (2003), Payte (1991) e Courtwright (1992, 2015), assim como de várias matérias da época de diversos jornais e revistas.

5. Balas mágicas [pp. 115-41]

A história da sulfa é fascinante e importante. Meu próprio livro sobre sua descoberta (Hager, 2006) oferece aos leitores muito mais informações a respeito de Gerhard Domagk, Bayer e o desenvolvimento do Prontosil, da sulfanilamida e dos remédios posteriores. A extensa bibliografia e as notas do livro abrangem todas as outras fontes usadas neste capítulo.

6. O território menos explorado do planeta [pp. 142-80]

Há uma história maior a se contar sobre a aparição repentina das drogas mentais na década de 1950 — não apenas a clorpromazina (CPZ) e os antipsicóticos que a sucederam, mas também os tranquilizantes e antidepressivos —, por que surgiram nessa época, por que venderam tanto e como mudaram a psiquiatria, o tratamento mental e nossas atitudes em relação ao consumo de drogas. Textos importantes sobre a CPZ e o contexto mais amplo podem ser encontrados em Alexander et al. (2011), Ayd e Blackwell (1970), Ban

(2004, 2006), Baumeister (2013), Berger (1978), Burns (2006), Caldwell (1970), De Ropp (1961), Dowbiggin (2011), Eisenberg (1986, 2010), o excelente Healy (2002), Herzberg (2009), López-Muñoz et al. (2005), Millon (2004), Moncrieff (2009), Overholser (1956), Perrine (1996), Shorter (1997, 2011), Siegel (2005), Sneader (2002, 2005), o essencial Swazey (1974), Tone (2009), Wallace e Gach (2008) e Whitaker (2002). Também extraí informações de muitos relatos em primeira pessoa do trabalho de Henri Laborit, Jean Delay e outros pesquisadores da década de 1950.

Interlúdio: A era de ouro [pp. 181-4]

Diferentes estudiosos apresentam visões distintas sobre o que constitui a "era de ouro" da descoberta de drogas. Alguns dizem que ela começou no início do século XIX com o trabalho de pesquisadores como Friedrich Sertürner e Justus von Liebig, químicos que deram início ao longo processo de purificar, analisar e estudar substâncias medicinais em nível molecular. Outros dizem que foi no mesmo século, porém mais tarde, com a teoria dos germes de Louis Pasteur e o novo foco em sintéticos por parte de empresas como a Bayer. No entanto, a maioria dos historiadores prioriza as três décadas entre 1930 e 1960, período em que uma avalanche de novos remédios maravilhosos fluía do que agora reconhecemos como sendo empresas farmacêuticas modernas. Essa é a visão defendida por Le Fanu (2012) e Raviña (2011). O trabalho deles serviu de fonte para muitos fatos que cito neste breve capítulo.

7. Sexo, drogas e mais drogas [pp. 185-210]

Para a história da pílula, ver Asbell (1995), Djerassi (2009), Dhont (2010), Goldin e Katz (2002), Liao e Dollin (2012), Potts (2003) e Planned Parenthood Federation of America (2015). Muito mais informações sobre o programa da "Ciência do Homem" da Fundação Rockefeller podem ser encontradas em Kay (1993). O surgimento do Viagra desencadeou uma tempestade na cobertura midiática, e parte disso foi usada neste capítulo (em especial reportagens do *New York Times* e da BBC, que podem ser encontradas on-line pesquisando por tópicos), arrematando com a matéria de capa da *Time* (4 maio 1998) que menciono. Também recorri a Campbell (2000), Goldstein (2012) e Osterloh (2015). Klotz (2005) oferece um divertido relato em primeira pessoa da palestra de Giles Brindley.

8. O anel encantado [pp. 211-37]

Este foi um capítulo difícil de escrever porque está focado nas drogas que causam a epidemia de opioides de hoje em dia — e demonstra que as questões enfrentadas são fundamentalmente as mesmas com as quais nos deparamos desde a década de 1830. Em outras palavras, estamos progredindo muito pouco na tentativa de controlar nosso longo e disfuncional caso de amor com a papoula. Na verdade, a situação está piorando. Essa é uma lição dura para mim (um tecno-otimista declarado), porque a natureza e a escala do problema de opioides são, em essência, pessimistas. Muitas das fontes que usei nos capítulos 1 e 4 também foram úteis aqui, em especial Booth (1998), Acker (2003), Courtwright (os dois artigos de 2015) e Li (2014). Detalhes adicionais a respeito de Paul Janssen e o fentanil podem ser encontrados em Black (2005) e Stanley (2014). E existem ainda materiais mais efêmeros relacionados à epidemia atual, uma série de reportagens alarmistas, posts de blogs, artigos em revistas populares e editoriais desesperados que encobrem os fatos e às vezes propõem respostas fáceis. Usei-os de forma ocasional e seletiva.

9. Estatinas: Uma história pessoal [pp. 238-69]

A natureza pessoal do meu mergulho nas estatinas impulsionou um certo excesso na pesquisa de minha parte. Não apenas quis ter as informações mais precisas possíveis por se tratar da minha saúde, como, quanto mais eu aprendia a respeito das estatinas e seu marketing, mais emblemáticas se tornaram em relação a algumas tendências da medicina que me perturbam. Como há muito dinheiro em jogo e tantas pessoas tomando essas drogas, existe uma controvérsia constante entre fabricantes e críticos das estatinas que segue até hoje. Essa controvérsia é quase tão importante quanto o remédio, e você a verá refletida em centenas de artigos publicados, desde a revisão dos guias de uso no início da década. Entre essas fontes relevantes que usei estão o altamente recomendado Greene (2007), Agency for Healthcare Research and Quality, US DHHS (2015), Barrett et al. (2016), Berger et al. (2015), Brown e Goldstein (2004), Cholesterol Treatment Trialists' Collaborators (2012), De Lorgeril e Rabaeus (2015), um artigo polêmico de Diamond e Ravnskov (2015), DuBroff e De Lorgeril (2015), Endo (2010), Fitchett et al. (2015), Garbarino (2011), Goldstein e Brown (2015), Hobbs et al. (2016), Ioannidis (2014), Julian e Pocock (2015), McDonagh (2014), Mega et al. (2015), Miller e Martin (2016), Pacific Northwest Evidence-Based Practice Center (2015), Ridker et al. (2012), Robinson e Kausik (2016), Schwartz (2011), Stossel (2008), Sugiyama et al. (2014), Sun (2014), Taylor et al. (2013) e Wanamaker et al. (2015). Mais detalhes a respeito da minha jornada pessoal, além de dicas úteis para diferenciar a boa da má ciência quando se fala de estatinas, encontram-se em Hager (2016).

10. A perfeição do sangue [pp. 270-87]

Anticorpos monoclonais são tão novos que precisei recorrer a matérias e informações (escolhidas com cuidado) de sites médicos para escrever boa parte deste capítulo. O trabalho de César Milstein e Georges Köhler é analisado (da perspectiva da vida de Köhler) de forma mais completa em Eichmann (2005). O primeiro tratamento amplo do trabalho deles pode ser encontrado em Wade (1982). Outras fontes importantes incluem Yamada (2011), Buss et al. (2012), Liu (2014), Carter (2006) e Ribatti (2014). Leitores que queiram saber mais sobre o sistema imunológico em geral podem conferir Hall (1998), que é muito bom, ainda que um tanto datado.

Epílogo: O futuro das drogas [pp. 289-302]

Especulações quanto ao futuro da indústria farmacêutica estão espalhadas por toda a literatura profissional e pela mídia popular. Para uma perspectiva mais profunda a respeito de como tudo está mudando, ver Gershell e Atkins (2003), Ratti e Trist (2001), Raviña (2011), Munos (2009), Hurley (2014) e Shaw (2017).

Referências bibliográficas

Esta lista inclui muitas, mas não todas as fontes usadas neste livro. Além disso, extraí, com muito *cuidado*, informações de artigos recentes de jornais e revistas, transcrições de programas de TV, relatórios corporativos e páginas na internet. Enfatizo o *cuidado*, porque boa parte das reportagens a respeito de remédios na imprensa diária e semanal é sensacionalista, desequilibrada e movida por uma mescla da necessidade midiática de chamar a atenção e da necessidade das empresas de ganhar dinheiro. Em outras palavras, quando se trata de drogas, estamos numa selva de afirmações às vezes falsas, muitas vezes enganosas, e em geral exageradas, tanto na imprensa, na TV quanto na web (em especial nas redes sociais). Então os exploradores precisam ser cautelosos. O foco de minha pesquisa, como se vê por esta lista de livros e artigos, costuma se afastar da gritaria cotidiana.

ACKER, Caroline Jean. "Take as Directed: The Dilemmas of Regulating Addictive Analgesics and Other Psychoactive Drugs". In: MELDRUM, Marcia L. (Org.). *Opioids and Pain Relief: A Historical Perspective*. Seattle: Iasp, 2003, pp. 35-55.

AGENCY FOR HEALTHCARE RESEARCH AND QUALITY; US DEPARTMENT OF HEALTH AND HUMAN SERVICES. "Statins for Prevention of Cardiovascular Disease in Adults: Systematic Review for the U.S. Preventive Services Task Force", *AHRQ Publication*, n. 14-05206-EF-2, dez. 2015.

ALDRICH, Michael R. "Historical Notes on Women Addicts", *Journal of Psychoactive Drugs*, v. 26, n. 1, pp. 61-4, 1994.

ALEXANDER, G. Caleb et al. "Increasing Off-Label Use of Antipsychotic Medications in the United States, 1995-2008", *Pharmacoepidemiology and Drug Safety*, v. 20, n. 2, pp. 177-218, 6 jan. 2011.

ARAVAMUDAN, Srinivas. "Lady Mary Wortley Montagu in the *Hammam*; Masquerade, Womanliness, and Levantinization", *ELH*, v. 62, n. 1, pp. 69-104, 1995.

ASBELL, Bernard. *The Pill: A Biography of the Drug that Changed the World*. Nova York: Random House, 1995.

AYD, Frank J.; BLACKWELL, Barry. *Discoveries in Biological Psychiatry*. Filadélfia: J. B. Lippincott, 1970.

BAN, Thomas A. "The Role of Serendipity in Drug Discovery", *Dialogues in Clinical Neuroscience*, v. 8, n. 3, pp. 335-44, 2006.

_____; HEALY, David; SHORTER, Edward. (Orgs.). *Reflections on Twentieth-Century Psychopharmacology*. Escócia, Reino Unido: CINP, 2004.

BARD, Solomon. "Tea and Opium", *Journal of the Hong Kong Branch of the Royal Asiatic Society*, v. 40, pp. 1-19, 2000.

BARRETT, Bruce et al. "Communicating Statin Evidence to Support Shared Decision-Making", *BMC Family Practice*, v. 17, n. 41, 2016.

BAUMEISTER, A. "The Chlorpromazine Enigma", *Journal of the History of the Neuroscience*, v. 22, n. 1, pp. 14-29, 2013.

BEHBEHANI, Abbas M. "The Smallpox Story: Life and Death of an Old Disease", *Microbiological Reviews*, v. 47, n. 4, pp. 455-509, dez. 1983.

BERGER, Philip A. "Medical Treatment of Mental Illness", *Science*, v. 200, n. 4344, pp. 974-81, 1978.

BERGER, Samantha et al. "Dietary Cholesterol and Cardiovascular Disease: A Systematic Review and Meta-Analysis", *The American Journal of Clinical Nutrition*, v. 102, n. 2, pp. 276-94, 2015.

BLACK, Sir James. "A Personal Perspective on Dr. Paul Janssen", *Journal of Medicinal Chemistry*, v. 48, n. 6, pp. 1687-8, 24 mar. 2005.

BOOTH, Martin. *Opium: A History*. Nova York: St. Martin's, 1998.

BOYLSTON, Arthur. "The Origins of Inoculation", *Journal of the Royal Society of Medicine*, v. 105, n. 7, pp. 309-13, jul. 2012.

BROWN, Michael S.; GOLDSTEIN, Joseph L. "A Tribute to Akira Endo, Discoverer of a 'Penicillin' for Cholesterol", *Atherosclerosis Supplements*, v. 5, n. 3, pp. 13-6, out. 2004.

BROWN, Thomas H. "The African Connection", *The Journal of the American Medical Association*, v. 260, n. 15, pp. 2247-9, out. 1988.

BROWNSTEIN, Michael. "A Brief History of Opiates, Opiod Peptides, and Opiod Receptors", *Proceedings of the National Academy of Sciences of the United States of America*, v. 90, n. 12, pp. 5391-3, 15 jun. 1993.

BURNS, Tom. *Psychiatry: A Very Short Introduction*. Oxford: Oxford University Press, 2006.

BUSS, Nicholas et al. "Monoclonal Antibody Therapeutics: History and Future", *Current Opinion in Pharmacology*, v. 12, n. 5, pp. 615-22, out. 2012.

CALDWELL, Anne E. *Origins of Psychopharmacology: From CPZ to LSD*. Springfield, IL: Charles C. Thomas, 1970.

CAMPBELL, S. F. "Science, Art and Drug Discovery: A Personal Perspective", *Clinical Science*, Londres, v. 99, n. 4, pp. 255-60, out. 2000.

CARTER, Paul J. "Potent Antibody Therapeutics by Design", *Nature Reviews Immunology*, v. 6, n. 5, pp. 343-57, maio 2006.

CHOLESTEROL TREATMENT TRIALISTS' collaborators. "The Effects of Lowering LDL Cholesterol with Statin Therapy in People at Low Risk of Vascular Disease: Meta-Analysis of Individual Data from 27 Randomized Trials", *Lancet*, v. 380, n. 9841, pp. 581-90, ago. 2012.

COURTWRIGHT, David T. "A Century of American Narcotic Policy." In: GERSTEIN, D. R.; HARWOOD, H. J. (Orgs.). *Treating Drug Problems. Volume 2: Commissioned Papers on Historical, Institutional, and Economic Contexts of Drug Treatment*. Washington, DC: National Academies Press, 1992.

_____. "The Cycles of American Drug Policy", *History Faculty Publications*, v. 25, ago. 2015. Disponível em: <https://digitalcommons.unf.edu/cgi/viewcontent.cgi?article=1025&context=ahis_facpub>. Acesso em: 23 nov. 2019.

_____. "Preventing and Treating Narcotic Addiction — A Century of Federal Drug Control", *The New England Journal of Medicine*, v. 373, n. 22, pp. 2095-7, nov. 2015.

COVINGTON, Edward C. "Opiophobia, Opiophilia, Opioagnosia", *Pain Medicine*, v. 1, n. 3, pp. 217-23, set. 2000.

DE LORGERIL, Michel; RABAEUS, Mikael. "Beyond Confusion and Controversy, Can We Evaluate the Real Efficacy and Safety of Cholesterol-Lowering with Stains?", *Journal of Controversies in Biomedical Research*, v. 1, n. 1, pp. 67-92, 2015.

DE RIDDER, Michael. "Heroin: New Facts About an Old Myth", *Journal of Psychoactive Drugs*, v. 26, n. 1, pp. 65-8, jan.-mar. 1994.

DE ROPP, Robert. *Drugs and the Mind*. Nova York: Grove Press, 1961.

DEFALQUE, Ray; WRIGHT, Amos J. "The Early History of Methadone: Myths and Facts", *Bulletin of Anesthesia History*, v. 25, n. 3, pp. 13-6, out. 2007.

DHONT, Marc. "History of Oral Contraception", *The European Journal of Contraception & Reproductive Health Care*, v. 15, supl. 2, pp. S12-S18, dez. 2010.

DIAMOND, David M.; RAVNSKOV, Uffe. "How Statistical Deception Created the Appearance that Statins Are Safe and Effective in Primary and Secondary Prevention of Cardiovascular Disease", *Expert Review of Clinical Pharmacology*, v. 8, n. 2, pp. 201-10, mar. 2015.

DINC, Gulten; ULMAN, Yesim Isil. "The Introduction of Variolation 'A La Turca' to the West by Lady Mary Montagu and Turkey's Contribution to This", *Vaccine*, v. 25, n. 21, pp. 4261-5, maio 2007.

DJERASSI, Carl. "Ludwig Haberlandt — 'Grandfather of the Pill'", *Wiener klinische Wochenschrift*, v. 121, n. 23-4, pp. 727-8, 2009.

DORMANDY, Thomas. *The Worst of Evils: The Fight Against Pain*. New Haven, CT: Yale University Press, 2006.

_____. *Opium: Reality's Dark Dream*. New Haven, CT: Yale University Press, 2012.

DOWBIGGIN, Ian. *The Quest for Mental Health: A Tale of Science, Scandal, Sorrow, and Mass Society*. Cambridge, Reino Unido: Cambridge University Press, 2011.

DUBROFF, Robert; DE LORGERIL, Michel. "Cholesterol Confusion and Statin Controversy", *World Journal of Cardiology*, v. 7, n. 7, pp. 404-9, jul. 2015.

EDDY, Nathan B. "The History of the Development of Narcotics", *Law and Contemporary Problems*, v. 22, n. 1, pp. 3-8, 1957.

EICHMANN, Klaus. *Köhler's Invention*. Basel: Birkhäuser, 2005.

EISENBERG, Leon. "Mindlessness and Brainlessness in Psychiatry", *British Journal of Psychiatry*, v. 148, pp. 497-508, maio 1986.

EISENBERG, Leo; GUTTMACHER, Laurence B. "Were We All Asleep at the Switch?: A Personal Reminiscence of Psychiatry from 1940 to 2010", *Acta Psychiatrica Scandinavica*, v. 122, n. 2, pp. 89-102, ago. 2010.

ENDO, Akido. "A Historical Perspective on the Discovery of Statins", *The Proceedings of the Japan Academy, Series B, Physical and Biological Sciences*, v. 86, n. 5, pp. 484-93, 2010.

FITCHETT, David H. et al. "Statin Intolerance", *Circulation*, v. 131, n. 13, pp. e389-e391, mar. 2015.

GARBARINO, Jeanne. "Cholesterol and Controversy: Past, Present, and Future", Scientific American (blog), 15 nov. 2011. Disponível em: <https://blogs.scientificamerican.com/guest-blog/cholesterol-confusion-and-why-we-should--rethink-our-approach-to-statin-therapy>. Acesso em: 23 nov. 2019.

GASPERSKAJA, Evelina; Kučinskas, Vaidutis. "The Most Common Technologies and Tools for functional Genome Analysis", *Acta Medica Lituanica*, v. 24, n. 1, pp. 1-11, 2017.

GERSHELL, Leland J.; ATKINS, Joshua H. "A Brief History of Novel Drug Technologies", *Nature Reviews Drug Discovery*, v. 2, n. 4, pp. 321-7, abr. 2003.

GOLDIN, Claudia; KATZ, Lawrence F. "The Power of the Pill: Oral Contraceptives and Women's Career and Marriage Decisions", *Journal of Political Economy*, v. 110, n. 4, pp. 730-70, 2002.

GOLDSTEIN, Irwin. "The Hour Lecture That Changed Sexual Medicine — The Giles Brindley Injection Story", *The Journal of Sexual Medicine*, v. 9, n. 2, pp. 337-42, fev. 2012.

GOLDSTEIN, Joseph L.; BROWN, Michael S. "A Century of Cholesterol and Coronaries: From Plaques to Genes to Statins", *Cell*, v. 161, n. 1, pp. 161--72, mar. 2015.

GREENE, Jeremy A. *Prescribing by Numbers: Drugs and the Definition of Disease*. Baltimore: Johns Hopkins University Press, 2007.

GRIFFIN, J. P. "Venetian Treacle and the Foundation of Medicines Regulation", *British Journal of Clinical Pharmacology*, v. 58, n. 3, pp. 317-25, set. 2004.

GROSS, Cary P.; SEPKOWICZ, Kent A. "The Myth of the Medical Breakthrough: Smallpox, Vaccination, and Jenner Reconsidered", *International Journal of Infectious Diseases*, v. 3, n. 1, pp. 54-60, jul.-set. 1998.

GRUNDY, Isobel. "Montagu's Variolation", *Endeavour*, 24, n. 1, pp. 4-7, fev. 2000.

_____. *Lady Mary Montagu: Comet of the Enlightenment*. Oxford, Reino Unido: Oxford University Press, 2001.

HAGER, Thomas. *The Demon Under the Microscope: From Battlefield Hospitals to Nazi Labs, One Doctor's Heroic Search for the World's First Miracle Drug.* Nova York: Harmony, 2006.

_____. *Understanding Statins: Everything You Need to Know About the World's Bestselling Drugs — And What To Ask Your Doctor Before Taking Them.* Eugene, OR: Monroe, 2016.

HALL, Stephen S. *A Commotion in the Blood: Life, Death, and the Immune System.* Nova York: Henry Holt and Company, 1998.

HAMMARSTEN, James F. et al. "Who Discovered Smallpox Vaccination?: Edward Jenner or Benjamin Jesty?", *Transactions of the American Clinical and Climatological Association*, v. 90, pp. 44-55, 1979.

HEALY, David. *The Creation of Psychopharmacology.* Cambridge, MA: Harvard University Press, 2002.

_____. *Pharmageddon.* Berkeley: University of California Press, 2013.

HERBERT, Eugenia. "Smallpox Inoculation in Africa", *The Journal of African History*, v. 16, n. 4, pp. 539-59, out. 1975.

HERZBERG, David. *Happy Pills in America: From Miltown to Prozac.* Baltimore: Johns Hopkins University Press, 2009.

HEYDARI, Mojtaba et al. "Medicinal Aspects of Opium as Described in Avicenna's Canon of Medicine", *Acta Medico-Historica Adriatica*, v. 11, n. 1, pp. 101-12, 2013.

HILLEMAN, Maurice R. "Vaccines in Historic Evolution and Perspective: A Narrative of Vaccine Discoveries", *Vaccine*, v. 18, n. 15, pp. 1436-47, fev. 2000.

HOBBS, F. D. Richard et al. "Is Statin-Modified Reduction in Lipids the Most Important Preventive Therapy for Cardiovascular Disease?: A Pro/Con Debate", *BMC Medicine*, n. 14, p. 4, jan. 2016.

HODGSON, Barbara. *In the Arms of Morpheus: The Tragic History of Laudanum, Morphine and Patent Medicines.* Buffalo, NY: Firefly, 2001.

_____. *Opium: A Portrait of the Heavenly Demon.* Vancouver: Greystone, 2004.

HOLMES, Martha Stoddard. "'The Grandest Badge of His Art': Three Victorian Doctors, Pain Relief, and the Art of Medicine". In: MELDRUM, Marcia L. (Org.). *Opioids and Pain Relief: A Historical Perspective.* Seattle: Iasp, 2003, pp. 21-34.

HONIGSBAUM, Mark. "Antibiotic Antagonist: The Curious Career of René Dubos", *Lancet*, v. 387, n. 10 014, pp. 118-9, jan. 2016.

HOWARD-JONES, Norman. "A Critical Study of the Origins and Early Development of Hypodermic Medication", *Journal of the History of Medicine and Allied Sciences*, v. 2, n. 2, pp. 201-49, primavera 1947.

HURLEY, Dan. "Why Are So Few Blockbuster Drugs Invented Today?", *New York Times Magazine*, 13 nov. 2014.

INCIARDI, James A. "The Changing Life of Mickey Finn: Some Notes on Chloral Hydrate Down Through the Ages", *Journal of Popular Culture*, v. 11, n. 3, pp. 591-6, inverno 1977.

INSTITUTE OF MEDICINE; BOARD ON HEALTH PROMOTION AND DISEASE PREVENTION; COMMITTEE ON SMALLPOX VACCINATION PROGRAM IMPLEMENTATION. *The Smallpox Vaccination Program: Public Health in an Age of Terrorism*. Washington, DC: National Academies Press, 2005.

IOANNIDIS, John P. "More Than a Billion People Taking Statins?: Potential Implications of the New Cardiovascular Guidelines", *Journal of the American Medical Association*, v. 311, n. 5, pp. 463-4, fev. 2014.

JENNER, Edward. *Vaccination Against Smallpox*. Amherst, MA: Prometheus, 1996.

JONES, Alan Wayne. "Early Drug Discovery and the Rise of Pharmaceutical Chemistry", *Drug Testing and Analysis*, v. 3, n. 6, pp. 337-44, jun. 2011.

JONES, David S. et al. "The Burden of Disease and the Changing Task of Medicine", *The New England Journal of Medicine*, v. 366, n. 25, pp. 2333-8, jun. 2012.

JULIAN, Desmond G.; POCOCK, Stuart J. "Effects of Long-Term Use of Cardiovascular Drugs", *Lancet*, v. 385, p. 321, 2015.

KAY, Lily. *The Molecular Vision of Life: Caltech, The Rockefeller Foundation, and the Rise of the New Biology*. Nova York: Oxford University Press, 1993.

KIRSCH, Donald R.; OGAS, Ogi. *The Drug Hunters: The Improbable Quest to Discover New Medicines*. Nova York: Arcade, 2017.

KLOTZ, L. "How (Not) to Communicate New Scientific Information: A Memoir of the Famous Brindley Lecture", *BJU International*, v. 96, n. 7, pp. 956-7, nov. 2005.

KRAJICEK, David J. "The Justice Story: Attacked by the Gang", *New York Daily News*, 25 out. 2008.

KRITIKOS, P. G.; PAPADAKI, S. P. "The History of the Poppy and of Opium and Their Expansion in Antiquity in the Eastern Mediterranean Area". United Nations Office on Drugs and Crime (1967). Disponível em: <https://www.unodc.org/unodc/en/data-and-analysis/bulletin/bulletin_1967-01-01_4_page003.html>. Acesso em: 23 nov. 2019.

LE FANU, James. *The Rise and Fall of Modern Medicine*. Ed. rev. Nova York: Basic Books, 2012.

LI, Jie Jack. *Laughing Gas, Viagra, and Lipitor: The Human Stories Behind the Drugs We Use*. Oxford, Reino Unido: Oxford University Press, 2006.

_____. *Blockbuster Drugs: The Rise and Decline of the Pharmaceutical Industry*. Oxford, Reino Unido: Oxford University Press, 2014.

LIAO, Pamela Verma; DOLLIN, Janet. "Half a Century of the Oral Contraceptive Pill", *Canadian Family Physician*, v. 58, n. 12, pp. e757-e760, dez. 2012.

LIU, Justin K. H. "The History of Monoclonal Antibody Development — Progress, Remaining Challenges and Future Innovations", *Annals of Medicine and Surgery*, Londres, v. 3, n. 4, pp. 113-6, dez. 2014.

LÓPEZ-MUÑOZ, Francisco et al. "History of the Discovery and Clinical Introduction of Chlorpromazine", *Annals of Clinical Psychiatry*, v. 17, n. 3, pp. 113-35, jul.-set. 2005.

MACHT, David I. "The History of Opium and Some of Its Preparations and Alkaloids", *Journal of the American Medical Association*, v. 64, n. 6, pp. 477- -81, fev. 1915.

MAGURA, Stephan; ROSENBLUM, Andrew. "Leaving Methadone Treatment: Lessons Learned, Lessons Forgotten, Lessons Ignored", *Mount Sinai Journal of Medicine*, v. 68, n. 1, pp. 62-74, jan. 2001.

MAJNO, Guido. *The Healing Hand: Man and Wound in the Ancient World*. Cambridge: Harvard University Press, 1975.

MARRIN, Albert. *Dr. Jenner and the Speckled Monster: The Search for the Smallpox Vaccine*. Nova York: Dutton Children's, 2002.

MCDONAGH, Jonathan. "Statin-Related Cognitive Impairment in the Real World: You'll Live Longer, but You Might Not Like It", *JAMA Internal Medicine*, v. 174, n. 12, p. 1889, dez. 2014.

MEGA, Jessica L. et al. "Genetic risk, Coronary Heart Disease Events, and the Clinical Benefit of Statin Therapy: An Analysis of Primary and Secondary Prevention Trials", *Lancet*, v. 385, n. 9984, pp. 2264-71, jun. 2015.

MELDRUM, Marcia L. (Org.). *Opioids and Pain Relief: A Historical Perspective*. Seattle: Iasp, 2003.

MILLER, P. Elliott; MARTIN, Seth S. "Approach to Statin Use in 2016: An Update", *Current Atherosclerosis Reports*, v. 18, n. 5, p. 20, maio 2016.

MILLON, Theodore. *Masters of the Mind: Exploring the Story of Mental Illness from Ancient Times to the New Millennium*. Nova York: John Wiley & Sons, 2004.

MONCRIEFF, Joanna. *The Myth of the Chemical Cure: A Critique of Psychiatric Drug Treatment*. Nova York: Palgrave Macmillan, 2009.

MUNOS, Bernard. "Lessons from 60 years of Pharmaceutical Innovation", *Nature Reviews Drug Discovery*, v. 8, n. 12, pp. 959-68, dez. 2009.

MUSTO, David F. "Opium, Cocaine and Marijuana in American History", Scientific American, v. 265, n. 1, pp. 40-7, jul. 1991.

OSTERLOH, Ian. "How I discovered Viagra", *Cosmos Magazine*, 27 abr. 2015.

OVERHOLSER, Winfred. "Has Chlorpromazine Inaugurated a New Era in Mental Hospitals?", *Journal of Clinical and Experimental Psychopathology*, v. 17, n. 2, pp. 197-201, abr.-jun. 1956.

PACIFIC NORTHWEST EVIDENCE-BASED PRACTICE CENTER. "Statins for Prevention of Cardiovascular Disease in Adults: Systematic Review for the U.S. Preventive Services Task Force", *Evidence Synthesis*, n. 139, 2015.

PAYTE, J. Thomas. "A Brief History of Methadone in the Treatment of Opioid Dependence: A Personal Perspective", *Journal of Psychoactive Drugs*, v. 23, n. 2, pp. 103-7, abr.-jun. 1991.

PEAD, Patrick J. "Benjamin Jesty: New Light in the Dawn of Vaccination", *Lancet*, v. 362, n. 9401, pp. 2104-9, dez. 2003.

_____. *The Homespun Origins of Vaccination: A Brief History*. Sussex: Timefile, 2017.

PERRINE, Daniel M. *The Chemistry of Mind-Altering Drugs: History, Pharmacology, and Cultural Context*. Washington, DC: American Chemical Society, 1996.

PETROVSKA, Biljana Bauer. "Historical Review of Medicinal Plants' Usage", *Pharmacognosy Reviews*, v. 6, n. 11, pp. 1-5, jan. 2012.

PLANNED PARENTHOOD FEDERATION OF AMERICA. The Birth Control Pill: A History, 2015. Disponível em: <https://www.plannedparenthood.org/files/1514/3518/7100/Pill_History_FactSheet.pdf>. Acesso em: 23 nov. 2019.

PRINGLE, Peter. *Experiment Eleven: ark Secrets Behind the Discovery of a Wonder Drug*. Nova York: Walker & Company, 2012.

POTTS, Malcolm. "Two Pills, Two Paths: A Tale of Gender Bias", *Endeavour*, v. 27, n. 3, pp. 127-30, 2003.

RATTI, Emiliangel; TRIST, David. "Continuing Evolution of the Drug Discovery Process in the Pharmaceutical Industry", *Pure and Applied Chemistry*, v. 73, n. 1, pp. 67-75, 2001.

RAVIÑA, Enrique. *The Evolution of Drug Discovery: From Traditional Medicines to Modern Drugs*. Weinheim, Alemanha: Wiley-VCH, 2011.

RAZZELL, Peter. *The Conquest of Smallpox: The Impact of Inoculation on Smallpox Mortality in Eighteenth Century Britain*. Sussex, Reino Unido: Caliban, 1977.

RIBATTI, Domenico. "From the Discovery of Monoclonal Antibodies to Their Therapeutic Application: An Historical Reappraisal", *Immunology Letters*, v. 161, n. 1, pp. 96-9, set. 2014.

RICE, Kenner C. "Analgesic Research at the National Institutes of Health: State of the Art 1930s to Present". In: MELDRUM, Marcia L. (Org.). *Opioids and Pain Relief: A Historical Perspective*. Seattle: Iasp, 2003, pp. 57-83.

RIDKER, Paul M. et al. "Cardiovascular Benefits and Diabetes Risks of Statin Therapy in Primary Prevention: An Analysis from the JUPITER Trial", *Lancet*, v. 380, n. 9841, pp. 565-71, ago. 2012.

ROBINS, Nick. "The Corporation That Changed the World: How the East India Company Shaped the Modern Multinational", *Asian Affairs*, v. 43, n. 1, pp. 12-26, 2012.

ROBINSON, Jennifer G.; Kausik, Ray. "Moving Toward the Next Paradigm for Cardiovascular Prevention", *Circulation*, v. 133, n. 16, pp. 1533-6, abr. 2016.

ROSNER, Lisa. *Vaccination and Its Critics: A Documentary and Reference Guide*. Santa Barbara: Greenwood, 2017.

SANTORO, Domenico et al. "Development of the Concept of Pain in History", *Journal of Nephrology*, v. 24, supl. 17, pp. S133-S136, maio-jun. 2011.

SCHWARTZ, J. Stanford. "Primary Prevention of Coronary Heart Disease with Statins: It's Not About the Money", *Circulation*, v. 124, n. 2, pp. 130-2, jul. 2011.

SHAW, Daniel L. "Is Open Science the Future of Drug Development?", *Yale Journal of Biology and Medicine*, v. 90, n. 1, pp. 147-51, mar. 2017.

SHORTER, Edward. *A History of Psychiatry: From the Era of the Asylum to the Age of Prozac*. Nova York: John Wiley & Sons, 1997.

SHORTER, Edwin (Org.). *An Oral History of Neuropsychopharmacology, The First Fifty Years, Peer Interviews*. v. 1. Brentwood, TN: ACNP, 2011.

SIEGEL, Ronald K. *Intoxication: The Universal Drive for Mind-Altering Drugs*. Rochester: Park St. Press., 2005.

SILVERSTEIN, Arthur M.; MILLER, Genevieve. "The Royal Experiment on Immunity: 1721-22", *Cellular Immunology*, v. 61, n. 2, pp. 437-47, 1981.

SNEADER, Walter. "The 50th Anniversary of Chlorpromazine", *Drug News Perspect*, v. 15, n. 7, pp. 466-71, set. 2002.

_____. *Drug Discovery: A History*. Sussex, Reino Unido: John Wiley & Sons, 2005.

SNELDERS, Stephen et al. "On Cannabis, Chloral Hydrate, and the Career Cycles of Psychotropic Drugs in Medicine", *Bulletin of the History of Medicine*, v. 80, n. 1, pp. 95-114, primavera 2006.

STANLEY, Theodore H. "The Fentanyl Story", *The Journal of Pain*, v. 15, n. 12, pp. 1215-26, dez. 2014.

STEWART, Alexandra J.; DEVLIN, Phillip M. "The History of the Smallpox Vaccine", *The Journal of Infect*, v. 52, n. 5, pp. 329-34, maio 2006.

STOSSEL, Thomas P. "The Discovery of Statins", *Cell*, v. 134, n. 6, pp. 903-5, set. 2008.

SUGIYAMA, Takehiro et al. "Different Time Trends o f C aloric and Fat Intake Between Statin Users and Nonusers Among US Adults: Gluttony in the Time of Statins?", *JAMA Internal Medicine*, v. 174, n. 7, pp. 1038-45, jul. 2014.

SUN, Gordon H. "Statins: The Good, the Bad, and the Unknown", *Medscape*, 10 out. 2014.

SWAZEY, Judith P. *Chlorpromazine in Psychiatry: A Study of Therapeutic Innovation*. Cambridge, MA: MIT Press, 1974.

TAYLOR, Fiona et al. "Statin Therapy for Primary Prevention of Cardiovascular Disease", *Journal of the American Medical Association*, v. 310, n. 22, pp. 2451-5, dez. 2013.

TEMIN, Peter. *Taking Your Medicine: Drug Regulation in the United States*. Cambridge: Harvard University Press, 1980.

TONE, Andrea. *The Age of Anxiety: A History of America's Turbulent Affair with Tranquilizers*. Nova York: Basic Books, 2009.

_____; WATKINS, Elizabeth Siegel. *Medicating Modern America: Prescription Drugs in History*. Nova York: New York University Press, 2007.

WADE, Nicholas. "Hybridomas: The Making of a Revolution", *Science*, v 215, n. 26, pp. 1073-5, fev. 1982.

WALLACE, Edwin R.; GACH, John (Orgs.). *History of Psychiatry and Medical Psychology*. Nova York: Springer, 2008.

WANAMAKER, Brett L. et al. "Cholesterol, Statins, and Dementia: What the Cardiologist Should Know", *Clinical Cardiology*, v. 38, n. 4, pp. 243-50, abr. 2015.

WHITAKER, Robert. *Mad in America: Bad Science, Bad Medicine, and the Enduring Mistreatment of the Mentally Ill*. Nova York: Basic Books, 2002.

YAMADA, Taketo. "Therapeutic Monoclonal Antibodies", *The Keio Journal of Medicine*, v. 60, n. 2, pp. 37-46, 2011.

ZAIMECHE, Salah et al. "Lady Montagu and the Introduction of Smallpox Inoculation to England". Disponível em: <https://muslimheritage.com/lady-montagu-smallpox-inoculation-england>. Acesso em: 23 nov. 2019.

Índice remissivo

Os números de páginas em *itálico* referem-se a ilustrações.

A

Abilify, 170, 179, 292, 298
abortos, 58, 191
abscessos, 13, 130
abuso: conter o, 234; de opioides, 16, 114; de pacientes, 156
Academia Francesa, 149, 158
ACC *ver* American College of Cardiology
acidentes: descoberta por, 200; mortes acidentais, 93; overdoses acidentais, 48
ácido fólico, 289
adalimumabe, 271
adrenalina, 146-8
afogamento, 144
África, 26, 63, 76, 83, 145, 147
AHA *ver* American Heart Association
aids, 82, 219
alcaloides, 50-2, 101, 111-2, 212, 226
alcatrão da hulha, tinturas extraídas do, 101, 120
álcool, 11, 37, 48, 57, 93, 96, 107, 113, 123
alcoolismo, 49, 55
Alemanha, 71, 101, 117, 125, 130, 211-3, 219, 229
alergias, 149-50, 166, 272

Alexandre, o Grande, 25
alquimia, 27
alucinógenos, 171, 226
Alzheimer, mal de, 155, 174, 246, 283, 285, 290, 296
amargor, 19, 33; alcaloides e, 50
América do Norte, 63, 80
América do Sul, 36, 83
American College of Cardiology (ACC), 258
American Heart Association (AHA), 258
amidona, 215
amputações, 121
analgésicos, 35, 52, 100, 102, 106, 112, 166, 181, 185, 211-5, 220-2, 230-1, 234; *ver também* opioides
anestésicos, 32, 106, 159, 166, 222
animais: antibióticos e, 141; infecções em, 79; testes em, 93, 101, 123
Anitschkow, Nikolai, 244
anos 1960, drogas e remédios nos, 170, 182, 216, 219, 226
ansiedade, 34, 136, 147-8, 150-1, 161, 169, 175, 179, 236, 265
antibióticos, 116, 138-41, 181-3, 210, 246; era dos, 138; receitas de, 140-1; resistência a, 140-1, 183; vacinas e, 13; vírus e, 139; *ver também* penicilina
anticorpos: monoclonais, 270, 278-9, 281-3, 286, 289-91; sistema imunológico e, 273-4

antidepressivos, 170, 207, 236

Antiguidade, 20, 25, 38

anti-histamínicos, 149-51, 166, 181-2

antipsicóticos, 17, 97, 169-70, 172-4, 176, 179, 181-2, 222, 292, 298; marcas de, 179; psiquiatria e, 178; *ver também* clorpromazina (CPZ)

antraz, 81, 137

árabes, 26-7, 30, 38-9

arqueologia, 20

arsênico, 39, 118

artrite, 202, 210, 284, 298

Ásia, 22, 83, 216, 240

aspirina, 9, 17, 117, 120, 260, 264, 289; Aspirina Bayer, 102

assassinatos, 59, 96

assírios, 25

Associação Médica Americana (AMA), 104, 132

astecas, 63

ataques cardíacos, 196, 241, 244, 254, 256-7, 266

ataraxia, 148

átomos, 89, 98, 100-1, 111-2, 125, 221, 226, 273-4; *ver também* moléculas

atorvastatina, 248

atropina, 52, 149

Austrália, 63

Áustria, 189, 229

automedicação, 12

Avastin, 271

Avicena (Ibn Sīnā), 26-7, *28*, 31

azo, corantes, 124-8

B

babilônios, 25

bactérias, 82, 115-8, 121-7, 130, 132, 136-40, 182-3, 246, 273, 283, 291

"balas mágicas" (*Zauberkugeln*), 118

barbitúricos, 97, 106

Bayer (empresa): Aspirina Bayer, 102; Domagk na, 122; Heroína da Bayer, 103, *104*; laboratórios da, 117; patentes e, 127

Bedson, Henry, 83-5

benefícios, análise de riscos e, 86-7

bevacizumabe, 271

Bíblia, 107

bibliotecas: biblioteca global de fatos, 14-5; privadas, 60

Big Pharma, 11, 98, 250, 290; lucro e, 286; problemas das indústrias farmacêuticas, 299-301

biologia: doença mental e, 158; molecular, 130, 186, 213

biotecnologia, 279, 283, 286, 290-2

Boilly, Louis-Léopold: *Vacinação* (quadro), *77*

Bosschieter, Jennie, 94-6

Boswell, James, 34

botânica, 193

Brindley, Giles, 198-200

British Medical Journal (periódico), 289

British Museum (Londres), 9-10

Brompton (coquetel), 111

Brown, Sir Thomas, 278

Burnett, M. A., *23*

cabeza de negro (espécie de inhame), 193

C

Caboto, Giovanni, 31

caçadores-coletores, 19

cafeína, 52, 260

cãibras, 261

Calvert Litographing Co., *107*

camisas de força, 97, 152, *154*, 172, 177

camundongos, 100, 117, 123-4, 126, 212, 276, 282-3; estreptococos em, 125; morte de, 123

Canal da Mancha, 142

câncer, 12-3, 48, 181-2, 210, 223, 231, 243, 246, 254, 271, 275, 283, 285, 289-90, 296, 302

cannabis, 11, 21, 48, 97, 106, 111

carfentanil, 114

Caroline de Ansbach, princesa de Gales, 71, 72, 74

Carter, Jimmy, 289-90

Casa Branca, 116; celebridades na, 224

casca de salgueiro, 102

catapora, 13

Catarina, a Grande, imperatriz da Rússia, 76

catatonia, 162, 164

Celebrex, 210

celebridades, 129; apoio à inoculação, 74; na Casa Branca, 224

células, 214, 225; cancerosas, 275-6, 282; células B, 274, 282; cultivo in vitro, 279; mitocôndrias, 262

Centro de Controle e Prevenção de Doenças (Atlanta, EUA), 86

Centro Estatal de Pesquisa de Virologia e Biotecnologia (Koltsovo, Rússia), 86

cérebro, 14, 159, 171, 178-9, 183, 207, 226-7, 234, 241, 251, 284, 289, 295; doença mental e, 178; estudos do, 178

chá, 39-40

Chang, Min Chueh, 189

"chifre de unicórnio", 31

China: Cidade Proibida, 46; *coolie trade*, 44; fluxo do *chi*, 91; governo comunista na, 46; Imperial, 38-9, 41, 43, 46; ópio na, 38-41; Rebelião Taiping

(1850-64), 44; regime de semiescravidão (séc. XIX), 44; vício na, 110

"choque cirúrgico", 145-7, 182

choque cultural, 240

cicatrizes de varíola, 62, 64, 67

ciclo Seige, 16-7, 170, 218, 264, 299

cidades, vícios nas, 110-1

ciência: aplicação da, 75; cientistas, 13; medicina, 74; moderna, 89

Cinchona (árvore), 52

Clorodina, 48

clorofórmio, 48, 93, 111

clorpromazina (CPZ), 17, 97, 166-7, 169, 172, 175-9; receitas de, 173; *ver também* antipsicóticos

Clube de Caça Agawam (Rhode Island, EUA), 129

Coca-Cola, 106

cocaína, 11, 52, 55, 106-8, 111, 212

codeína, 52, 101, 103, 112-3, 212

coelhos, 100, 123, 244

cognição, 263-4

cólera, 13, 28, 35, 48, 63, 115

Coleridge, Samuel Taylor, 36

colesterol, 239, 240-58, 267

Collier's (revista), 132

Colombo, Cristóvão, 31

Companhia das Índias, 38, 41

comprimidos: exposição no British Museum, 9-10; láudano na forma de, 30-1

comunismo, 46, 187, 231

Conferência Internacional do Ópio (Xangai), 108

conhecimento, remédios e, 30

conselhos médicos, 238

consentimento, Pincus e, 196

Constantinopla, 65-6, 70, 77

constipação, 26, 35, 51, 230

contágio, 63; doenças contagiosas, 63, 81, 246

contrabandistas de ópio, 44
controle de natalidade, 190-2, 195-6
controvérsias médicas, 259
Coolidge, Calvin, 116
coolie trade, 44
coqueluche, 13
coquetel Brompton, 111
corantes azo, 124-8
corpo humano, 67; compreensão
    do, 14, 130; sistema
    imunológico do, 82, 271;
    temperatura do, 144, 163
CPZ *ver* clorpromazina
credibilidade da medicina, 301
crematórios, 85
Crestor, 248
Creta, ilha de, 20
crianças: enxertos em, 68-9;
    mortalidade infantil, 138;
    mortes em Tulsa, 133
criminalidade, 75, 187
cristianismo, 70, 89-90
Crohn, doença de, 284, 298
cuidados médicos, 84; dados, 239;
    tendências, 232
culpabilização da vítima, 95
curandeiros, 11, 21-2, 24-5, 28-9,
    90, 115
curas, 48, 57, 123, 159, 171, 181; arte
    da cura, 30

D

Daoguang, imperador chinês, 43
De materia medica (Dioscórides), 22
De Quincey, Thomas, 36
Delay, Jean, 158-67, 176-7
Deméter (deusa grega), 20-1
demonstrações médicas, 73; da
    inoculação, 70-1, 74;
Deniker, Pierre, 162-3, 165, 167

Departamento da Agricultura
    (EUA), 134
depressão, 34, 51, 56, 101, 145, 162,
    164-5, 175, 236
Devéria, A., 65
diabetes, 104, 166, 246, 253, 262-3,
    268, 298, 302
dietilenoglicol, 133
difteria, 13, 87, 115
digitais, remédios, 293
Dilaudid, 112
Dioscórides, Pedânio, 22; *De materia
    medica*, 22; sobre extração de
    seiva da papoula, 24
discinesia tardia, 179
Discurso de Gettysburg (Lincoln), 80
disenteria, 38, 54
disfunção erétil, 198-9, 202-10
DNA, 214, 276, 283, 291, 295-7
doença de Crohn, 284, 298
"doença do Exército" (vício em
    morfina), 54
doença mental, 152-3, 157-61, 166,
    170, 174, 178, 187, 236, 292;
    biologia e, 158; cérebro e, 178;
    velhice e, 174
doenças, 13; autoimunes, 271-2, 284;
    bactérias e, 115; cardíacas, 182,
    202, 238, 241, 244-7, 249-50, 252-
    5, 257-9, 290, 296, 302; causas
    de, 62; compreensão de, 63-
    4; contagiosas, 63, 81, 246;
    erradicação de, 81, 88; novas
    formas de, 298; padrões de, 35;
    venéreas, 35
Domagk, Gerhard, 120, 122-8,
    135-6, 138-9; na Bayer, 122;
    Prêmio Nobel para, 135; sulfa
    e, 135, 285
dor, 234; muscular, 260, 261; *ver
    também* analgésicos

dosagem, 51; efeitos colaterais
e, 176; precisão de, 52;
prescrições e, 9
drogas, 110; anos 1960, 216, 226;
drogas mentais, 170-1, 178;
Guerra às Drogas, 224;
ilegais, 224; legitimidade do
uso de, 229-30; narcóticos,
11, 46, 55, 108-10; nos Estados
Unidos, 45; reabilitação, 57,
231; subcultura das, 45; uso
per capita de opiáceos, 54; *ver
também* remédios
"drug" (etimologia da palavra), 10
Du Pont, Ethel, 128, 131

E

economia: depressão econômica,
187; Grande Depressão, 129;
sistema econômico, 235
ECT *ver* eletroconvulsoterapia
educação feminina, 60
efeitos colaterais, 16, 35-7, 87, 103,
126, 132, 148-51, 165, 176, 195-
6, 198, 201-2, 205-6, 208, 212-
3, 239, 243, 252, 259-64, 266,
268-9, 283, 292, 296; dosagem
e, 176; estatinas e, 239, 259;
mortes por, 195; remédios e,
259-60; Salvarsan e, 118
eficácia, 16; de tratamentos, 52;
declínio da, 125; demonstração
da, 70; medição da, 101; ópio
e, 25
Egito, 25, 27
Ehrlich, Paul, 117-20, 138, 225
Eisenhower, Dwight D., 170
elementos minerais, 91
eletroconvulsoterapia (ECT), 161-2,
178

elites, 61
encefalina, 227
Endo, Akira, 240-4, 247, 282
endorfinas, 227
enfermagem, 37
enxerto, 67-9; *ver também*
inoculação
epidemias: bactérias e, 115; de
abuso de opioides, 16; de
"morfinismo", 55; de varíola, 70,
79; de vício, 99; varíola, 61-2, 70
Era Romântica, 35, 57
erisipela, 13, 22, 132
erradicação de doenças, 81, 88
ervas, 10, 20-2, 24, 57, 185;
remédios extraídos de, 21-2
escarlatina, 13, 116, 132
escrita, 76; literatura de viagem,
65-6
especiarias, 22
esquizofrenia, 157, 164-5, 175
Estados Unidos, 10-1, 45, 47-9,
54, 56, 58, 76, 86, 94, 96, 99,
106, 108-11, 113, 119, 128, 131,
134, 139-40, 153-4, 169-70, 173,
175, 186, 190-1, 193, 195, 206,
209, 211-6, 223, 229-30, 235,
238, 240-1, 243, 246, 253, 294;
controle de narcóticos nos,
108; expectativa de vida nos,
138; Guerra Civil Americana,
54; Lei dos Alimentos e
Medicamentos Puros (1906),
108; Lei Federal de Alimentos,
Drogas e Cosméticos (1938),
134; Lei Federal de Exclusão
do Ópio (1909), 108; Lei
Harrison (1914), 108-11, 217;
Leis Comstock (1873), 191,
195-6; Medicare e Medicaid
(programas do sistema de
saúde), 174; morfina nos, 99;

Partido Republicano, 224; população americana, 99; primeira crise de opiáceos (1870-80), 54; receitas e, 9; riqueza e poderio dos, 240; subcultura das drogas nos, 45; uso de ópio nos, 48; varíola nos, 80, 86; vício nos, 229, 231-2

estatinas, 18, 238-40, 244, 247-70, 282, 289, 299-300

esteroides, 189, 193

estímulos químicos, 227

estradiol, 189

estreptococos, 116, 123, 125-6, 130-2, 140; em camundongos, 125; infecção de ferimentos, 121

estresse mental, 146-7

estresse pós-traumático, 145, 179

estricnina, 52

estudos: de medicamentos, 31; do cérebro, 178

estupros, 96

éter, 106

euforia, 25, 51, 140, 173, 215, 229, 238

Europa: exploradores europeus, 31, 63; inoculação na, 77; norte da, 21; Ocidental, 25; ópio na, 29, 31, 35

Exército: chinês, 43; "doença do Exército" (vício em morfina), 54; exércitos de Alexandre, o Grande, 25-6; francês, 145; romano, 22; vacinação do Exército americano, 86

expectativa de vida, 10, 113, 116, 138; nos Estados Unidos, 138

experimentos, 73; em animais, 34; Jesty e, 79; Paracelso e, 30; segurança de, 68

F

"fagote lógico", 198

falhas, 100; corantes azo, 125; Ehrlich e, 118

farmacologia, 31, 130, 147; "era de ouro" do desenvolvimento farmacêutico (anos 1930-60), 181, 182; psicofarmacologia, 170-1; *ver também* remédios

FDA *ver* Food and Drug Administration

febre amarela, 81

febre puerperal, 132

febre(s), 9, 36, 47, 61-2, 67, 102, 129, 131, 161

felicidade, 25

fentanil, 114, 222-3, 228, 232-5, 292

ferimentos, 120, 121; de veteranos de guerra, 54; infecção de, 121

ferramentas: drogas como, 162; médicos e, 25, 115; tecnológicas, 13

fertilizantes agrícolas, 91

Fewster, John, 78-9

Finn, Michael ("Mickey"), 17, 89, 96

Fleming, Alexander, 136, 240, 281

flores de papoula, *23*, 26, 54; *ver também* papoula

fluvastatina, 248

Food and Drug Administration (FDA), 133-4, 139, 167, 179, 196, 205, 209, 220, 250, 263, 283, 290, 292

Ford, Henry, 119

Fortune (revista), 169

França, 121, 127, 145, 151, 160, 165-7, 216; Academia Francesa, 149, 158; La Brune (preparo medicinal francês), 47; Revolução de Maio (Paris, 1968), 177

Frankenstein (Shelley), 91
fraqueza, 260-2
Freud, Sigmund, 158, 171, 186
frotas de veleiros de ópio, *41*, 44
Fu Manchu (personagem), 110
fumo, 39

G

Gama, Vasco da, 31
Ganges, rio (Índia), *41*
gangrena, 13, 121, 132
gangrena gasosa, 121, 132
gás hilariante (óxido nitroso), 106
genocídio biológico, 63
genomas, 86, 294; genoma humano,
283, 291, 294-5
germes, teoria dos, 81-2
ginecologistas, 191
Godwin, Mary Wollstonecraft, 36
Goldin, Claudia, 197
gonorreia, 132, 134, 140
"gotas de nocaute" *ver* hidrato de
cloral
governo, 109; apoio à inoculação
pública, 76; comunista,
46; controles do, 233;
financiamento de agências
governamentais, 174;
regulamentação e, 59
Grã-Bretanha, 36-8, 43, 45, 63,
111, 153, 273, 282; *ver também*
Inglaterra
gravidez, 185-6, 188, 191, 196-7
Grécia Antiga, 21, 25, 89, 185
Greene, Jeremy A., 250
Guerra às Drogas, 224
guerras: Guerra Civil Americana,
54; Guerra do Vietnã, 13,
223; Guerras do Ópio, 42-
3; Primeira Guerra Mundial,

56, 106, 112, 120-2, 168, 244;
Segunda Guerra Mundial, 46,
115, 131, 135, 138, 170, 189, 202,
211, 213, 215

H

Hamlin's Wizard Oil (remédio), *107*
Hanfstaengl, F., *92*
Harvey, Gideon, 33-4
Henrique VIII, rei da Inglaterra, 32
Herceptin, 271
heroína, 11, 99, 103-13, 117, 213, 215-20,
223, 228, 233-5; em xaropes para
tosse, *105*; Heroína da Bayer,
103, *104*; metadona e, 215-9;
receitas de, 111; trocadilho com
a palavra alemã "heroisch", 103;
vício em, 111, 215-7, 223, 229
Hesíodo, 21
hibridoma, 277-8, 280, 282
hidrato de cloral ("gotas de
nocaute"), 17, 92-4, 96-8, 102,
106, 147; overdose de, 94
hidrocodona, 112
hidropisia, 13
Hipnos (deus grego), 20
"hipnóticos" (medicametos), 93-4, 166
hipotermia, 144
História, 18, 110; da medicina,
10, 15, 28; "era de ouro" do
desenvolvimento farmacêutico
(anos 1930-60), 181-2;
historiadores, 21, 35, 80, 93,
181-2, 195; remédios e, 10, 14;
vacinas e, 79
históricos de saúde, 232
Hitler, Adolf, 126, 129, 135
Hoechst (empresa), 211-2, 214
Hoffmann, Felix, 102
homens, disfunção erétil em, 198-9

Homero, 21

Hong Kong, 43-4

hormônios, 181, 188-9, 191, 194;
"Década dos Hormônios
Sexuais" (anos 1930), 189

hospícios, 17, 97, 153-6, 161, 164, 167,
171-4, 178

hospitais, 13, 52, 73, 106, 130, 133,
136, 154-5, 167, 171-4, 215;
psiquiátricos, 167, 172, 173, 175

Huguenard, Pierre, 149-50

hul gil ("planta da alegria", nome
sumério da papoula), 22

Humira, 271, 284-5, 298

I

Ibn Sīnā *ver* Avicena

Idade Média, 17, 27, 31, 66, 185

idosos: doença mental em, 174;
obesidade em, 240

Ilíada (Homero), 21

Império Celestial (China Imperial),
38-9, 41, 43

Império Otomano, 64, 66

Império Romano, 26

"imunidade da manada", 88

in vitro: cultivo de células, 279;
testes, 293

incas, 63

Índia, 25-6, *37*, 38, 42, 44; fábrica
de ópio em Patna, *37*;
plantações de papoula na, 40;
rio Ganges, *41*

indústria farmacêutica, 15, 52, 98, 138,
167, 181, 213, 235, 252, 299-301;
Big Pharma, 11, 98, 250, 286, 290

infecções, 116-7, 120, 122, 125-6,
130, 132, 139-41, 166, 270; de
ferimentos, 121; em animais, 79

infliximabe, 271

informações científicas, 232

Inglaterra, 9, 28, 36, 38, 42, 44, 47,
61, 68, 70, 74-5, 77, 83, 111, 127,
143, 200, 281; chá na, 39-40

ingredientes: "chifre de unicórnio",
31; de remédios, 21; do láudano,
31; ópio como, 25

inoculação, 68, 70-2, 74-8, 80-2;
apoio do governo à inoculação
pública, 76; de prisioneiros
britânicos, 71; demonstrações
de, 70-1, 74; movimento contra
a, 74; na Europa, 77; prática da,
76; *ver também* vacinas

inovação, vício e, 234

insulina, 166, 226

International Harvester, 190

islã, 27; *ver também* Avicena (Ibn
Sīnā)

Itália, 28, 229

J

"janela terapêutica estreita", 57-8

Japão, 245

Jefferson, Thomas, 47

Jenner, Edward, 76-82

Jerne, Niels, 280

Jesty, Benjamin, 78-81

Johns Hopkins Hospital, 226, 263

Jones, John, 34

K

Katz, Lawrence, 197

Klarer, Josef, 124-8, 138-9

Köhler, Georges, 275-82; Prêmio
Nobel para Milstein e, 279

L

La Brune (preparo medicinal francês), 47
laboratórios, 283; da Bayer, 117
Laborit, Henri, 142-52, 159-63, 165-6, 176-7
láudano: consumo por prostitutas, 35; de Sydenham, 33, 47; ingredientes do, 31; na forma de comprimido, 30, 31; overdose de, 36; variantes do, 47
Le Fanu, James, 181
legislação sobre remédios, 139
Lei dos Alimentos e Medicamentos Puros (EUA, 1906), 108
Lei Federal de Alimentos, Drogas e Cosméticos (EUA, 1938), 134
Lei Federal de Exclusão do Ópio (EUA, 1909), 108
Lei Harrison (EUA, 1914), 108-11, 217
Leis Comstock (EUA, 1873), 191, 195-6
Leibniz, Gottfried Wilhelm, 71
leiteiras, 78
Lescol, 248
libido, 104
Librium, 169
Life (revista), *137*
Lincoln, Abraham, 80
Lipitor, 248-9, 256
literatura, 158; de viagem, 66; do séc. XIX, 36; obscena, 191
litografias, *37, 41, 65*
livros: de Avicena, 31; de Paracelso, 30
London Times (jornal), 44
Lone Star Saloon (Chicago), 96
lovastatina, 247
LSD, 162, 199, 226
lucro: Big Pharma e, 286; de médicos, 76; pesquisa e, 170

M

Maalin, Ali Maow, 83
Magalhães, Fernão de, 31
Maitland, Charles, 68-71
malária, 28, 36, 39, 54, 82, 139, 294-5
manicômios *ver* hospícios
March of Medicine, The (programa de TV), 167
Marco Aurélio, imperador romano, 26
Marker, Russell, 193-4
Massengill, 133-4
Mather, Cotton, 76
McCormick, Katharine, 190-2, 197
medicamentos *ver* remédios
Medicare e Medicaid (programas do sistema de saúde dos EUA), 174
medicina, 30; como ciência, 74; credibilidade da, 301; história da, 10, 15, 28; ópio na, 12, 37, 48, 107; prática da, 12, 111, 251, 300
médicos: árabes, 27; conselhos médicos, 238; controvérsias médicas, 259; criminosos, 109; ferramentas e, 25, 115; ginecologistas, 191; gregos, 26; ingleses (séc. XVI), 32; licenças de, 134; lucros de, 76; na Idade Média, 27; procedimentos médicos, 68-9; tratamentos recomendados por, 62
medo, "choque cirúrgico" e, 146
Mekonê (Grécia), 21
melaço, 32
meningite, 115, 132
mercado negro, 208, 233-4
Merck (empresa), 52, 247
Mesopotâmia, 20
metabolismo, 123, 146, 148
metadona, 215-20, 223, 230; heroína e, 215-9

326

Meu tio da América (filme), 178
Mevacor, 247
Milstein, César, 273-82, 287; Prêmio
   Nobel para Köhler e, 279
Miltown (tranquilizante), 169
minerais, 91
minoicos, 20
mitocôndrias, 262
mitologia grega, 20-1
moda feminina, 63
mofo, 136; penicilina como, 240
moléculas, 89, 98; alteração de, 102;
   com carbono, 100; corantes azo,
   124-8; da ureia, 91; estudo de, 112
Montagu, Edward Wortley, 60, 61
Montagu, Lady Mary Wortley, 61-
   71, 77, 80-1, 272; cicatrizes de
   varíola, 64
moradores de rua, 174
Morfeu (deus grego), 51
morfina, 51-8, 89, 94, 97, 99-106,
   108-14, 147, 150, 212-3, 215,
   217, 221-2, 226-8, 233, 235;
   "doença do Exército" (vício
   em morfina), 54; e a invenção
   da seringa ("Pravaz"), 53-
   4, 56; Estados Unidos e, 99;
   "janela terapêutica estreita"
   da, 57-8; mulheres e, 55-6; na
   Guerra Civil Americana, 54;
   regulamentação de, 99; vício
   em, 54, 103, 105, 109
mortes: acidentais, 93; associação
   da papoula com a morte, 26;
   causas de, 13; de camundongos,
   123; de crianças em Tulsa,
   133; de Wanrong, 46; efeitos
   colaterais e, 195; mortalidade
   infantil, 138; suicídios,
   113; varíola e, 61; viciados
   definhando até a morte, 237
movimento antivacina, 74, 87

muçulmanas, 67
mulheres: da nobreza, 66; direitos
   das, 190, 197; e a pílula, 198;
   educação das, 60; moda
   feminina, 63; morfina e, 55-6;
   muçulmanas, 67; opções sociais
   e profissionais das, 10; ópio
   consumido por, 36; prisioneiras,
   174; testes feitos por, 126
músculos, 260-2
Mysteries of Opium Reveal'd, The
   (Jones), 34

N

naloxona, 228, 230
Narcan, 228-9
narceína, 52
narcóticos *ver* drogas
narcotina, 52
natureza, 30
náusea, 53, 166-7, 195, 215, 219
Nero, imperador romano, 22
neurotransmissores, 178-9, 182, 207
New York Times, The (jornal), 49, 94,
   132, 205, 294
Nicolau II, tzar da Rússia, 244
nicotina, 52
Nightingale, Florence, 37
Nix (deus grego), 20
nobreza: demonstrações médicas
   para a, 74; mulheres da, 66
noscapina, 52

O

Ocidente, 26-7, 89
Odisseia (Homero), 21
Óleo de Feiticeiro do Hamlin
   (remédio), 107

Onze de Setembro, atentados de (2001), 86
operaçãoes, "choque cirúrgico" em, 145-6
opiáceos, 54-6, 59, 99, 106, 112, 173, 211-2, 217, 220-1, 225, 227-9, 236-7; definição de, 106; nos Estados Unidos, 99; regulamentação de, 59; semissintéticos, 112, 113, 232; uso per capita de, 54; vício em, 211, 230
ópio, 25, 31-2, 49, 106; alcaloides derivados do, 52; bruto, 24, 31, 110; casas de, 45, 46-7, 107; comércio de, 38, 40, 42, 44-5, 108; como ingrediente, 25; Conferência Internacional do Ópio (Xangai), 108; contrabandistas de, 44; Edgar Allan Poe e, 48; eficácia do, 25; em remédios, 12, 37, 48, 107; fábrica em Patna (Índia), 37; frotas de veleiros de, 41, 44; fumo de, 39; Guerras do Ópio, 42-3; Lei Federal de Exclusão do Ópio (EUA, 1909), 108; mulheres e, 36; na Antiguidade, 25; na China, 38-41; na Europa, 29, 31, 35; na Grécia Antiga, 25-6; na Guerra Civil Americana, 54; na medicina, 12, 37, 48, 107; na Roma Antiga, 26; natural, 23; no Oriente Médio, 25; nos Estados Unidos, 48; opioides e, 17; "opion" (palavra grega para suco da papoula), 22, 23; padronização do, 50; pesquisas de Sertürner, 50, 51; plantações de papoula na Índia, 40; prazer e, 34;

processamento do, 24; proibição na China, 41, 46; testado em animais, 34; traficado por piratas, 41, 44; vício em, 48-9, 99, 113; *ver também* papoula
opioides, 99, 106, 113-4, 149, 211, 220, 226-7, 229-37; abuso de, 16, 114; definição de, 106; mercado negro de, 233-4; ópio e, 17; overdoses de, 230; receptores de, 227-9, 234; vício em, 99
órfãos como cobaias, 72-3
Organização Mundial da Saúde, 85, 222
Oriente Médio, 19, 22, 25
overdoses: acidentais, 48; aumento do número de, 106, 235; de hidrato de cloral, 94; de opioides, 230; de remédios, 12-3; epidemia de, 211; gregos antigos e, 26; láudano e, 36
Ovídio, 26
oxicodona, 17, 112, 228
óxido nitroso (gás hilariante), 106
Oxycontin, 112, 113, 232, 234, 292

P

pacientes, 32; abuso de, 156; de varíola, 61-2; eficácia de tratamentos para, 52; felicidade causada pelo ópio em, 25; mortes de, 146; operações em, 145, 146; quarentena de, 83-5; tuberculosos, 103
padronização: de remédios, 32; do ópio, 50
Papaver (gênero botânico), 23
papaverina, 52

328

papoula, 20, *23*; associação da
papoula com a morte, 26;
descrita em *De materia medica*
(Dioscórides), 22; espécies
de papoulas, 23; flores de,
23, 26, 54; *hul gil* ("planta da
alegria", nome sumério), 22;
na Guerra Civil Americana,
54; "opion" (palavra grega para
suco da papoula), 22-3; *Papaver
somniferum* (nome científico),
23; plantações na Índia, 40;
sementes de, 19-20, *23*, 24; *ya
pian* (nome chinês da papoula),
22; *ver também* ópio
Paracelso, 28-31, 33, 199
parasitas, 82, 139, 246
Parker, Janet, 83-7
Parkinson, mal de, 149, 176, 260
Partido Republicano (EUA), 224
Passaic, rio, 94
patenteada, 93, 112, 124, 128
patentes, 102, 279; Bayer e, 127;
expiração de, 128, 209, 285;
proteção de, 250; remédios
patenteados, 47, *107*, 108
Patna (Índia): fábrica de ópio em, *37*
penicilina, 17, 117, 136-7, 140, 169,
182-3, 240-1, 281; como mofo,
240; disponibilidade da, 117; na
publicidade, *137*
pênis, 186, 199-200, 203
Percocet, 112
Perséfone (deusa grega), 21, 185
pesquisa, 51; consentimento e, 196;
lucro e, 170; pesquisadores, 49
Pfizer, 200-6, 208, 210
Pierrepont, Mary *ver* Montagu,
Lady Mary Wortley
pílula anticoncepcional, 17, 188, 191
Pincus, Gregory, 189-91, 195-6
piratas, ópio traficado por, 41, 44

plantas: espécies de, 21; *hul gil*
("planta da alegria", nome
sumério da papoula), 22; poder
da papoula, 19-20
pneumonia, 115-6, 122-3, 132
Poe, Edgar Allan, 48
poliomielite, 12, 81, 83, 87-8
política: Partido Republicano (EUA),
224; remédios e, 172
pólvora, 129
Pope, Alexander, 77
população: americana, 99; proteção
de grandes populações, 81
prata, 40, 53
pravastatina, 248
Pravaz, Charles Gabriel, 53
"Pravaz" (seringa), invenção do, 53-
4, 56
prazer, ópio e, 34
preços de remédios, 10
Prêmio Lasker, 177
Prêmio Nobel, 117, 135, 177, 280;
para Domagk, 135; para
Milstein e Köhler, 279
Prescribing by Numbers (Greene), 250
Presley, Elvis, 224
Primeira Guerra Mundial, 56, 106,
112, 120-2, 168, 244; Domagk
durante a, 120
Prisão de Newgate (Londres), 71, 73
prisioneiros, 174; inoculação de, 71
Prontosil, 127, 128, 131-2
prostituição, 45, 95-6, 106; láudano
e, 35
Prozac, 170
psicofarmacologia, 170-1
psiquiatria, 158, 166, 171, 175, 177-8
psoríase, 284, 298
publicidade, *107*, *137*; penicilina na,
137; propagandas de controle
de natalidade (EUA), 191;
Thorazine na, *168*

329

Q

qualidade de vida, 202, 210
quarentena, 83-5
quatro humores, teoria dos, 70, 75, 90
química: clínica, 91; orgânica, 52, 90; reações químicas, 90, 92, 203
Química animal (Von Liebig), 92
quinino, 36, 52, 123

R

reabilitação, 57, 231
reações químicas, 90
Reagan, Nancy, 224
Rebelião Taiping (China, 1850-64), 44
receitas: de antibióticos, 140-1; de clorpromazina (CPZ), 173; de heroína, 111; dosagem e, 9
receptores de opioides, 227-9, 234
regulamentação, 11, 32; de morfina, 99; de opiáceos, 59; governo e, 59
Reid, Wallace, 111
Reino Unido, 84, 166; *ver também* Inglaterra
remédios: anos 1960, 170, 182, 216, 219, 226; antes do século XIX, 24; automedicação, 12; avanços de, 182; baseados em tinturas, 118; como "balas mágicas", 11, 118, 120, 136, 246, 270, 285; conhecimento e, 30; descoberta de, 138; digitais, 293; drogas ilegais e, 10; efeitos colaterais de, 259-60; "era de ouro" do desenvolvimento farmacêutico (anos 1930-60), 181-2; especiarias como, 22; estudos de, 31; etimologia da palavra "drug", 10; experimentos e, 73; extraídos de ervas, 21-2; fabricados por médicos árabes, 27; futuro dos, 289-302; guias de medicamentos, 22; Hamlin's Wizard Oil, *107*; "hipnóticos", 93-4, 166; história e, 10, 14; ingredientes de, 21; La Brune (preparo medicinal francês), 47; legislação sobre, 139; medicina e, 10; medievais, 31; mercado negro, 208, 233-4; na Antiguidade, 24; na Antiguidade, 20; ópio em, 12, 37, 48, 107; overdoses de, 12-3; padronização de, 32; para dormir, 93; patenteados, 47, *107*, 108; personalizados, 16, 295; política e, 172; preços de, 10; psiquiátricos, 170; qualidade de vida e, 210; receptores no cérebro, 234; sem receita, 11, 34, 47, 54, 104, 139, 208; sexo e, 185-210; sintéticos, 102; *ver também* drogas; farmacologia
Remicade, 271
resistência a antibióticos, 140-1, 183
Resnais, Alain, 178
reumatismo, 36, 48
Revolução de Maio (Paris, 1968), 177
Rhône-Poulenc (RP), 151, 161, 166-7
riqueza, pesquisas científicas e, 287
riscos: análise de riscos e benefícios, 86-7; "risco relativo", 256-7
Rituxan, 271
Rock, John, 191
Roma Antiga, 25-6, 28, 89
Romantismo, 35, 57
Roosevelt, Eleanor, 130, 131
Roosevelt, Franklin Delano, 129
Roosevelt Jr., Franklin Delano, 128-31, 139

Roosevelt, Theodore, 107
rosuvastatina, 248
RP *ver* Rhône-Poulenc
RP-4560 (remédio experimental),
148, 151-2, 159-66
Rússia, 76, 86; *ver também* União
Soviética

S

Sacher, Eberhard, 58
salgueiro, casca de, 102
Salvarsan, 118-9
Sandwich, conde de, 61
Sanger, Margaret, 190-1, 195, 197
sangue, 270-87
sarampo, 81
saúde pública, 12-3, 87
Sears-Roebuck, catálogo, 103
Seeman, Enoch, 72
Segunda Guerra Mundial, 46, 115,
131, 135, 138, 170, 189, 202, 211,
213, 215
segurança: de experimentos, 68;
padrões de, 84; provas de, 71
Seige, Max, 16
sementes de papoula, 19-20, *23*, 24;
ver também papoula
Senegal, 145
"serendipity" (descoberta do acaso),
182
seringa ("Pravaz"), invenção da, 53-6
Seroquel, 170, 179
Sertürner, Friedrich, 50-1
sexo, 185-210
Shelley, Mary, 91
Shelley, Percy, 36
Sherwill, W. S.: litografia de, *37, 41*
sífilis, 13, 61, 118, 137
sinvastatina, 247
Síria, 20

Sirocco (destróier), 142-5, 148
sistema imunológico, 278;
anticorpos e, 273-4; do corpo
humano, 82, 271
sistema nervoso, 150-1, 166, 222
SKF *ver* Smith, Kline & French
Smith, Anna Nicole, 97
Smith, Kline & French (SKF), 167-71
Smith, Nayland (personagem), 110
Sociedade Real (Londres), 60
soldados feridos, 121
Somália, 83
Somnus (deus romano), 23
sono, 25-6, 32, 94, 97, 106, 150; deuses
do, 20, 23, 26; terapia do, 166
"Sono Crepuscular" (tratamento
médico), 56
Stoltz, Jamison, 17
Streptozon, 127
suicídios, 59, 99, 113
sulfanilamida (sulfa), 17, 125-8, 131-3,
135-41, 183, 246, 285; Domagk
e, 135, 285
sumérios, 25; *hul gil* ("planta da
alegria", nome sumério da
papoula), 22
Sydenham, Thomas, 32, *33*, 47

T

tabaco, 36, 38-40, 52, 56; vício em, 39
Tânatos (deus grego), 20
tebaína, 52, 101, 112
Tebas, 25
tecnologia, 14; biotecnologia, 279,
283, 286, 290-2
temperatura corporal, 144, 163
temperos (especiarias), 22
terrorismo internacional, 86
testes: clínicos, 73, 195, 255; em
animais, 93, 101, 123

testosterona, 189

Thorazine, 167, *168*, 169-71

Thornton, Mary ("Gold Tooth"), 96

Time (revista), 168, 205, 215

tinturas, 117, 120, 125

tranquilizantes, 21, 97, 169-70, 182, 184, 236, 265

trastuzumabe, 271

tratamentos: doença mental e, 152-66; equilíbrio entre os quatro humores, 70; recomendados por médicos, 62; "Sono Crepuscular", 56

Trump, Donald, 231

tuberculose, 13, 35, 48, 115, 122-3, 170; pacientes tratados com morfina, 103

Turquia, 69, 74, 216

U

União Soviética, 86, 196; *ver também* Rússia

ureia, 91

V

Vacinação (tela de Boilly), *77*

vacinas, 12; antibióticos e, 13; história das, 79; "imunidade da manada", 88; movimento antivacinas, 74, 87; para varíola, 12, 86; renovação de, 84; terminologia e, 79; vacinação do Exército americano, 86; *ver também* inoculação

Valium, 170

varíola: bovina, 78-81; cicatrizes de, 62, 64, 67; epidemias de, 70, 79; Janet Parker e, 83-7;

mortes por, 61; nos Estados Unidos, 80, 86; pacientes de, 61-2; vacina para, 12, 86; vírus da, 82, 86

veleiros de ópio, frotas de, *41*, 44

velhice: doença mental na, 174; obesidade na, 240

venenos, 121, 130

veteranos de guerra, 54, 179, 223

viagem, literatura de, 65-6

Viagra, 205-10

vício: conceito de, 57; em heroína, 111, 215-7, 223, 229; em morfina, 54, 103, 105, 109; em opiáceos, 211, 230; em ópio, 48-9, 99, 113; em opioides, 99; em tabaco, 39; epidemias de, 99; inovação e, 234; na China, 110; nos Estados Unidos, 229, 231-2; perigo do, 54; primeira descrição de, 26; surgimento da expressão "viciado em drogas", 106; veteranos de guerra e, 223; viciados, 57, 106

Vicodin, 112

vida, definição da, 89

Vietnã, Guerra do, 13, 223

vinho, 22, 25-6, 33, 90

vírus, 82-4, 86, 88, 139, 219, 246, 270, 272-3, 281, 283, 291, 293; antibióticos e, 139; da aids, 82, 219; da varíola, 82, 86; reconstrução de, 86

vitalismo, 90

vítima, culpabilização da, 95

Vitória, rainha da Inglaterra, 42-3, 101

Voltaire, 71

voluntários, experimentos com, 71, 102, 157

Von Liebig, Justus, 91, *92*, 93, 98; *Química animal*, 92

W

Wanrong (esposa do último
    imperador chinês), 46
Wöhler, Friedrich, 91, 98
Wren, Christopher, 33-4

X

xaropes: alcaloides em xaropes
    para tosse, 52; heroína em
    xaropes para para tosse,
    105; tranquilizantes, 37, 48;
    Xarope Tranquilizante da Sra.
    Winslow, 48

Y

ya pian (nome chinês da papoula), 22

Z

Zauberkugeln ("balas mágicas"), 118
Zincke, C. F., 65
Zocor, 248
Zyprexa, 170, 179

Créditos das imagens

pp. 23, 28, 29, 33, 37, 41, 45, 65, 77, 92, 119, 121, 124, 154, 155: Wellcome Collection

pp. 107, 190, 192: Cortesia de Library of Congress

p. 137: Museu de Ciências de Londres

p. 206: Foto de Tim Rickman

Ten Drugs: How Plants, Powders, and Pills Have Shaped the History of Medicine.
Publicado originalmente na língua inglesa em 2019 por Abrams Press, uma
marca da Harry N. Abrams, Inc., Nova York. Todos os direitos reservados
em todos os países a Harry N. Abrams, Inc. © Thomas Hager, 2019

Todos os direitos desta edição reservados à Todavia.

Grafia atualizada segundo o Acordo Ortográfico da Língua
Portuguesa de 1990, que entrou em vigor no Brasil em 2009.

capa
Thiago Lacaz
tratamento de imagens
Carlos Mesquita
preparação
José Francisco Botelho
Jane Pessoa
índice remissivo
Luciano Marchiori
revisão
Huendel Viana
Tomoe Moroizumi

Dados Internacionais de Catalogação na Publicação (CIP)
— —

Hager, Thomas (1953-)
Dez drogas: As plantas, os pós e os comprimidos que
mudaram a história da medicina: Thomas Hager
Título original: *Ten Drugs: How Plants, Powders, and
Pills Have Shaped the History of Medicine*
Tradução: Antônio Xerxenesky
São Paulo: Todavia, 1ª ed., 2020
336 páginas

ISBN 978-65-80309-98-6

1. Tecnologia 2. Medicina 3. Drogas 4. História da medicina
I. Xerxenesky, Antônio II. Título

CDD 615.109
— —

Índice para catálogo sistemático:
1. Tecnologia: Medicina: Drogas 615.109

todavia
Rua Luís Anhaia, 44
05433.020 São Paulo SP
T. 55 11. 3094 0500
www.todavialivros.com.br

fonte
Register*
papel
Munken print cream
80 g/m²
impressão
Ipsis